W0098127

Führend führen

9 Prinzipien für exzellentes Leadership

Dr. Burkhard Radtke

1. Auflage

Haufe Gruppe
Freiburg · München

Bibliografische Information der Deutschen Nationalbibliothek

Die Deutsche Nationalbibliothek verzeichnet diese Publikation in der Deutschen Nationalbibliografie; detaillierte bibliografische Daten sind im Internet über http://dnb.dnb.de abrufbar.

Print ISBN: 978-3-648-07282-0		Bestell-Nr. 10127-0001
EPUB ISBN: 978-3-648-07283-7		Bestell-Nr. 10127-0100
EPDF ISBN: 978-3-648-07284-4		Bestell-Nr. 10127-0150

Burkhard Radtke
Führend führen
1. Auflage 2015

© 2015 Haufe-Lexware GmbH & Co. KG, Freiburg
www.haufe.de
info@haufe.de
Produktmanagement: Anne Lennartz

Lektorat: Ulrich Leinz, 10829 Berlin
Satz: kühn & weyh Software GmbH, Satz und Medien, 79110 Freiburg
Umschlag: RED GmbH, 82152 Krailling
Druck: BELTZ Bad Langensalza GmbH, 99947 Bad Langensalza

Alle Angaben/Daten nach bestem Wissen, jedoch ohne Gewähr für Vollständigkeit und Richtigkeit. Alle Rechte, auch die des auszugsweisen Nachdrucks, der fotomechanischen Wiedergabe (einschließlich Mikrokopie) sowie der Auswertung durch Datenbanken oder ähnliche Einrichtungen, vorbehalten.

Inhaltsverzeichnis

Vorwort: Die Fäden des Knäuels

Nur exzellente Führung ist noch gut genug! Das ist, allerdings, eine starke These. Und das bleibt sie auch dann noch, wenn ich abmildernd eingrenze: Nur exzellente Führung ist für die meisten Unternehmen und Organisationen gut genug — und wenn noch nicht jetzt, dann gilt das auf jeden Fall in absehbarer Zukunft. Doch stimmt das denn? Schließlich scheint es erfolgreiche Unternehmen zu geben, deren Führungskräfte eher durchschnittlich sind und nur mittelmäßig führen. Und hängt denn nicht auch Unternehmenserfolg von anderen Faktoren wie z.B. dem Wettbewerbsumfeld ab? Und wenn es auch in vielen Branchen immer schwieriger wird, sich z.B. über die Produktqualität vom Wettbewerb abzuheben, kann man kritisch fragen, warum die Führungsqualität für den Unternehmenserfolg von so herausragender Bedeutung sein soll. Als Führungskraft leisten wir in dem Maße einen guten Job, in dem es gelingt, das Verhalten unserer Mitarbeiter so zu beeinflussen, dass die Unternehmensziele und die aus diesen abgeleiteten Ziele bestmöglich erreicht werden. Und kann das bis zu einem bestimmten Grad nicht jeder? Und falls ja, warum sollte das dann nicht ausreichend sein?

Die Frage ist berechtigt, wie sich am Beispiel der Kommunikation in der Führung zeigen lässt. Kommunikation ist das wahrscheinlich einflussreichste Mittel, um die Kooperation mit anderen Menschen so effektiv zu gestalten, dass wir die angestrebten Ziele erreichen. Wie jedes Instrument ist die Kommunikation eines, das wir schlechter oder besser beherrschen können. Im Unterschied zu anderen Instrumenten wie z.B. einer Gitarre starten wir im Fall der Kommunikation allerdings nicht bei null. Doch anders als bei der Fertigkeit des Gitarrenspiels kann jeder von Kindesbeinen an — zumindest in einem gewissen Sinne — bereits kommunizieren und versteht dann auch, was er tut, wenn er beginnt, sich bewusst mit Kommunikation zu beschäftigen.

Das Kommunizieren ist genau wie das Gitarrenspiel eine Fertigkeit, die man stets verbessern kann, bei der man nie eine hundertprozentige Perfektion erreicht. Doch genau wie beim Gitarre spielen genügt glücklicher Weise für das Ziel, das wir erreichen wollen, oft weniger: Um in einer Rockband zu klampfen, müssen wir nicht auf einem Niveau Gitarre spielen, dass Millionen von Zuschauern gebannt und neidvoll auf unsere Finger auf YouTube schauen lässt. Noch weniger kann bereits ausreichend sein, wenn wir zum Ausspannen einfach eine nette Melodie oder ein paar Akkorde anschlagen möchten. Für viele Ziele bringt ein Mehr an Fähigkeiten keinen Mehrwert. Für manche Ziele ist ein Mehr an Fähigkeiten sogar abträglich. Wenn das Ansinnen darin besteht, es den lärmenden Nachbarn heimzuzahlen, sollten sich unsere Fähigkeiten diametral entgegengesetzt zu dem Lautstärkepegel verhalten. Hier gilt buchstäblich: Weniger ist mehr!

Entsprechendes lässt sich über unsere kommunikativen Fähigkeiten sagen: Wollen wir durch einen Vortrag im Fernsehen vor einem Millionenpublikum, das uns oder unserem Anliegen gegenüber negativ eingestellt ist, Begeisterung hervorrufen, benötigen wir ein sehr hohes Maß an kommunikativer Finesse. Um jedoch als Führungskraft unsere Mitarbeiter auf eine mit Aufwand verbundene Neuerung positiv einzustimmen oder um einen Mitarbeiter, der sich aus unserer Sicht ungeschickt verhalten hat, dazu zu motivieren, in Zukunft anders zu handeln, genügen geringere kommunikative Fertigkeiten. Für typische Führungszwecke müssen wir tatsächlich keine Kommunikationsexperten sein. Und doch übersteigt das Maß an kommunikativen Fähigkeiten, das es erlaubt, derartige Situationen souverän, partnerschaftlich und erfolgreich zu bewältigen, oft deutlich das Niveau, das wir durch eigene Erfahrung, typische Ratgeberliteratur oder durchschnittliche Seminare uns aneignen können.

Verallgemeinern wir diese Überlegungen über die kommunikativen Fähigkeit in der Führung auf alle für die Führung relevanten Fähigkeiten, so ergibt sich, dass erfolgreiche Führung durchaus anspruchsvoll ist. Doch rechtfertigt dies allein noch nicht meine Eingangsthese, Exzellenz sei für den Führungserfolg erforderlich.

Um zu verstehen, dass gute Führung bald nicht mehr gut genug ist, müssen wir uns die besondere Situation in vielen europäischen Ländern — allen voran in Deutschland — vor Augen führen, die sich aus der demographischen Entwicklung ergibt. Der demographische Wandel führt zu einem nie dagewesenen Mangel an Arbeitskräften und zum Kampf um Talente. Aufgrund der demographischen Entwicklung kommt es zunehmend zu einem Mangel an Mitarbeitern — insbesondere an Spezialisten, Talenten und Leistungsträgern. Dadurch verschiebt sich das Abhängigkeitsverhältnis von Mitarbeitern und Führungskräften zugunsten der Mitarbeiter. Damit steht die Führung vor zwei auf den ersten Blick gegenläufigen Herausforderungen:

1. Die Führungskraft muss gleich einem Dienstleister um ihre Mitarbeiter buhlen und kämpfen. Mitarbeiter werden hingegen wie Kunden diese Dienstleistung permanent kritisch begutachten und bei Missfallen zur Konkurrenz wechseln. Die Führungskraft muss ihre Mitarbeiter emotional stark binden und motivieren, für das Unternehmen und sie tätig zu bleiben. Ein wirksames Personalmarketing, mit einem funktionierenden Employer Branding sowie attraktive Konditionen werden nicht mehr ausreichen, um Mitarbeiter — insbesondere die leistungsstarken — zu gewinnen und unter einer bloß mittelmäßigen Füh-

rungskraft zu halten. Denn Mitarbeiter erwarten heute zunehmend, dass die Arbeit für sie lebenserfüllend und sinnhaft ist, zur Selbstverwirklichung beiträgt und sich dabei ihren privaten Bedürfnissen anpasst.

2. Die Führungskraft muss ihre Mitarbeiter stark steuern. Angesichts knapper personeller und zeitlicher Ressourcen muss die Führungskraft alle Mitarbeiter zu Spitzenleistungen motivieren. Dazu muss sie zu flexibler auf Eigeninitiative beruhender Arbeit stimulieren und zwar auch in der Form, dass persönliche Interessen des Mitarbeiters beschnitten werden. Sie muss gerade auch schwache und von der Persönlichkeit schwierige Mitarbeiter entwickeln und auf ein hohes Leistungsniveau hieven.

Um diese gegenläufigen Herausforderungen zu meistern, müssen Führungskräfte herausragend führen. Mitarbeiter zum Arbeiten zu motivieren war gestern. Mitarbeiter zu motivieren *für sich selbst* zu arbeiten, lautet die anspruchsvollere Leitlinie für die Zukunft. Und Führungskräfte werden zunehmend Druck spüren, ihre Führungsarbeit perfektionieren zu müssen. Unternehmen werden sich bloß mittelmäßige Führungskräfte nicht mehr leisten können. Ein Unternehmen wird absterben, wenn seine Führungskräfte Mitarbeiter nicht als Kunden ansehen und behandeln: Mitarbeiter müssen jeden Tag aufs Neue begeistert und gebunden werden. Zudem gilt es, mit weniger Mitarbeitern mehr Arbeit zu stemmen. Und dadurch steigt der Anspruch an die Führungskräfte. Früher reichten oft eine gute Menschenkenntnis und durch Versuch und Irrtum gewonnene Erkenntnisse aus, um Mitarbeiter zu führen. Heute greift die durch persönliche Erfahrung gewonnene Menschenkenntnis zu kurz und Irrtümer können viel eher fatale Konsequenzen nach sich ziehen.

Um exzellent zu führen, sollten wir verstehen, wie unsere Sprache, unser Denken und unsere Emotionen funktionieren. Denn dann können wir unser Führungsverhalten entlang dieser Mechanismen wirkungsvoll ausrichten. Und genau darin liegt der Anspruch dieses Buches:

- Auf der einen Seite gelangen Sie mit diesem Buch zu einem fundierten Verständnis von Prinzipien der Kommunikation und der Führung, die in der Psychologie, Soziologie, Sprachphilosophie und Linguistik ihre wissenschaftlichen Wurzeln haben.
- Auf der anderen Seite erfahren Sie, wie Sie diese Prinzipien wirkungsvoll in Ihrer Praxis konkret einsetzen können.

Damit verbindet dieses Buch die Vorteile eines wissenschaftlichen Werks mit den Vorteilen eines praktischen Ratgebers, ohne die jeweiligen Nachteile einzuschließen. Das Buch verknüpft häufig separate wahrgenommene Kompetenzbereiche: zum einen, indem es unterschiedliche wissenschaftliche Disziplinen verbindet, zum anderen, indem es wissenschaftliche Theorie und die berufliche Praxis zusammenführt. Aufgrund meiner wissenschaftlichen Aktivitäten in Philosophie, Linguistik, Psychologie, Betriebswirtschaft und Soziologie berücksichtige ich elementare und moderne Theorien. Die Praxis habe ich als Trainer, Berater, Coach und Redner selbst in unterschiedlichen Facetten direkt erlebt und gestalten können sowie in vielfältiger Form als teilnehmender Beobachter erleben dürfen.

Das Buch zeigt, wie hervorragende Führung gelingt. Und dabei rückt die Führungskraft als Person selbst wesentlich stärker in den Fokus. Die Wirkung als Führungskraft, d.h. ihre Haltung, die sie *verkörpert*, die Art, *wie sie kommuniziert*, und was sie *auf welche Weise tut*. Ich nenne diese Dimensionen *Position*, *Kommunikation* und *Aktion*. Und entlang dieser drei Dimensionen ist das Buch in drei Teile gegliedert.

Hinter exzellenter Führung verbirgt sich selbstverständlich ein Konglomerat aus verschiedenen Strategien, Techniken und Fähigkeiten. Manche dieser Strategien, Techniken und Fähigkeiten überlagern sich, scheinen teilweise gegenläufig zu sein. Bildlich gesprochen ergibt sich ein Wollknäuel. In diesem Buch löse ich für jede der 3 Dimensionen, also *Position*, *Kommunikation* und *Aktion* je 3 Fäden — um im Bild zu bleiben — aus diesem Knäuel heraus. So werden 9 Prinzipien entwickelt, durch die eine Führungskraft führend führt. 3 Prinzipien beziehen sich auf die Haltung, 3 Prinzipien auf die Kommunikation und 3 Prinzipien auf Handlungssituationen. Die 9 Prinzipien sind aus verschiedenen wissenschaftlichen Ansätzen und der Praxis abgeleitet. Wenn man verschiedene wissenschaftliche Ansätze miteinander verzahnt und an der Praxis bricht, dann ergeben sich oft überraschende Perspektiven, die auf den ersten Blick Intuitionen und unserem Alltagswissen widersprechen. Jedes Kapitel nimmt eine solche Perspektive ein — eine Perspektive, die vielfach quer zu verbreiteten Denk- und Handlungsweisen in der Führung stehen. Und in jedem der nachfolgen 9 Kapitel lernen Sie eine erfolgreiche Strategie kennen, die weitverbreiteten oder intuitiv erscheinenden Handlungsmustern zuwider läuft:

1. Sinn durch Orientierung
   Wie Sie für sich und Ihre Mitarbeiter Sinnerfahrungen durch eine Ausrichtung am Wichtigen ermöglichen
2. Autorität durch Integrität
   Wie Sie mittels integrem Verhaltens die positive Kraft von Autorität erschließen können
3. Vertrauen durch Zutrauen
   Wie Sie gleich doppelt Vertrauen schaffen, indem Sie ihren Mitarbeitern viel zutrauen

4. Einvernehmen durch Verstehen
   Wie Sie Einvernehmen erlangen, indem Sie Ihr Gegenüber in mehreren Hinsichten verstehen
5. Macht durch Freiheit
   Wie Sie sanfte Macht ausüben können, indem Sie Ihrem Gegenüber Freiraum gewähren
6. Überzeugen durch Akzeptanz
   Wir Sie Ihr Gegenüber überzeugen, indem Sie seine Haltung wertschätzen
7. Motivieren durch Kritik
   Wie Sie durch Kritik Ihr Gegenüber zu Handlungen motivieren, die es von sich aus nicht vollziehen würde
8. Gerechtigkeit durch Ungleichheit
   Wie Sie für Gerechtigkeit sorgen, indem Sie Ihre Gegenüber ungleich behandeln
9. Veränderungen durch Unzufriedenheit
   Wie Sie zu Veränderungen motivieren, indem Sie Zufriedenheit auflösen

Ich bin überzeugt, dass der Schlüssel für eine erfolgreiche Führung von Mitarbeitern in der Kommunikation und einem mit dieser übereinstimmenden Verhalten liegt. Und ich bin mir sicher, dass Sie durch dieses Buch, wie auch immer Ihre aktuelle Situation und ihr aktuelles Fähigkeitsprofil genau aussehen mögen, zu neuen und oft überraschenden Einsichten gelangen werden. Sie werden Strategien und Techniken kennenlernen, durch die Ihre Kommunikation erfolgreicher wird und Sie führend führen. Ich bin überzeugt, dass Sie mit den hier gesponnenen 9 Fäden zusammen ein starkes Seil flechten können, mit dem Sie führend führen.

Zum Umgang mit diesem Buch

Kommt Ihnen folgender Satz bekannt vor, wenn Sie an ein Buch denken, das Sie vor einiger Zeit gelesen haben? „Bis auf die Tatsache, dass ich es gelesen habe, kann ich mich an nichts Wesentliches erinnern." Das ist im Prinzip unproblematisch, falls Sie die Inhalte des Buches als belanglos und für Sie unbedeutend eingestuft haben sollten. Die Einschränkung durch den Zusatz „im Prinzip" resultiert wahrscheinlich daher, dass Sie Zeit aufgewendet haben, die Sie auch anders und möglicherweise fruchtbarer hätten investieren können. Dennoch scheint Ihnen die Lektüre ja Vergnügen bereitet zu haben (hätten Sie sonst das Buch etwa durchgelesen?) und somit ist auch am Zeitaufwand nichts auszusetzen.

Vielleicht verhält es sich auch anders: Sie können sich zwar nicht mehr die Inhalte Ihrer letzten Lektüre ins Gedächtnis rufen. Sie erinnern sich allerdings daran, dass einzelne Inhalte des Buches für Sie sehr interessant waren, auch wenn Sie keine praktischen Konsequenzen für Ihr privates oder berufliches Leben ableiten konnten. Die Gedächtnislücke erscheint Ihnen verschmerzbar und bedauerlich zugleich. Wäre es doch schön, wenn Sie sich nicht nur daran erinnern könnten, auf interessante Gedanken gestoßen zu sein, sondern wenn Sie in der Lage wären, diese Gedanken wieder hervorrufen zu können.

Denkbar ist auch, dass Sie beim Lesen Ihres letzten Buches nicht bloß auf einige für Sie inspirierende Gedanken gestoßen sind. Darüber hinaus hat Sie die Lektüre sogar angeregt, darüber nachzudenken, einzelne Aspekte Ihrer Verhaltensmuster zu verändern, womöglich etwas Neues auszuprobieren oder Ihre Wahrnehmung im Alltag zu erweitern. Wenn das der Fall sein sollte und Sie sich heute außer an diesen Wunsch etwas zu verändern an nicht viel anderes erinnern können; wenn Sie heute weder Inhalte konkretisieren können, noch je die Anregungen die Sie durch das Buch gewonnen haben, in der Praxis erprobt haben, dann zeugt dies vor allem von einem: von einer verpassten Chance. Es tröstet dabei kaum, dass Sie, um diese Chance zu ergreifen, noch zusätzliche Energie hätten aufwenden müssen. Diese Energie haben Sie eingespart. Die für das Lesen jedoch aufgewendete Energie und Lebenszeit war vergebens.

Nun haben Sie sich damals vermutlich nicht grundsätzlich vorgenommen, dass Ihre neuen, wertvollen Einsichten und Vorsätze ungenutzt bleiben sollen. Es ist einfach so passiert. Und das ist sehr schade. Damit Ihnen das mit diesem Buch nicht genauso ergeht, habe ich in diesem Buch die Kapitel auf eine Weise aufgebaut, die es Ihnen erleichtert, die Inhalte zu speichern und Ihre durch die Lektüre angeregten Vorhaben auch wirklich umzusetzen. Natürlich nur, wenn Sie es wirklich wollen! Zwar habe ich mich bemüht, das Buch so anzulegen, dass alle Inhalte nicht nur für mich, sondern auch für meine Leser interessant sind. Doch sind Ihre Interessen, Ihr Vorwissen, die Ihnen zur Verfügung stehende Zeit und Ihre gegenwärtige berufliche und private Situation einzigartig. Deshalb möchte ich Sie ermutigen, das Buch ebenso einzigartig zu nutzen. Und das bedeutet z.B. dass Sie bewusst entscheiden, welche Passagen Sie gründlich, schnell oder gar nicht lesen, in welcher Reihenfolge Sie vorgehen, ob Sie die vertiefenden Reflexionen anstellen, die vorgestellten Techniken ausprobieren oder den weiteren Lektürehinweisen nachgehen. Das Inhaltsverzeichnis und die interne Struktur der Kapitel soll Ihnen die Steuerung nach Ihren Interessen erleichtern.

In jedem Fall ermutige ich Sie, zumindest am Ende eines jeden Kapitels innezuhalten. So erhöht sich die Chance, dass Sie einen für Sie nachwirkenden Nutzen aus diesem Buch ziehen. Und ich empfehle Ihnen, über zwei Gruppen von Fragen nachzudenken. Die erste Gruppe von Fragen bezieht sich auf die aktive Erweiterung Ihres Wissens, die andere auf für Ihre Ziele sich ergebende fruchtbare Handlungen.

Wissen

Relevanz: Was fand ich interessant?

Speicher: Was möchte ich mir merken?

Vertiefung: Welchen Fragen oder Themen möchte ich weiter nachgehen?

Handeln

Ziel: Was möchte ich aufgrund der gewonnenen Einsichten tun? Was nehme ich mir vor?

Umsetzung: Wie werde ich dazu vorgehen?

Kontrolle: Wann möchte ich für mich prüfen, wie weit ich gekommen bin und wie ich weiter fortfahren möchte?

Eine Tabelle mit diesen Fragen soll Sie am Ende eines jeden Kapitels einladen, diese beiden Reflexionen anzustellen.

Die Auseinandersetzung mit diesen Fragen erleichtert es Ihrem Gehirn, das, was für Sie wichtig ist, zu speichern. Denn die Fragen machen sich zwei psychologische Effekte zunutze. Den Generierungseffekt und den Selbstreferenzeffekt.

Generierungseffekt: Wir können uns Informationen, die wir selbst erzeugen, leichter merken, als solche, die wir lesen.[1]

Selbstreferenzeffekt: Wir können uns Informationen leichter merken, wenn sie einen Bezug zu uns selbst aufweisen oder wenn wir sie leicht mit uns in Verbindung bringen können.[2]

Durch die Auseinandersetzung mit den oben genannten Fragen erzeugen Sie Informationen, die mit Ihnen zu tun haben. Perfekt für die Speicherung! Und eine gute Grundlage für das, was Sie sich für Ihr Handeln vornehmen.

Ich wünsche Ihnen bei der Lektüre viele für Sie fruchtbare Einsichten, viel Erfolg bei der Umsetzung Ihrer Einsichten in Ihrer Führung und Kommunikation und — last but not least — viel Vergnügen!

Dr. Burkhard Radtke

---

[1] Vgl. De Winstanley und Bjork „Processing Strategies and the Generation Effect: Implications for Making a Better Reader" und Lutz, Briggs und Cain „An Examination oft the Value of the Generation Effect for Learning New Material"

[2] Vgl. Rogers, Kuiper und Kirker „Self-Reference and the Encoding of Personal Information"

Teil 1: Position

1 Sinn durch Orientierung

Wie Sie für sich und Ihre Mitarbeiter Sinnerfahrungen durch eine Ausrichtung am Wichtigen ermöglichen

Stellen Sie sich vor: Sie wurden gefangen genommen. Niemand hat Ihnen gesagt weswegen und für wie lange. Am ersten Tag nach Ihrer Gefangennahme werden Sie mit Mitgefangenen in ein Wüstencamp gebracht. Dort werden Sie vor die Wahl gestellt: Entweder Sie verbringen den ganzen Tag in einer Zelle oder Sie helfen mit, einen Graben für ein Bewässerungssystem auszuheben. Sie entscheiden sich für die Schaufel. Eine schweißtreibende Arbeit, doch am Abend verläuft über mehrere hundert Meter ein Graben durch die Wüstenlandschaft. Am nächsten Morgen werden Sie erneut vor eine Wahl gestellt: Entweder Sie bleiben den ganzen Tag über im Gefängnis oder Sie helfen mit, den Graben, den Sie gestern mit ausgehoben haben, wieder zuzuschütten. Auf Ihre verstörte Frage an einen Mitgefangenen, worin der Sinn bestehe, wo doch eine Bewässerungsanlage gebaut werden solle, erfahren Sie, dass die Wärter jedem Neuankömmling die Mär von dieser Anlage erzählen. In Wirklichkeit werde einen Tag lang ein Graben ausgehoben und derselbe am nächsten wieder zugeschüttet, am darauffolgenden Tag werde der Graben wieder ausgehoben usw. Würden Sie unter diesen Bedingungen zur Schaufel greifen? Wenn Sie nicht zu denen gehören, die versessen darauf sind, im Sand schaufeln zu dürfen, dann vermutlich nicht. Denn vermutlich gehören Sie zu denen, die so etwas, was offensichtlich sinnlos ist, bestimmt nicht tun wollen.

Welchen Einfluss hat die Sinnlosigkeit auf Ihre Motivation? Einen verheerenden. Wahrscheinlich hätte Ihre Motivation noch ein wenig Auftrieb erhalten, in dem Glauben, mit dem Bau zu einer Bewässerungsanlage beizutragen, die hungernden Kindern Nahrung und Wasser verspricht. Und Sie hätten vielleicht am Abend mit ein wenig Stolz auf das tagsüber vollbrachte Werk blicken können. Doch die Sinnlosigkeit raubt diesen positiven und kraftspendenden Gefühlen die Grundlage. Und so werden Sie vermutlich am darauf folgenden Morgen, erneut vor die Wahl gestellt, die Zelle wählen.

Losgelöst von diesen Gedankenexperimenten bedeutet dies: Für unsere Motivation und unser Wohlbefinden ist es essenziell, dass wir in dem, was wir tun, einen Sinn sehen. Die Sinnerfahrung ist für Sie als Führungskraft dabei in doppelter Hinsicht relevant: Zum einen in Bezug auf Sie selbst, denn nur wenn Sie das, was Sie tun, als sinnvoll ansehen, können Sie Kräfte aufbringen und sich dabei wohl fühlen. Und zum anderen in Bezug auf die Ihnen anvertrauten Mitarbeiter. Nur wenn diese ihr Tun als sinnvoll erleben, werden sie sich mit vollem Einsatz einbringen und dabei positive Gefühle entwickeln.

Doch die Frage nach dem Sinn birgt einige Schwierigkeiten. Zwar lässt sich die Frage danach, welchen Sinn Ihr Handeln hat, wenn Sie z. B. ein Meeting ansetzen, leicht im Hinblick auf den von Ihnen verfolgten Zweck beantworten. Doch wenn dieser Zweck nicht Selbst-Zweck ist — und das ist praktisch nie der Fall — so stellt sich diese Frage nach dem Sinn, bezogen auf den Zweck, erneut.

In der Erzählung „Anekdote zur Senkung der Arbeitsmoral" von Heinrich Böll[3] zeigt sich dieses Phänomen in einem amüsanten und zugleich verstörenden Gewand. Der Vorschlag eines Touristen, der Fischer könne, anstatt in der Sonne zu dösen, doch mehrmals hinausfahren und seinen Fang vergrößern, provoziert die Frage nach dem Sinn. Die Antwort liegt für den Touristen auf der Hand: Mehr Geld, noch bessere Möglichkeiten, Effizienz und Gewinne zu maximieren und ein prosperierendes Unternehmen aufzubauen. Doch erneut lässt sich die Frage nach dem Sinn stellen. Der Tourist verweist auf die sich durch die Mehrarbeit ergebende Chance, in der Sonne dösen zu können. Dies kann der Fischer jedoch bereits jetzt, so dass sich die vermeintliche Sinn-Suche als zirkulär entpuppt.

Einfache Antworten auf den Sinn unseres Tuns mögen im Moment befriedigen. Sie spenden Kraft, die uns unser Tun fortsetzen lässt. Wir laufen jedoch Gefahr, dass wir als tragische Figur einem Zweck hinterherlaufen, der sich als Fata Morgana erweist. Denn dieser Zweck steht auf einem Fundament, das hohl und brüchig ist oder mit anderen unserer Überzeugungen kollidiert. Würde der Fischer der Empfehlung des Touristen folgen, wäre er eine solche tragische Figur. Denn er würde mit enormer Kraftanstrengung einem Zustand hinterherjagen, den er zu Beginn ohne diesen Aufwand bereits erreicht hat. Wir sollten also nicht vorschnell bei einfachen Antworten stehen bleiben.

Allerdings weiten sich dann die einfachen Fragen nach dem Sinn seiner Aktivität aus. Man könnte nämlich auch das Handeln des Fischers radikal hinterfragen: Welchen Sinn hat es, in der Sonne zu dösen? Wieso soll es mehr Sinn machen, in der Sonne zu dösen, als sich anzustrengen und den unternehmerischen Erfolg zu vergrößern? Die Frage nach dem Sinn scheint Antworten zu liefern, denen der Boden fehlt oder die sofort weitere Sinnfragen nach sich ziehen. Jede Antwort provoziert die Frage nach dem Sinn erneut, so dass wir letzten Endes zu der Frage nach dem Sinn von allem geführt werden und damit zu der großen Frage nach dem Sinn des Lebens.

Im nächsten Abschnitt werden wir versuchen, dieser großen Frage eine sinnhafte Antwort abzuringen, die uns hinsichtlich des Themas Führung weiterbringt. Wir werden untersuchen, wie ein System aus konsistenten Zielen und Werten Orientierung und Sinn spenden kann. Wir werden prüfen, wie wir gewährleisten können, dass wir nicht durch innere und äußere Mächte von unserem Kurs abgebracht werden. Und schließlich widmen wir uns der Frage, wie Sie als Führungskraft dem Tun Ihrer Mitarbeiter Sinn geben und dadurch Orientierung spenden können.

---

[3] Böll *Anekdote zur Senkung der Arbeitsmoral*.

1.1 Wichtigkeit und Selbstbestimmung: Wegweiser zum Sinn des Lebens

„Wer vom Ziel nicht weiß,
kann den Weg nicht haben,
wird im selben Kreis
all sein Leben traben."

Christian Morgenstern

Ohne Ziele keine Selbstbestimmung, ohne Selbstbestimmung keine Selbstführung und ohne Selbstführung keine Fremdführung — sondern Fremdgeführtwerden. Wer keine Ziele hat, an denen er sein Handeln ausrichtet, kann weder sich selbst noch andere führen. Mehr noch: Er wird selbst Spielball von Führung — entweder von außen — durch andere Menschen mit Anliegen — oder von innen — durch die eigenen unreflektierten Bedürfnisse. Da diese meist relativ konstant sind und zudem auf geringen Energieeinsatz drängen, ist der Kreis in dem Morgensternschen Vers eine passende Metapher für die unreflektierte menschliche Bewegung — jedenfalls solange sich die äußeren Rahmenbedingungen nicht radikal wandeln.

Dies mag so klingen, als sei es per se negativ, sich unter fremde Führung zu begeben. Dem ist sicher nicht so. Fremdführung hat den Vorteil, dass sie entlastend wirkt. Sie entbindet von der Anstrengung, über sich selbst zu reflektieren, Entscheidungen zu treffen, Verantwortung zu übernehmen und sich mit inneren und äußeren Widerständen auseinanderzusetzen. Allerdings birgt diese Entlastung Risiken. Ob es negativ ist, sich von seinen eigenen Leidenschaften oder den Beeinflussungsversuchen anderer Menschen steuern zu lassen, hängt davon ab, in welche Richtung diese weisen. Wenn wir uns fremdbestimmt leiten lassen, besteht die Gefahr, dass die Richtung, die wir dabei einschlagen, derjenigen entgegengesetzt ist, die wir einschlagen würden, wenn wir über uns grundlegend nachdenken würden: über unsere Ziele, unsere Wünsche, unsere Werte, den Sinn unseres Tuns und den Sinn des Ganzen. Und es ist sehr unwahrscheinlich, dass unsere stark auf den Augenblick ausgerichteten inneren Triebkräfte und der von anderen Menschen wohlwollend oder weniger wohlwollend ausgeübte Druck dasselbe Magnetfeld für unsere Lebenskompassnadel hervorbringen würden, wie eine austarierende Reflexion über eigene Ideale, Ziele und Werte. Und selbst wenn dem so wäre, wir würden es gar nicht merken, weil wir uns oft nicht oder kaum mit uns selbst beschäftigen und daher keine Abweichung spüren würden. Daher ist es sinnvoll, Energie aufzuwenden und über den für uns optimalen Kurs nachzusinnen.

Trotzdem widmen wenige Menschen ihre Aufmerksamkeit und Energie auf die bewusste Kursbestimmung ihres Handelns. Und in meinen Führungstrainings ruft dieses Thema anfangs Reaktionen wie Irritation oder Unbehagen hervor. Ein Grund liegt darin, dass wir schnell ins Straucheln geraten, wenn wir die Frage beantworten wollen, was wirklich zählt, wofür wir unsere Energie, ja unser Leben einsetzen wollen. Spätestens dann, wenn wir den Druck oder die Empfehlungen anderer Menschen oder die inneren Stimmen kritisch prüfen, erodiert vieles, was im Gewand eines tragfähigen Fundaments daherkommt. Ob es eine berufliche Karrieremöglichkeit ist, die Beziehung zu einem Partner, die Übernahme eines Projekts, der Urlaub im Gebirge oder der Kauf eines Hauses. Stets lässt sich die Frage aus der Einleitung stellen: Wozu? Welchen Sinn hat es, so und nicht anders zu handeln? Wenn wir dieses Spiel vorantreiben, gelangen wir irgendwann zu der vielleicht grundsätzlichsten Frage. Die Frage nach dem Sinn des Lebens.

Hat das Leben einen Sinn? Und wenn ja, welchen? In einer positiven Antwort auf diese Fragen scheint der Schlüssel zu liegen, Ziele und Werte zu identifizieren und zu priorisieren. Eine positive Antwort auf die Frage, worin der Sinn des Lebens besteht, ermöglicht eine kaskadenartige Ableitung von Zielen und Werten und verspricht Klarheit bei der Priorisierung und der Entscheidungsfindung. Eine negative Antwort dagegen erscheint zumindest auf den ersten Blick bedrohlich, weil alles willkürlich oder unbedeutend zu werden droht. Wenn das Leben sinnlos ist, welchen Sinn hat es dann, sich für diesen beruflichen Weg zu entscheiden und nicht für jenen, für diese Partnerschaft und nicht für jene, seine Zeit so und nicht anders einzusetzen? Das ist Grund genug, sich diese fundamentale Sinnfrage zu stellen — oder besser: sich *selbst* dieser Sinnfrage zu stellen. Ich vertrete nicht die Ansicht, dass eine Führungskraft, die sich dieser Frage nicht stellt, instabil, unsicher, fremdbestimmt agiert und keine gute Führungsarbeit leisten kann. Was ich jedoch behauptete, ist, dass eine solche Führungskraft bewusst oder unbewusst von einem Fundament ausgeht, das äußerst fragil ist. Die Brüchigkeit kann sich beispielsweise dann zeigen, wenn die Führungskraft etwa durch äußere Umstände veranlasst wird, das Fundament nicht von oben, sondern von der Seite zu betrachten.

Nun ist es wenig verwunderlich, dass wir die Frage nach dem Sinn des Lebens allenfalls kurz reflektieren und meist schnell wieder in den Hintergrund drängen. Die große Frage nach dem Sinn des Lebens verstört und wir können im normalen Alltag und Führungshandeln im Allgemeinen ohne eine Antwort auskommen.[4] Zudem ist eine Antwort schwierig. Antworten, die schnell zur Hand sind wie „Erfolg", „seine Gene weitergeben", „Liebe" usw., wirken schon auf den zweiten Blick unbefriedi-

---

[4] Wenn Sie allein an der praktischen Konsequenz für den konkreten Führungsalltag interessiert sind, können Sie daher getrost zum nächsten Abschnitt 2.2 springen.

gend oder zu einfach. In der Philosophie lernt man, in einer solchen Situation nicht unbeirrt weiter nach Antworten zu suchen, aber auch nicht einfach die Suche nach Antworten aufzugeben oder sich mit den intuitiven, aber augenscheinlich unzureichenden Antworten zufrieden zu geben. Vom philosophischen Standpunkt macht es in einer solchen Situation zunächst Sinn — schon wieder taucht das zentrale Wort dieses Kapitels auf — sich über die *Bedeutung* der Frage Klarheit zu schaffen, bevor man Antworten nachjagt. Denn sowenig es sinnvoll erscheint, über den besten Weg für eine Fahrt zu befinden, bevor man sich über das Ziel einig ist, so wenig scheint die Diskussion über die Angemessenheit von Antworten sinnvoll, wenn die Frage unklar ist. Starten wir also mit der Klärung der Bedeutung unserer Frage.

In der Frage „Welchen Sinn hat das Leben?" sind zwei Begriffe relevant: „*Sinn*" und „Leben". Beginnen wir mit dem Begriff „Leben". Wenn wir von „dem Leben" sprechen, dann kann zunächst eine generische und eine spezifische Lesart unterschieden werden: Dem Leben im Allgemeinen — in Abgrenzung von allem Unbelebten — steht das Leben im Besonderen gegenüber, wobei wir für gewöhnlich damit auf die menschliche Existenz abzielen. Und in Bezug auf den Menschen meinen wir mit der Phrase „der Sinn des Lebens" entweder den Sinn menschlichen Lebens allgemein oder den Sinn des Lebens eines spezifischen Menschen. Noch schillernder als der Ausdruck „Leben" ist der Ausdruck „Sinn". Denn „Sinn" und die Adjektive „sinnhaft" oder „sinnvoll" werden in ganz unterschiedlichen Zusammenhängen eingesetzt. So wird der Ausdruck „Sinn" verwendet im Sinne von „sprachlicher Bedeutung" wie z. B. in der Frage „Welchen Sinn hat der Ausdruck Oxymoron?", im Sinne von „Gespür" wie z. B. in der Redewendung „Er hat keinen Sinn für Humor.", im Sinne von „Lesart" wie in der Rede von „Im Sinne von" am Anfang dieses Satzes, oder aber im Sinne von „Zweck", „Ziel", „Nutzen" oder „Wert". Letztere Lesart erscheint für die Fragen nach dem Sinn des Lebens einschlägig zu sein. Wir verfolgen Ziele vor dem Hintergrund bestimmter Motive oder Wünsche und wählen dazu Mittel aus, von denen wir glauben, dass sie uns dem Ziel näher bringen. Bei anderen Menschen fragen wir, welchen Sinn ihre Handlung hat. Oder wir fragen uns, ob eine alternative Handlung vielleicht sinnvoller ist, und meinen damit, ob eine Handlung zweckvoll, zieldienlich ist. Dabei liegt das Ziel für gewöhnlich außerhalb der Handlung. Es ist ein Effekt, eine Wirkung.

Wenn wir nach dem Sinn des Lebens fragen, dann fragen wir gemäß dieser Lesart, ob jemand mit seinem Leben Ziele außerhalb von diesem erreichen möchte. Mögliche Antworten auf diese Fragen wären Aussagen wie „einen Beitrag für die Wissenschaft leisten" oder „seine Gene weitergeben". Diese Lesart von „Sinn" im Sinne von „Zweck" oder „Nutzen" birgt allerdings einige Schwierigkeiten, die bei Fragen nach dem Sinn von Handlungen kaum auftauchen. Um dies zu illustrieren, betrachten wir z. B. die Frage „Welchen Sinn hat meine berufliche Tätigkeit?" im Vergleich zu der Frage „Welchen Sinn hat mein Leben?":

1. Der Beruf ist ein Teil von etwas Größerem, das ich überblicken kann — das Leben ist entweder selbst schon das Ganze, oder Teil von etwas, was wir nicht selbst überblicken können oder unmittelbar beeinflussen können.

2. Der Beruf ist ein Mittel. Wir wählen einen Beruf, um bestimmte Ziele zu erreichen. Entsprechendes ist mit dem Leben problematisch, weil wir mit dem Leben keine Ziele innerhalb des Lebens, sondern allenfalls äußerlich anstreben könnten. Das Leben ist nicht etwas, für das wir uns entscheiden und das wir wählen können, es ist somit eher vergleichbar mit einem Unfall. Im Nachhinein kann man auch von einem Unfall sagen, er habe Sinn gehabt, sei sinnvoll gewesen. Wir meinen dann damit, er hat sich als förderlich für unsere Ziele erwiesen.

Kurz: Wie wir über den Sinn von Handlungen sprechen, so reden wir augenscheinlich über den Sinn des Lebens. Dass hier eine analoge Lesart schwierig ist, verdeutlicht noch einmal folgende Überlegung: Eine Handlung ist Teil unseres Einflussbereichs, wohingegen das Leben das Ganze unseres Einflussbereichs ist. Eine Handlung kann demnach als Mittel für einen Zweck in unserem Einflussbereich eingesetzt werden. Doch das Leben?

Den Problemen zum Trotz kann man die Frage nach dem Sinn unseres Lebens natürlich im Rekurs auf außerhalb unseres Lebens liegende Ziele beantworten: Einen langfristig bedeutsamen Beitrag für die Wissenschaft oder Wirtschaft leisten, seine Gene weitergeben, positive Erinnerungen bei den eigenen Nachkommen erzeugen usw. Das sind Antworten, die unser Leben als Mittel für etwas außer ihm Liegendes betrachten. Sie neigen jedoch dazu, unbefriedigend zu sein. Dies liegt in erste Linie an zwei Gründen:

Erstens haben solche Ziele die Eigenschaft, dass ihre Erreichung nicht mehr unmittelbar unsere Bedürfnisse befriedigen kann — weil wir selbst und somit auch unsere Bedürfnisse zu diesem Zeitpunkt schlicht nicht mehr existieren. Zweitens relativiert sich die Befriedigung, die wir im jetzigen Leben daraus ziehen, indem wir uns unsere Wirkung auf andere Menschen nach unserem Ableben vorstellen, sobald wir unsere Perspektive erweitern. Denn diese lässt sich zeitlich und räumlich unendlich ausdehnen: Schön ist es, wenn ich etwas Bleibendes schaffe, indem ich meine Gene an meine Kinder weitergebe und ein bedeutendes literarisches Werk für die Nachwelt produziere und publiziere. Doch wenn dies vielleicht für die Menschen in meinem Land auf die nächsten Jahre, vielleicht auch über die Landesgrenzen hinweg und für Jahrzehnte eine gewisse positive Relevanz haben mag — was ja mitnichten mühelos erreichbar ist —, für das Weltall oder die Millionen von Jahren der Erdgeschichte und die begrenzte Existenz der Erde ist unser Leben mit seinen Ausläufern unbedeutend. Jeder menschliche Beitrag, der in menschlich überschaubaren Dimensionen relevant ist, verblasst, wenn wir eine erweiterte Perspektive einnehmen. Wen interessiert es, nachdem der Planet Erde verglüht ist, dass einst Sokrates auf Markplätzen Menschen mit geistreichen Fragen zum Nachdenken inspirierte, dass Kopernikus gegen Widerstände dem Menschen die Einsicht bescherte, das die Erde rund sei, dass Sigmund Freud die Psychoanalyse erfand, dass die Dampfmaschine fälschlicherweise James Watt zugeschrieben wird, dass Neil Armstrong als erster Mensch auf dem Mond stand oder dass Helmut Kohl die Gelegenheit zur deutschen Einheit beim Schopfe griff?

Auf den ersten Blick erscheint es etwas einfacher, wenn man den Sinn darin sieht, dass sein Leben als Mittel zur Erreichung von Zielen eines anderen Standpunkts z. B. dem von Gott, der Evolution dient. Zunächst sind viele Antworten, die sich auf etwas Größeres beziehen, ernüchternd, weil die Fundierung in den eigenen Bedürfnissen fehlt. Schön, ich habe meine Gene reproduziert und den Zweck der Evolution erfüllt, aber ist mein Leben wirklich sinnvoll? Dies ist eine Frage, die bestehen bleiben kann.

Und selbst wenn das Leben als Teil von etwas Größerem einen Sinn hat, so kann man immer in Bezug auf das Größere fragen, welchen Sinn es hat. Entweder es gibt eine Antwort, die auf etwas noch Größeres verweist, oder es gibt sie nicht. Gibt es sie, so stellt sich die Frage erneut. Gibt es sie nicht, so sind wir bei etwas angekommen, das selbst keinen Sinn hat, so dass fraglich wird, wie das eigene Leben durch etwas Sinnloses sinnvoll werden kann.

Wenn man sein Leben in Bezug auf Gott für sinnvoll hält, so soll sich die Frage, welchen Sinn Gott hat, erübrigen, da Sinn und Zweck Gottes in ihm selbst lägen. Die Idee Gottes ist offenbar eine Idee von etwas, das alles andere erklären kann, ohne selbst erklärbar sein zu müssen. Wenn Gott unserem Leben einen Sinn geben soll, den wir nicht verstehen können, ist das zumindest in meinen Augen ein schwacher Trost.

Für manche wirkt die Vorstellung verlockend, Gottes Plan und Ziel zu erfüllen. Doch abgesehen davon, dass man auch hier fragen könnte, welchen Sinn es hat, Gottes Plan zu erfüllen, bleibt selbst für den Gläubigen folgendes Problem: Gott hat für den Menschen vorgesehen, dass er liebt, sich anständig verhält, indem er bestimmte Gebote einhält, und Nachkommen zeugt. Und es kann erfüllend sein, sich vorzustellen, sein Leben danach zu richten. Aber angenommen, Gott hätte das Ziel des Menschen darin gesehen, als Nahrungsquelle für eine noch intelligentere und moralisch edlere Art zu dienen. Wenn darin der Sinn unseres Lebens läge, dann wäre diese Vorstellung auch für den Gläubigen wenig attraktiv und vermutlich auch schwer zu akzeptieren. Vielleicht stellt sich dann die Frage erneut: „Ja, mein Leben dient dem Ziel Gottes, doch hat mein Leben darüber hinaus einen Sinn — einen Sinn, der ... der lebenswert ist."

Nun ist die Frage nach dem Sinn des Lebens vor allem dann beunruhigend, wenn man die *Vogelperspektive* einnimmt und das Leben als Ganzes von außen betrachtet. Solange wir in der Außenperspektive verharren und nach einer objektiven Antwort suchen, stoßen wir auf keine Antwort, die unseren inneren Anspruch an unsere Existenz, etwas Wichtiges und Sinnvolles zu sein oder zumindest sein zu können, erfüllt. Diese Kluft zwischen Absicht oder Anspruch auf der einen und einer Realität, die diesem Anspruch vom Ansatz her nicht gerecht wird, auf der anderen Seite bezeichnen Philosophen wie Thomas Nagel als *Absurdität*[5]: Unser Leben ist absurd, solange wir diesen überzogenen Anspruch haben. Umgekehrt möchten viele auch nicht mit einfachen Lebewesen tauschen, die diese Vorstellung, etwas Wichtiges zu sein, nicht haben können. Zudem können einige, wenn sie darüber nachsinnen, wie wichtig wir uns nehmen, ohne dass es dafür objektive Gründe gibt, schmunzeln. Auch aus der intellektuellen Distanzierung mag eine gewisse Befriedigung entspringen. In dieser Hinsicht gleichen wir Sisyphos, der verdammt ist, den Stein einen Berg hochzuschleppen, wohl wissend, dass nach vollendeter Prozedur der Stein nach unten rollt und er wieder von vorn beginnen wird. Sein Tun ist von außen betrachtet sinnlos, doch könnte er Trost in dem Gedanken suchen, dass er über sein Schicksal reflektieren, über sich schmunzeln und sich beobachten kann, wie er mit diesem Schicksal umzugehen vermag. Ob das Schmunzeln über die Absurdität eines Handelns entschädigt, hängt wohl auch davon ab, inwieweit das Handeln mit Leid und Entbehrung verbunden ist. In jedem Fall eröffnet die Außenperspektive auf das Leben nicht das, was wir uns mit der Frage erhoffen. Die Innenperspektive erscheint dagegen vielversprechender. In dieser Hinsicht sind wir in einer etwas glücklicheren Situation als Sisyphos bzw. der Gefangene des Gedankenexperiments vom Anfang des Kapitels.

Kommen wir zu einer zweiten — wie ich finde — naheliegenderen Lesart. So bezieht sich die Frage „Hat das Leben einen Sinn?" nach der zweiten Lesart darauf, ob unser Leben bestimmten, von uns akzeptierten Werten gerecht wird. Uneinigkeit herrscht darüber, ob diese Werte äußerlich objektiv oder innerlich subjektiv sind. Aus der Frage „Hat das Leben einen Sinn?" wird die Frage „Gibt es allgemeingültige Werte, denen ich mit meiner Lebensführung entsprechen, oder die ich verfehlen kann? Wenn ja, welche Werte sind das? Wenn nein, welche Werte möchte ich für mein Leben als Ganzes festlegen? Wenn es allgemeine Werte gibt, kann ich fragen, welchen Sinn mein Leben *hat*, wenn nicht, kann ich fragen, welchen Sinn ich meinem Leben *geben möchte*.

Die Suche nach allgemeinen, objektiven Werten und insbesondere deren Begründung hat sich bislang als schwierig dargestellt. Das bedeutet freilich nicht zwin-

---

[5] Vgl. Thomas Nagel *Was bedeutet das alles?*

gend, dass es keine objektiven Werte gibt. Im Folgenden ignoriere ich jedoch die Möglichkeit objektiver Werte. Ich gehe davon aus, dass ein Mensch die Frage, ob sein Leben einen Sinn habe, bejahen würde, wenn er überzeugt ist, dass es dem gerecht wird, was er als wichtig oder bedeutsam ansieht. Wir dürfen hoffen, die Fragen nach dem Sinn unseres Tuns für uns befriedigend beantworten zu können, wenn wir uns dabei auf das beziehen, was uns wichtig ist. Was für uns wichtig oder wertvoll ist, muss für uns nicht automatisch sinnvoll sein. Denn als empfindendes Lebewesen kann man Dinge ganz ohne Voraussetzung wertvoll *finden* (einfach weil man auf eine bestimmte Art verfasst ist, z.B. so, dass man Musik mag, oder wissenschaftlichen Fortschritt schätzt). Dagegen wird Sinn immer durch etwas *verliehen*. Und unserem Leben können die von uns bedingungslos akzeptierten Werte einen Sinn verleihen. Das, was für uns wertvoll ist, verspricht unserem Handeln zugleich die einzig verlässlichen Orientierungspunkte zu bieten. Wir finden Sinn, indem wir unser Leben auf das orientieren, was für uns wertvoll ist. Denn das, was uns wichtig ist, kann uns in Form von Zielen und Werten als Fixsterne so leiten, dass wir unser Leben als Ganzes betrachtet als sinnvoll empfinden.

Aus der Frage der Sinn*findung* wird damit die Frage der gestalterischen Sinn*gebung*. Sinn konstituiert sich diesem Verständnis zufolge durch die bewusste Entscheidung für Werte und Ziele, eine Priorisierung und Harmonisierung sowie einem daran ausgerichteten Handeln. Damit uns das Wichtige eine solide Orientierung und stabile Sinnerfahrung ermöglicht, ist allerdings einiges zu berücksichtigen, wie z.B. die eigene Einflussmöglichkeit.

1.2 Grenzen unseres Einflusses: Wo die eigene Energie in die Irre läuft

Gott, gib mir die Gelassenheit, Dinge hinzunehmen, die ich nicht ändern kann, den Mut, Dinge zu ändern, die ich ändern kann, und die Weisheit, das eine von dem anderen zu unterscheiden.

nach Reinhold Niebuhr

Nicht alles, was für uns von Interesse oder Relevanz ist, eignet sich als Ziel und Orientierungspunkt unseres Handelns. Andernfalls sind Scheitern und Frustration bereits vorherbestimmt. Alle Ereignisse, die für unsere Interessen und Bedürfnisse relevant sind, lassen sich je nach dem Grad unserer Einflussmöglichkeit in drei Bereiche gliedern: *Betroffenheit*, *Einfluss* und *Kontrolle*. Auf manche Ereignisse, die für uns große Bedeutung haben, haben wir gar keinen <u>Einfluss</u>. Wir sind Betroffene, die das Eintreten dieser Ereignisse weder befördern noch verhindern können. Beispiele für Ereignisse aus dem Betroffenheitsbereich sind das Wetter, der Wechselkurs des Dollars oder ob Ihre beste Mitarbeiterin im Urlaub einen Partner kennenlernt, der mit ihr eine Tauchschule eröffnen will. Auf andere Ereignisse haben wir hingegen sehr wohl Einfluss, wenngleich ihr Eintreten nicht ausschließlich von unserer Macht abhängt. Wie hoch der von Ihnen erzielte Umsatz ausfällt, inwieweit ihre Mitarbeiter motiviert sind und ob Ihre beste Mitarbeiterin trotz Ihres neuen Partners weiterhin in Ihrem Team arbeiten möchte. Und schließlich gibt es noch einen Bereich, in dem Sie allein die Kontrolle darüber haben, welches Ereignis eintritt. Ob Sie den Regenschirm einpacken, ob Sie ein Wechselkursrisiko versichern, ob Sie nach der Arbeit joggen gehen, ob Sie einer Bitte nach einem vertraulichen Gespräch nachkommen und ob Sie Ihre Mitarbeiterin auf Ihre Entwicklung im Team ansprechen, sind Fragen, über die allein Sie entscheiden.[6]

In Bezug auf Ereignisse aus dem Bereich der Betroffenheit können wir lediglich hoffen — es handelt sich um einen Bereich der Wünsche und Träume. Es spricht nichts gegen hoffen und wünschen. Nur ist die hier investierte Energie nicht besonders konstruktiv eingesetzt, da sie nicht zu einer Änderung der Verhältnisse beitragen kann. Dahingegen können wir im Einfluss- und im Kontrollbereich mit der Aussicht handeln, zugunsten von dem, was uns wichtig ist, wirksam zu werden. Wünsche und Träume beziehen sich auf den Bereich, der sich unserer Kontrolle entzieht, Ziele liegen in dem Bereich, in dem wir entweder vollständige Kontrolle oder zumindest Einflussmöglichkeiten haben. Ziele streben wir aktiv an, bei Wünschen bleibt nur ein passives Hoffen möglich. Effektiv sind wir nur in dem Grade, in dem wir unseren Fokus und unsere Energien auf unseren Einfluss- oder Kontrollbereich richten.

Allerdings seien Sie vorsichtig, wenn Sie mit sich selbst ins Gericht gehen und prüfen, inwieweit Sie Ihre Ziele erreicht haben. Im Kontrollbereich macht es durchaus Sinn, den Grad der Zielerreichung als Maßstab für die Selbstbeurteilung zu wählen. Aber darf auch im Einflussbereich die eigene Beurteilung nach der Zielerreichung erfolgen? Oft hängt es nicht allein von Ihnen ab, ob und in welchem Grade Sie Ihre Ziele erreichen. Sie disziplinieren sich und gehen regelmäßig joggen, doch ein Autounfall beeinträchtigt nicht bloß Ihren Weg, sondern vereitelt womöglich auch Ihr Ziel, gesund zu bleiben. Sie leisten erfolgreiche Führungsarbeit und qualifizieren sich so für den nächsten Karriereschritt, doch für Sie nicht durchschaubare

---

[6] Überlegungen über diese nach der eigenen Einflussmöglichkeit abgestuften Bereiche sind vermutlich so alt wie die Menschheit. In einem modernen Gewand finden sie sich z. B. bei Stephen Covey *Die 7 Wege zur Effektivität*.

Abhängigkeiten im Hintergrund sorgen dafür, dass nicht Sie, sondern ein Anderer, weniger Qualifizierter den Job erhält. Sie haben alles daran gesetzt, ein harmonisches und leistungsorientiertes Klima in Ihrem Team aufzubauen, doch die Unternehmensleitung verfügt, dass Ihr Team aufgelöst und die Aufgaben outgesourct werden.

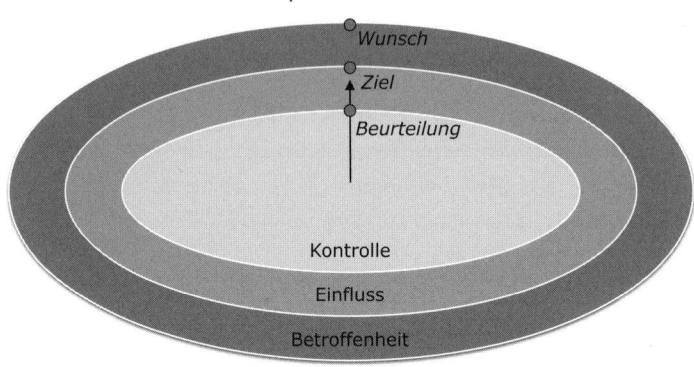

Abb. 1: Ziele und Einfluss

Klugerweise reflektieren Sie, inwieweit Sie Ihre Ziele erreichen. Wenn Sie sich jedoch danach beurteilen, inwieweit Sie die Ziele erreicht haben, besteht die Gefahr tiefer Frustration. Diese ist unausweichlich, weil auch außer Ihrer Macht liegende Faktoren Ihre Ziele durchkreuzen können, und zudem fatal, weil Sie daran nichts ändern können. Sinnvoll ist es daher, für jedes Ziel, was Sie anstreben, ein Teilziel zu definieren, was exakt dem Anteil zur Erreichung des Zieles entspricht, der in Ihrem Machtbereich liegt. Auf diese Weise ergeben sich zwei Ebenen: Die Ebene des _Strebens_ und die Ebene der _Selbstbeurteilung_. Führungskräfte, die beides klar voneinander trennen, können nicht bloß besser mit Rückschlägen und Widrigkeiten umgehen — in der Psychologie nennt man diese Fähigkeit „Resilienz" — sondern vor allem zufriedener.

Hier sei noch vor einer Gefahr gewarnt, die von der sogenannten _Attribution_ ausgeht, die in der Psychologie untersucht wurde. Unter Attribution versteht man die Zuschreibung der wahrscheinlichsten Ursache für ein Ereignis. Wir Menschen haben das Bedürfnis, in einer schlüssigen und vorhersagbaren Welt zu leben. Kennen wir die Ursachen, können wir zukünftige Ereignisse prognostizieren und unser Verhalten daran ausrichten. Pessimisten neigen dazu, für Misserfolge sich selbst verantwortlich zu machen, und Erfolge als Resultat variabler äußerer Umstände anzusehen. Weil Pessimisten glauben, zum Scheitern verurteilt zu sein, erbringen sie schlechtere Leistungen als Optimisten. Die meisten von uns sind bei der Attribution jedoch Optimisten, da wir das Verlangen haben, unsere Selbstachtung zu wahren. Der Optimist neigt dazu, Erfolge seinem Wirken zuzuschreiben und den Grund für Misserfolge bei anderen Personen oder in den Umständen zu sehen. Es ist menschlich, wenn der Vertriebsleiter das gewaltige Umsatzwachstum des letzten Jahres als Folge seines neuen Incentivemodells und seines hervorragenden Coachings on the Job ansieht, den Umsatzeinbruch in diesem Jahr jedoch auf die veränderte Marktsituation schiebt. Aller Wahrscheinlichkeit nach erzielt der Vertriebsleiter mit dieser Haltung auch höhere Leistungen als mit einer pessimistischen. Doch die optimistische Attribution verzerrt die Wirklichkeit genauso wie die pessimistische. Und eine inadäquate Repräsentation der Realität kann gefährlich werden. Z.B. mag der Vertriebsleiter blind werden für Chancen, die alternative Verfahren bieten, oder die Schäden, die von den von ihm gewählten Verfahren ausgehen, ausblenden und somit beibehalten. Daher sollten wir versuchen, uns gegenüber ehrlich zu sein und die dem Selbstwertgefühl dienenden Neigungen kritisch hinterfragen. Fragen wir uns im Fall unseres Erfolgs also selbstkritisch, wie groß war an diesem Erfolg der Einfluss anderer Menschen oder glücklicher Umstände. Und bohren wir kritisch nach, wenn wir im Fall von Misserfolgen die Neigung spüren, die unglückliche Situation oder andere Menschen dafür verantwortlich zu machen: Inwiefern haben wir vielleicht doch auch selbst zu der Misere beigetragen?

1.3 Den Überblick behalten: Das Wichtige erkennen und ordnen

Die Frage nach dem, was uns wichtig ist, können wir oft nicht oder zumindest gar nicht so leicht beantworten. Einiges, was uns wichtig ist, wird uns nur dann bewusst, wenn wir es nicht mehr haben. Dass Gesundheit wichtig ist, merken wir besonders dann, wenn wir sie (gerade) nicht haben. Dass soziale Beziehungen wie z.B. eine Partnerschaft für uns eine herausragende Bedeutung haben, fühlen wir besonders dann, wenn uns unser Partner verlässt. Vieles von dem, was uns wichtig ist, erscheint uns selbstverständlich, so dass es aus dem Wahrnehmungsfokus gerät, so lange kein Mangel auftritt. Was uns wichtig ist und was wir als Bedürfnis spüren mag auseinander klaffen. Gemäß der von Abraham Maslow abgeleiteten berühmten Bedürfnispyramide müssten etwa zunächst physiologische Grundbedürfnisse erfüllt sein, bevor Sicherheitsbedürfnisse entstehen. Deren Befriedigung sei wiederum die Voraussetzung für das Bedürfnis nach sozialem Kontakt. Und erst wenn dieses befriedigt ist, soll das Bedürfnis nach Anerkennung und danach das

Bedürfnis nach Selbstverwirklichung auftreten.[7] Auch wenn mit guten Gründen der Aufbau der Pyramide angegriffen wurde — ein Umstand, der ihrer Popularität keinen Abbruch tut — kommt in ihr eine wesentliche Einsicht zum Ausdruck:

Was wir von dem, was uns wichtig ist, als uns wichtig wahrnehmen, hängt von unserer aktuellen Bedürfnissättigung ab.

Eine Herausforderung besteht demnach darin, zu ermitteln oder sich bewusst zu machen, was uns wirklich wichtig ist, auch wenn wir es aktuell nicht spüren. Ein Schritt, sich bewusst zu machen, was für uns zählt, kann eine biographische Selbstanalyse sein. Um sicherzustellen, dass wir nicht zu einseitig Ziele und Werte in einem Bereich fokussieren, mag es hilfreich sein, die Kategorien abzuklopfen, die von den Psychologen als grundlegend für das Selbstkonzept von Menschen angesehen werden: Arbeit und Leistung, soziale Beziehungen, Körper und Gesundheit, materielle Sicherheit und Werte. Auch ist es fruchtbar, die Lebensbereiche, in denen wir involviert sind, wie Beruf, Familie, Sportverein usw. durchzugehen und zu reflektieren, was uns in diesen Bereichen wichtig ist und welche Ziele wir bewusst oder unbewusst verfolgen bzw. verfolgen wollen.

Ein weiteres Problem ergibt sich aus dem Umstand, dass uns vieles wichtig ist und sich nicht alles, was uns wichtig ist, leicht oder gar konsistent verbinden lässt. Wer gerne viel und süß isst und zugleich schlank und sportlich sein möchte hat ein Problem. Wer gerne zeitaufwändige Hobbys betreibt und beruflich außergewöhnlich erfolgreich sein möchte meist ebenfalls. Nicht nur zwischen unseren Zielen und Wünschen, sondern auch zwischen unseren Werten können Konflikte auftauchen, die mehr oder weniger ernst sein mögen. Vielleicht sind für Sie Höflichkeit und Aufrichtigkeit Werte. Doch diesen beiden können Sie nicht immer zugleich im Handeln optimal gerecht werden. So manchen Literaten hat dies veranlasst, Höflichkeit und Ehrlichkeit als Gegensätze zu präsentieren. Dies ist sicher übertrieben, doch gibt es einige Situationen, in denen Sie nicht beides zugleich sein können. Auch zwischen Zielen und Werten öffnen sich zuweilen Dilemmata, die nicht lösbar sind, ohne auf mindestens einer Seite Abstriche zu machen. So mögen Situationen auftauchen, in denen Sie Aufrichtigkeit und Karriere nicht beide gleichermaßen in Ihrer Handlung berücksichtigen können. Und dies bedeutet, Sie müssen das, was Ihnen wichtig ist, konsistent ordnen und priorisieren.

Die Frage nach dem, was uns wichtig ist, lässt sich gar nicht so leicht beantworten, und es fällt uns schwer, ein konsistentes System von Prioritäten zu entwickeln. Ein Problem bei der Priorisierung betrifft die *zeitliche Orientierung*. Das, was wir anstre-

---

[7]   Vgl. Maslow *Motivation and Personality*

ben, können wir mehr oder weniger zeitnah erreichen. Bei manchen Aktivitäten ist der angestrebte Effekt sehr schnell zu erzielen. Sie gehen vielleicht heute auf dem Markt einkaufen, um abends ein leckeres Gericht zubereiten zu können. Bei manchen Aktivitäten liegt der angestrebte Effekt sehr weit in der Zukunft: Sie zahlen vielleicht jetzt und in den Folgejahren in einen Rentenfond ein, um ab einem gewissen Alter eine Rente zu beziehen. Nun ist es gar nicht so einfach, zwischen Gegenwarts- und Zukunftsorientierung abzuwägen. Eines jedoch scheint gewiss: Weder die eine, noch die andere Fokussierung darf zu dominant werden. Ohne Gegenwartsorientierung verliert das Leben seinen Reiz und kann tragisch enden, nämlich dann, wenn die in der Zukunft angestrebten Effekte verfehlt werden. Mit einer zu starken Gegenwartsorientierung kann das Lebensglück komplett abhandenkommen, z. B. dann, wenn Sie schwer erkranken oder im Alter ohne finanzielle Mittel dastehen.[8]

Die Schwierigkeit, was uns wichtig ist, zu priorisieren, wird noch durch weitere Umstände verschärft, von denen hier noch die *Perspektive* betrachtet werden soll. Die im Leben wechselnde Perspektive macht es uns schwer, Wichtiges zu identifizieren und zu ordnen. Denn die Dinge, die wir hier und jetzt in unserem Empfinden oder in unserer Wahrnehmung für wichtig halten, mögen uns bei näherer Betrachtung oder unter einem anderen Blickwinkel gar nicht mehr so wichtig erscheinen. Nehmen wir an, Ihnen ist klar, was Ihnen jetzt wichtig ist und Sie können Ziele und Werte in Ihrer jetzigen Situation benennen und konsistent priorisieren. Dann mag das trotzdem nicht das komplette Bild sein. Stellen Sie sich vor, Sie sterben: Was von dem, wofür Sie viel Lebenszeit verwendet haben, hätten Sie gerne gekürzt? Wofür hätten Sie gerne mehr Lebenszeit verwendet? Was von dem, was Ihnen heute wichtig ist, erscheint Ihnen in der Rückblende auf Ihr gesamtes Leben noch wichtig? Was nicht? Oder etwas weniger drastisch: Stellen Sie sich vor, Sie erkranken schwer. Was von dem, was Ihnen heute wichtig ist, wäre Ihnen dann noch wichtig? Was würde Ihnen wichtig sein, was Ihnen heute unwichtig erscheint? Derartige Gedankenexperimente zeigen, dass Wichtigkeit oder Wertigkeit in mehreren Hinsichten subjektiv ist. Wichtigkeit variiert nicht nur von Person zu Person, sondern auch von Standpunkt zu Standpunkt. Wichtigkeit ist nicht nur relativ zum Individuum, sondern auch zu der Perspektive. Und die Perspektive hängt von unserer Lebenssituation ab, vom Ort, der Zeit, den aktuellen Rahmenbedingungen, unseren Erfahrungen, Hoffnungen, Meinungen und Wünschen. Was uns in einer Lebenssituation bedeutsam erscheint, halten wir in einer anderen für belanglos. Dieser Umstand stellt uns vor eine Herausforderung, wollen wir nicht nur vom Sinn einer Handlung in einer Lebenssituation sprechen, sondern von unserem Leben als Ganzes. Denn was uns aus einer spezifischen Lebenssituation als wertvoll er-

---

[8] Dies nennen Zimbardo und Boyd das Zeit-Paradox: Zimbardo und Boyd *The Time Paradox*, 100

scheint, mag vielleicht einen Maßstab ergeben, nachdem das Leben als Ganzes betrachtet aus der fraglichen Situation heraus angemessen beurteilbar scheint, aber kaum einen Maßstab, der es erlaubt, das Leben aus allen sich uns ergebenden Lebenssituationen und erst recht nicht aus allen für uns möglichen Lebenssituationen angemessen zu beurteilen. Ein Manager hält Karriere für wichtig und investiert den größten Teil seiner Zeit und Energie für diesen Wert. Sicher empfindet er in dieser Phase sein Leben im Einklang mit seinem Wertmaßstab und damit als sinnvoll. Doch die plötzliche lebensgefährliche Erkrankung seiner Partnerin schafft eine neue Lebenssituation, eine Lebenssituation, in welcher er seine Werte neu ordnet. Karriere steht nicht mehr auf dem vordersten Rang. Und mit dem neuen Wertmaßstab scheint sein Leben in Gänze betrachtet nicht mehr so perfekt im Einklang zu stehen; Zweifel an der Sinnhaftigkeit seines bisherigen Tuns keimen auf.

Welche Konsequenz resultiert aus dieser Betrachtung? Strebt man nach einem sinnhaften Leben, so reicht es nicht aus, seine Lebenssituation oder auch sein ganzes Leben nach dem Maßstab zu beurteilen, der die momentane Werteordnung bzw. die in einer Lebenssituation priorisierte Wertepräferenzliste repräsentiert. Da Lebenssituationen sich wandeln und Wertevorstellungen und Prioritäten in Abhängigkeit von der jeweiligen Lebenssituation und Perspektive schwanken, gilt es, alle möglichen Perspektiven zumindest der wahrscheinlich eintretenden Lebenssituationen bei der Konstruktion des Wertemaßstabs zu berücksichtigen. Andernfalls laufen wir Gefahr, dass die bisherige Lebensführung mit einem sich ergebenden Perspektivwandel im schlimmsten Fall irgendwann sinnlos erscheint.

Wie lassen sich Perspektiven von Lebenssituationen berücksichtigen, in denen wir uns nicht oder noch nicht befinden? Durch kontrafaktische Gedankenexperimente, die unsere Wertintuitionen unter Annahme von wahrscheinlichen und weniger wahrscheinlichen Szenarien mobilisieren. Ein recht wahrscheinliches Szenario ist, wie in der Reflexionsfrage angesprochen, der eigene Tod — unterschiedlich wahrscheinlich sind mögliche Zeitpunkte für seinen Eintritt. Gedanken und Gefühle darüber, wie ich mein Leben und meine Werte im Angesicht des bevorstehenden oder eintretenden Todes beurteile, kann meine aktuelle Wertvorstellung beeinflussen. Auch ergeben sich vermutlich Variationen, je nach dem, zu welchem wahrscheinlichen oder unwahrscheinlichen Zeitpunkt im Leben der Todeseintritt vorgestellt wird — mit 80, mit 60, in einem Jahr, morgen!

Wie gelangt man allgemein zu den persönlichen Zielen und Werten, die auch unter wechselnden Perspektiven der Überprüfung durch unsere Intuitionen standhalten? Indem man Ziele und Werte, die wir aus der gegenwärtigen Perspektive für attraktiv halten, stets überprüft — im Lichte aktueller und potenzieller Veränderungen (Krankheit, Partnerschaft, Beruf usw.).

An dieser Stelle lässt sich eine Analogie zu Karl Poppers wissenschaftstheoretischen Überlegungen spannen.[9] Popper erkannte, dass eine wissenschaftliche Theorie niemals klar verifiziert werden kann, d.h. als wahr bewiesen werden kann, jedoch durch bereits ein Gegenbeispiel falsifiziert werden kann, d.h. sich als falsch erweisen kann. Die empirische These, dass alle Schwäne weiß sind, kann durch keinen einzigen neuen weißen Schwan, auf den wir stoßen, bestätigt werden, jedoch durch einen einzigen andersfarbigen Schwan widerlegt werden. Vor diesem Hintergrund stellte er folgendes Postulat für eine gute wissenschaftliche Theorie auf: Eine gute wissenschaftliche Theorie wäre grundsätzlich leicht zu falsifizieren, d.h. sie bietet Möglichkeiten, sie an der Realität zu überprüfen, und damit Angriffsfläche. Zudem hat sie bisher allen zahlreichen und ernsthaften Falsifizierungsversuchen standgehalten.

Übertragen wir das Postulat für brauchbare wissenschaftliche Theorien auf brauchbare Ziele und Werte, dann ergibt sich: Die Ziele und Werte, die wir nach Prüfung aus vielen unterschiedlichen Perspektiven unverändert beibehalten, taugen als Fixsterne für das eigene Leben als Ganzes und als Gradmesser dafür, für wie befriedigend und sinnvoll wir unser Leben empfinden bzw. empfinden könnten.

Die aufgefächerten Perspektiven erlauben es, unsere Wertvorstellungen so zu justieren, dass sie den bestmöglichen Kompromiss für das Leben mit seinen unterschiedlichen Szenarien darstellen. Den bestmöglichen Kompromiss hinsichtlich unterschiedlicher realer und möglicher Lebensszenarien in der Werteselektion und Priorisierung zu finden, bedeutet ein effektives Leben führen. Gelingt dies auch effizient, so ist nach meinem Dafürhalten das Leben sinnvoll. Doch was bedeutet Effektivität und Effizienz für die Lebensführung genau? Folgt man Peter Drucker, der Effektivität als „die richtigen Dinge tun" und „Effizienz" als „die Dinge richtig tun"[10], charakterisiert, so lässt sich Lebenseffektivität als die Auswahl und Priorisierung der Ziele und Werte beschreiben, welche unseren Intuitionen unter möglichst vielen Perspektiven auf Lebensszenarien am besten gerecht wird. Lebenseffizienz hingegen heißt, geeignete Mittel für diese Ziele und Werte auszuwählen und anzuwenden. Effektive Lebensführung bedeutet, am Horizont stets die Ziele und Werte im Visier zu haben, denen man sich verpflichtet fühlt. Effizienz bedeutet, Wege und Mittel zu wählen, die gut geeignet sind, den angepeilten Zielen mit geringem Aufwand und möglichst schnell näher zu kommen, und Ablenkungen von diesen Zielen zu widerstehen.

---

[9]   Vgl. Popper *Logik der Forschung*

[10]   Vgl. Drucker *Was ist Management: Das Beste aus 50 Jahren*

1.4 Die Gefahr droht von innen und außen: Ablenkungen widerstehen

Sie haben Ihre Kompassnadel ausgerichtet und ihre Ziele und Werte, deren Gültigkeit sie aus unterschiedlichen Perspektiven geprüft haben, leuchten als Fixsterne? Dann sollte es nicht schwer sein zu erkennen, in welche Richtung Sie marschieren sollten. Die Erkenntnis und die Einsicht in den für Sie besten Weg reichen allein jedoch nicht aus. Denn Sie befinden sich in einem Magnetfeld, in dem mindestens noch zwei Quellen Einfluss nehmen: Ihre aktuellen Lust- und Unlustgefühle auf der einen und der Rahmen, den Ihre Umwelt für Sie bereitstellt, auf der anderen Seite. Beides mag einen Druck auf Ihre vor dem Hintergrund Ihrer Ziele angepeilte Ideallinie ausüben, die Lust-Gefühle von innen und die Umwelt in Form von Erwartungen und Sanktionen von außen. Wenn Sie sich beispielsweise vorgenommen haben, für Ihre Gesundheit joggen zu gehen, dann mag der klare Vorsatz schlicht deshalb von Ihnen nicht umgesetzt werden, weil es Ihrem inneren Schweinehund gelingt, aktuelle Lust- oder vielmehr Unlustgefühle so zu präsentieren, dass sie handlungsleitend werden. Joggen bleibt eine theoretische Option und der von Ihnen angepeilte Weg zu einer belastbaren Gesundheit verwaist. Oder nehmen wir an, dass Sie einen klaren Weg für die richtige strategische Weichenstellung in Ihrer Führungseinheit sehen. Doch Ihre eigene Führung hält einen diametral entgegengesetzten Weg für richtig und erwartet von Ihnen, dass Sie diesen akzeptieren und Ihre Mitarbeiter in diesem Sinne orientieren. Auch in diesem Fall wird Druck auf Ihre Ideallinie ausgeübt.

Was können Sie tun, wenn Sie von dem im Hinblick auf Ihre Ziele anvisierten Weg gedrückt zu werden drohen? Zunächst einmal ist es ein hervorragendes Zeichen, wenn Sie es überhaupt bemerken, dass Sie einem Druck ausgesetzt sind, wenn Sie spüren, dass sie gerade im Begriff sind, sich in einer Weise leiten zu lassen, die nicht konform geht mit der von ihnen angepeilten Richtung. Denn nur dann, wenn Sie einen Abweichungsdruck spüren, können Sie überhaupt willentlich steuern bzw. gegensteuern. Anderenfalls bleiben Sie unbewusst Spielball, entweder von Ihren unmittelbaren Lust- und Unlustgefühle oder den Erwartungen anderer. Wenn Sie nun erkennen, dass Sie Gefahr laufen, entgegen der von Ihren Zielen her sinnvoll erscheinenden Richtung beeinflusst zu werden, dann haben Sie die Chance, etwas daran zu ändern. Im Fall des inneren Lust- oder Unlustgefühls können Sie kritisch prüfen, ob die Befriedigung, welche sie erfahren, wenn Sie nachgeben, einen Abstrich bei Ihrem großen Ziel Wert ist. Schwierig wird es hier vor allem wegen eines Phänomens, das *Hyperbolic Discounting* genannt wird. Positives und Negatives zählt für uns in der Gegenwart überproportional mehr als in der Zukunft. Mit anderen Worten, ein aktuelles Bedürfnis zugunsten eines höherwertigen, erreichbaren Ziels in der Zukunft hinten an zu stellen, stellt für uns als Menschen eine große Herausforderung dar. Kein Wunder, dass dieses Phänomen einen prominenten Stellenwert im Zeit- und Selbstmanagement hat. Einige erfolgreiche und weniger bekannte Strategien behandeln wir im Kapitel „Veränderung durch Unzufriedenheit".

Neben dem internen tritt auch ein externer Abweichungsdruck auf, den es zu kontrollieren gilt. Um auf Druck aus Ihrem Umfeld zu reagieren, stehen drei Optionen offen, die gerne mit einer angelsächsischen Phrase benannt werden: „Change it, love it or leave it." Sie können versuchen, den Druck abzuwenden, indem Sie versuchen, die Situation, in diesem Fall die Ansicht Ihrer Führung, zu ändern. Sie könnten die Richtung Ihrer Führung „lieben" oder weniger dramatisch ausgedrückt akzeptieren. Oder Sie verlassen die Situation, z. B. in dem Sie sich weigern oder kündigen.

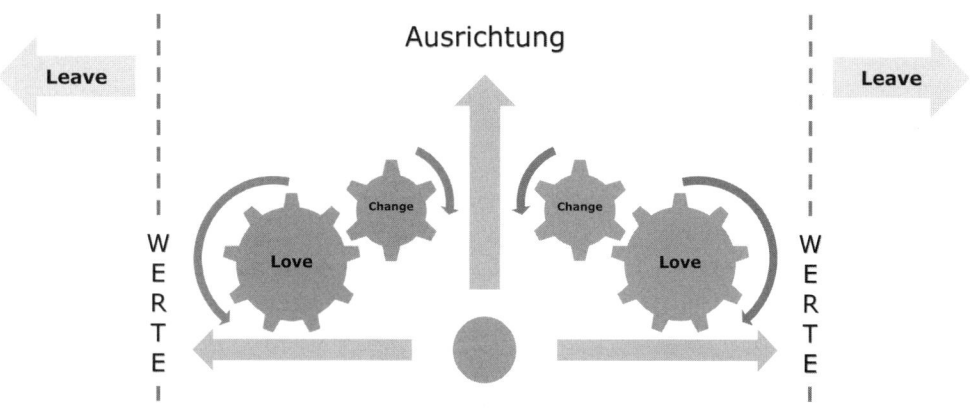

Abb. 2: Change it, love it or leave it

Klar werden Sie im ersten Schritt versuchen, den Ihnen von Ihren Fixsternen angezeigten Weg einzuschlagen und die Situation zu Ihren Gunsten zu beeinflussen. Sie werden Ihrer Führung Ihre Gründe darlegen und umgekehrt auf die negativen Konsequenzen hinweisen, die das seitens der Führung vorgeschlagene Verfahren für das Unternehmen haben wird. Wenn Sie damit erfolgreich sind, haben Sie die Situation so verändert, dass Sie den von Ihnen favorisierten Weg auch gehen können. Doch möglicherweise scheitern Sie. Ihre Führung möchte Ihren Argumenten zum Trotz, dass Sie einen Weg einschlagen, den Sie nach wie vor für falsch oder suboptimal halten. Nun müssen Sie entscheiden, ob es Ihren Zielen und Werten zuwiderläuft, loyal zu handeln und das erwartete Vorgehen zu praktizieren. Sicherlich müssen wir angesichts der Rahmenbedingungen von der radikalen Idee Abstand nehmen, dass wir stets nur unsere favorisierten Wege gehen und durchsetzen können. Wir müssen bereit sein, auch abzuweichen, und offen sein für Alternativen. Jedoch sollten wir uns bewusst werden, wo wir die Grenzen der Toleranz für uns setzen. Wir sollten uns gedanklich einen Toleranzkorridor bilden. In dessen Zentrum liegt der von uns vor dem Hintergrund unserer Werte und Ziele favorisierte Weg. An dessen Rändern liegen alternative Wege, die wir für nicht optimal halten, die wir jedoch noch akzeptieren können, weil sie im Hinblick auf unsere Ziele und Werte und den Erfordernissen der Situation noch akzeptabel sind. Drängt die Umwelt uns jedoch dazu, einen Weg einzuschlagen, der jenseits des Toleranzkorridors liegt, so kann unsere Reaktion nur noch eine klare Ablehnung bedeuten. Die Konsequenzen können dabei mehr oder weniger schwerwiegend sein. Im leichteren Fall muss das Gegenüber unsere Ablehnung akzeptieren, wir laufen lediglich Gefahr, dass seine Kooperationsbereitschaft sinkt. Wie wir ablehnen und dabei das Gegenüber motivieren, sich uns wohlwollend gegenüber zu verhalten, behandeln wir im Kapitel „Überzeugung durch Akzeptanz". Die Ablehnung kann aber auch so schwerwiegend sein, dass eine weitere Zusammenarbeit ausgeschlossen ist: „Nein, das lehne ich ab. Ich gebe die Verantwortung weiter und werde mir eine Wirkstätte suchen, wo ich einen Weg gehen kann, der näher an meinen Zielen und Werten liegt."

Sie sind nicht zu so einem radikalen Schritt bereit? Dann prüfen Sie, ob Sie Ihre Ziele und Werte vielleicht zu hoch bewertet oder vielleicht Ihnen wichtige Dimensionen bislang vernachlässigt haben. Und seien Sie dabei ehrlich zu sich selbst. Wenn Sie dabei sind, Ihnen wichtige Werte oder Ziele zu verraten, wie z. B. aufrichtig zu sein, weil Sie die Konsequenzen für andere Ihnen wichtige Ziele fürchten, wie das Ende einer vielversprechenden Karriere in Ihrem Unternehmen, dann gestehen Sie sich ein, dass Aufrichtigkeit für Sie an dieser Stelle niedriger priorisiert wird. Sie wollen vor sich nicht einräumen, dass Sie zugunsten Ihrer Karriere Abstriche in puncto Aufrichtigkeit machen? Dann seien Sie konsequent und seien Sie bereit, Karriereoptionen zu opfern. Doch machen Sie sich nicht vor, dass Sie Ihre Karriereoption nutzen und aufrichtig sind, wo das nicht der Fall ist. Sie selbst merken es — und andere um Sie herum werden es vermutlich ebenfalls merken.

Nehmen wir nun an, Sie halten zwar den von Ihrer Geschäftsführung entgegen Ihrem Anraten eingeschlagenen Weg für falsch oder ungünstig, sind sich jedoch sicher, dass Sie sich noch im Toleranzkorridor befinden, wenn Sie diesen aus Ihrer Sicht ungünstigen oder falschen Weg mit aufrichtigem Einsatz einschlagen werden. Dann stehen Sie nun vor der Herausforderung, Ihre Mitarbeiter für den aus Ihrer Hinsicht suboptimalen Weg zu gewinnen. Fragen oder Einwände seitens Ihrer Mitarbeiter können Sie dabei in eine Bredouille bringen: „Sie haben doch selbst einmal gesagt, dass dieser Weg für uns und für das Unternehmen nachteilig und riskant ist!" In diesem Fall droht ein weiterer Konflikt, nämlich zwischen den Werten Loyalität und Aufrichtigkeit sowie dem Führungsziel, so auf die Mitarbeiter einzuwirken, dass die Unternehmensziele bestmöglich erreicht werden. Denn wenn Sie aufrichtig wären, müssten Sie jetzt Ihren Mitarbeitern beipflichten. Dies wäre ehrlich, und das Solidaritätsgefühl mit den Mitarbeitern würde gefördert. Umgekehrt wäre es ein Zeichen mangelnder Loyalität gegenüber Ihrer Führung, und Sie würden die Mitarbeiter bestärken, Ihre Anstrengungen im Hinblick auf das geplante Vorgehen zurückzunehmen. Wenn Sie aber entgegen Ihrer Überzeugung beteuern würden, dass der von der Geschäftsführung propagierte Weg der richtige sei und die Bedenken Ihrer Mitarbeiter unbegründet seien, dann wären Sie unaufrichtig und — abhängig von Ihrem Geschick — wenig glaubwürdig. Gerade aus der berüchtigten Sandwich-Position heraus ergeben sich Dilemmata in der Führung. Und es gehört viel Fingerspitzengefühl dazu, eine für sich akzeptable Marschrichtung bezüglich der eigenen Ziele und Werte zu finden, und diese dann konkret in Handlungen erfolgreich umzusetzen.

Wie könnte in der geschilderten Situation eine Antwort aussehen, die den widerstreitenden Werten und Zielen gerecht wird? Mir erscheint folgende Reaktion angemessen: „Ich sehe genauso wie Sie Gefahren und Risiken. Diese Gefahren und Risiken habe ich in die Diskussion über das weitere Vorgehen eingebracht. Nun werden auf der Geschäftsführungsebene viele Aspekte und Überlegungen aus den unterschiedlichsten Bereichen berücksichtigt. Nach Abwägung der unterschiedlichen Gesichtspunkte ist die Entscheidung für diesen Weg gefallen. Und nun ist es unsere Aufgabe, unsere Ressourcen so einzusetzen, dass dieser Weg zum Erfolg wird und die Gefahren nicht Wirklichkeit werden. Kann ich auf Ihr Engagement für diesen Weg zählen?" Durch diese Antwort kann die Führungskraft zugleich sowohl loyal und aufrichtig sein als auch die Mitarbeiter positiv dazu anzuhalten, sich für die propagierte Marschrichtung des Unternehmens einzusetzen.

1.5 Der Mitarbeiter und das Wichtige: Sinn spenden und Orientierung schaffen

Eine große Motivationskraft erwächst aus der Theorie der Selbstwirksamkeit.[11] Wenn wir die Erfahrung machen, im Hinblick auf Ziele etwas aktiv gestalten und beeinflussen zu können, erfahren wir eine Befriedigung, die uns weiter antreibt, unsere Energien einzusetzen. Diese Motivation kann aus zwei Richtungen einen Dämpfer erhalten: Entweder dadurch, dass die Freiheit beschnitten wird und wir keine Kontrolle mehr über unser Handeln haben. Oder dadurch, dass wir in unserem Tun keinen Sinn erkennen können. In psychologischen Experimenten mit Studenten zeigte sich, dass Studenten Aufgaben mit geringerer Konzentration und Willenskraft und daher schlechter bewältigten, wenn ihnen zuvor der Verzehr duftender Kekse

---

[11] Vgl. Bandura *Self-Efficacy: The Excercise of Control*

ohne Erklärung untersagt wurde als wenn ihnen ein Sinn für diesen Verzicht auf eine freundliche Art erläutert wurde.[12] Vermutlich sorgt das Erkennen eines Sinns dafür, dass wir uns als weniger selbstbestimmt erleben: Es ist unsere Entscheidung, uns zu fügen, und wir machen dies freiwillig und daher mit einem guten Gefühl. Menschen, die nach einem schweren Trauma, mit Freunden oder einer Selbsthilfegruppe darüber reden und denen es gelingt, der schmerzlichen Erfahrung in ihren Erzählungen einen Sinn zu geben, bleiben oft von gesundheitlichen Folgeschäden verschont.[13] Die Erfahrung von Sinnlosigkeit dagegen untergräbt das Fundament jeglichen Handelns. Handeln wir trotzdem, so erleben wir uns als von außen getrieben. Insofern stehen Führungskräfte in der Pflicht, Sinnlosigkeitserfahrungen entgegenzuwirken und — positiv gewendet — Sinnerfahrungen zu ermöglichen.

Die Führung kann Sinnerfahrung ihrer Mitarbeiter auf zwei Ebenen ermöglichen: Sie kann das vorhandene Wichtigkeitsempfinden ihrer Mitarbeiter befriedigen, oder sie kann ein Wichtigkeitsempfinden für das berufliche Handeln hervorrufen. Sie kann also entweder versuchen, die Arbeit und die Arbeitsbedingungen orientiert an dem, was dem Mitarbeiter wichtig ist, auszurichten. Oder sie mag die Arbeit so gestalten und darstellen, dass sie der Mitarbeiter als wichtig empfindet. Beide Stoßrichtungen ebnen den Weg dafür, dass der Mitarbeiter sein berufliches Handeln als sinnvoll und erfüllend empfindet.

Damit die Führungskraft die Arbeit und die Rahmenbedingungen auf eine Weise gestalten kann, dass sie dem Wichtigkeitsempfinden des Mitarbeiters gerecht wird, muss sie natürlich zuvor in Erfahrung bringen, was dem Mitarbeiter wichtig ist. Einer Führungskraft, die nichts und nur sehr wenig darüber weiß, was dem Mitarbeiter wichtig ist, welche Bedürfnisse er hat, welche Prioritäten er im Leben und in der Arbeit setzt, fehlt eine wichtige Grundlage, um die Arbeit des Mitarbeiters auf eine Weise zu justieren, dass der Mitarbeiter sie positiv und lebenswert erfährt. Die investigativen Bemühungen unterliegen jedoch zwei Einschränkungen: Erstens ist dem Mitarbeiter vielfach selbst nicht bewusst, was ihm wichtig ist, wie die für ihn wichtigen Dinge im Leben konsistent priorisiert werden können und wie sich die Arbeit optimal in dieses Lebensbild einfügt. Diese Aufgabe, der wir uns in den vorherigen Abschnitten gewidmet haben, ist mühevoll. Zweitens darf und sollte eine Führungskraft nicht zu weit vordringen. Das Privatleben und die privaten Einstellungen sind grundsätzlich tabu. Alles, was die Führungskraft in der Zusammenarbeit über den Mitarbeiter erfährt, weil er es von sich aus äußert oder zu erkennen gibt, liefert legitime Indizien für das, was ihm wichtig ist. Zudem sind Fragen, die Wichtigkeiten und Prioritäten in der Arbeit oder in deren Umfeld be-

---

[12] Vgl. Gagné, Muraven, Rosman „Helpful Self-Control: Autonomy Support, Vitality, and Depletion"

[13] Vgl. Pennebaker *Opening Up*

treffen — z. T. die Flexibilität, zugunsten der Arbeit auf Freizeit zu verzichten — gerechtfertigt und hilfreich. Weiß die Führung, was dem Mitarbeiter wichtig ist, kann sie die Arbeit daran orientiert gestalten. Eine Ausrichtung auf inhaltliche Interessen, auf die bevorzugte Arbeitsweise, die angestrebten Karriereziele, die zeitliche Präferenzen vor dem Hintergrund von Familie und Hobby leisten einen Beitrag dafür, dass der Mitarbeiter sein Leben als Ganzes als erfüllend und sinnvoll erachtet und insbesondere die Arbeit nicht als Einschränkung begreift.

Eine hohe Arbeitsmotivation, die sich zudem auch noch positiv anfühlt, lässt sich durch die Führung in dem Maße fördern, in dem sie erlaubt, selbstwirksam zu werden, die eigenen Fähigkeiten anwenden und ausbauen zu können und die Sehnsucht erfüllt, einen Beitrag zu etwas Sinnvollem zu leisten, der über die eigenen konkreten Bedürfnisse hinausreicht.[14] Dafür dass der Mitarbeiter seinen Einsatz für das Unternehmen nicht bloß als im Einklang mit seinen Lebensprioritäten erfährt, sondern ihn als wertvollen Beitrag ansieht und als sinnvoll begreift, sind viele kleine Faktoren entscheidend. Sinnerfahrung und Sinnspenden — das klingt mehr nach Esoterik und nach unreflektierter Religiosität als nach moderner Führung. Doch Sinn spenden kann in der Führung ganz weltlich und pragmatisch erfolgen. Es betrifft alltägliche Führungsaktivitäten, die banal und selbstverständlich wirken. Umso mehr überrascht, dass diese Tätigkeiten in der Praxis oft vernachlässigt werden. Wenn ich Mitarbeiterbefragungen durchführe, so variieren die Ergebnisse je nach Branche, Ebene, Unternehmenssituation, Führungskultur und bisherigen Erfahrungen. Doch auffallend häufig fallen Antworten in zwei Feldern negativ auf: Information und Anerkennung. Viele Mitarbeiter fühlen sich von ihrer Führung nicht ausreichend informiert und empfinden für ihre Leistung zu wenig Anerkennung z. B. in Form von Lob. Überprüfen Sie diese beiden Aspekte einmal in Ihrem Team, z. B. in Form einer kleinen anonymen Befragung oder auch in einem Gruppengespräch.

Als Führungskraft sollten Sie umfassend informieren. Informationen und das Aufzeigen von Zusammenhängen erleichtern die Orientierung und ermöglichen, das eigene Schaffen in einem Rahmen einzuordnen und dadurch als sinnvoll zu erleben. Zugegeben, widersprüchliche Informationen oder ein Übermaß an Informationen können auch das Gegenteil bewirken: Desorientierung und das Gefühl von Sinnlosigkeit. Es kommt also darauf an, das richtige Maß zu finden; in der Praxis wird das richtige Maß eher unterschätzt.

Ein ganz bedeutsamer Aspekt beim Informieren ist das Aufzeigen von Handlungsfolgen, etwa beim Delegieren. So sollten Sie Ihrem Mitarbeiter aufzeigen oder besser im Dialog mit ihm erarbeiten, welche positiven und negativen Konsequenzen

---

[14] Pink nennt diese drei Elemente: Autonomy, Mastery und Purpose (*Drive. The Surprising Truth about what Motivates us*).

für das Unternehmen erwachsen, sollte er das ihm aufgetragene Aufgabengebiet erfolgreich oder nicht erfolgreich bewältigen. Denn dann wird er nicht bloß besser in der Lage sein, passende Prioritäten zu setzen und ein angemessenes Maß an Engagement zu zeigen, sondern auch seinem Tun ein hohes Maß an Sinn beimessen.

Aus dem gleichen Grund ist es, wie vielfach in der Managementliteratur etwa bei Peter Drucker oder Fredmund Malik betont wird, wichtig, dass der Mitarbeiter erkennt, inwiefern er mit seinem Tun einen Beitrag zum Ganzen leistet. Dazu muss er sowohl die übergeordneten Ziele als auch den Zusammenhang seiner Tätigkeiten mit diesen Zielen kennen. Betrachtet er sein Tun als strukturloses Mosaik, kann er unter sich ändernden Umständen seine Handlungen schlecht so neu gestalten, dass sie den übergeordneten Zielen gerecht werden. Zudem wird es erst möglich, das eigene Tun als signifikant sinnvoll zu erfahren, wenn das Puzzle-Teil im Hinblick auf das Gesamtbild betrachtet wird. Die Führungskraft sollte also darauf achten, dass dem Mitarbeiter der Bezug zu den übergeordneten Zielen transparent wird. Dazu kann sie informieren und tatsächliche oder gewünschte Handlungsfolgen aufzeigen. Am besten ermutigt sie den Mitarbeiter, eigene Gedanken über solche Zusammenhänge anzustellen. Das verstärkt vorhandene Tendenzen, über den eigenen Zuständigkeitsbereich hinaus zu denken.

Der Führungskraft gelingt es immer dann Sinn zu geben, wenn sie für Orientierung sorgt. Dies kann durch die Vereinbarung von Zielen erfolgen. Sofern die Ziele vom Mitarbeiter selbst als erstrebenswert angesehen werden, erhalten alle Handlungen im Dienste dieser Ziele automatisch Sinn. Wenn die Führungskraft den Nutzen von Aktivitäten illustriert und auf Gefahren hinweist, werden bestimmte Handlungen sinnvoll. Der Anschein von Sinnhaftigkeit verschwindet, wenn die Führungskraft nicht deutlich macht, dass die Ergebnisse bedeutsam sind. Dies wird jedoch nur glaubhaft, wenn die Führung aktiv Interesse an dem Tun ihrer Mitarbeiter und den Ergebnissen signalisiert. Das bedeutet, dass eine Führungskraft in irgendeiner Form die Ergebnisse kontrollieren und gute Arbeiten anerkennen muss.

1.6 Das Kapitel kompakt

Die Erfahrung von Sinn ist elementar. Sowohl für die eigene Zufriedenheit als auch für die Motivation. Dies gilt für Sie als Führungskraft selbst genauso wie für Ihre Mitarbeiter. Die Aufgabe einer Führungskraft liegt demnach darin, Sinnerfahrungen sowohl für sich als auch für ihre Mitarbeiter zu ermöglichen. Doch dies ist auf den ersten Blick gar nicht so einfach. Denn Sinn macht eine Sache nur im Hinblick auf ein Ziel, einen Zweck. Und für diesen Zweck kann man wieder nach dem Sinn fragen usw. Am Ende stellt sich die Frage nach dem Sinn von allem, dem Sinn vom Ganzen, dem Sinn des Lebens.

Und hier beginnt die Frage noch schwieriger zu werden. Denn die Sinnfindung im Hinblick auf etwas *außerhalb* des Lebens Liegendem ist problematisch. Wenn man lediglich den Sinn *innerhalb* des Lebens sucht, so ist die Frage nach dem Sinn des Lebens zwar nicht trivial, aber grundsätzlich positiv beantwortbar. Voraussetzung für eine zufriedenstellende Antwort auf die Frage nach dem Sinn des Lebens ist, dass wir uns von unserer unheilvollen Neigung freimachen, uns ernst zu nehmen. Wer sich von seinem Wunsch nicht lösen kann, von außen betrachtet etwas bedeuten zu wollen, läuft Gefahr, frustriert zu werden.

Eine zufriedenstellende Antwort kann derjenige finden, der aus der *Innenperspektive* über sein Leben, seine Wünsche und seine Ziele reflektiert. Ein Leben ist sinnvoll, wenn es erfüllt ist. Und ein Leben ist erfüllt, wenn es vieles von dem enthält, was uns wichtig ist. Eine naheliegende Antwort wäre also: Wir finden Sinn, indem wir unser Leben auf das orientieren, was uns wichtig ist. Doch diese Antwort birgt zumindest fünf Schwierigkeiten:

1. Was uns wichtig ist, kann uns nur bedingt als Orientierung dienen. Denn nicht alles, was uns wichtig ist, können wir beeinflussen. Wir sollten bei der Auswahl von Fixsternen unter allem, was uns wichtig ist, nur das in Betracht ziehen, was wir auch beeinflussen oder noch besser was wir kontrollieren können.
2. Es ist uns häufig gar nicht so klar oder bewusst, was uns wichtig ist. Vieles wird uns erst bewusst, wenn wir es bereits verloren haben: Die Gesundheit, den Partner, einen Job. Was wir als uns wichtig spüren, hängt von unserer aktuellen Bedürfnissättigung ab. Das Gegenmittel besteht in der biographischen Selbstanalyse und der Reflexion über typische menschliche Bedürfnisbereiche.
3. Es gibt viele Dinge, die uns wichtig sind. Manche davon lassen sich nicht zugleich realisieren. Wer gerne viel und süß isst und zugleich schlank und sportlich sein möchte, hat ein Problem. Dies bedeutet, wir müssen das, was uns wichtig ist, konsistent ordnen und priorisieren. Herausfordernd dabei ist, eine angemessene Balance zwischen Gegenwarts- und Zukunftsorientierung zu finden.
4. Auch wenn uns bewusst ist, was uns wichtig ist, bleibt diese Einschätzung im Leben nicht konstant. Was wir bei Gesundheit für wichtig erachten, erscheint uns unter dem Eindruck einer Krankheit entbehrlich. Was wir heute für wichtig halten, wirkt morgen auf uns belanglos. Als Konsequenz sollten wir das, was uns wichtig erscheint, im Gedankenexperiment unter wechselnden Perspektiven betrachten.
5. Wenn wir uns von dem, was uns für uns aus allen möglichen Perspektiven als wichtig erscheint, leiten lassen und dabei herausfiltern, was wir nicht beeinflussen können, sind wir auf einem Weg, den wir als sinnvoll und erfüllend

empfinden können. Trotzdem droht die Gefahr, von diesem Weg aufgrund von äußerem oder innerem Druck abzukommen. Hier gilt es zu entscheiden, ob wir Widerstand leisten, ablehnen oder argumentieren, oder ob wir nachgeben oder gar die Situation verlassen. Hilfe bei derartig schweren Entscheidungen bietet der Toleranzkorridor.

Unser Leben kann also dann einen Sinn haben, wenn wir uns bewusst machen, was uns wichtig ist, das für uns Wichtige priorisieren, indem wir es aus unterschiedlichen Perspektiven, die wir im Leben haben können, prüfen, und schließlich unsere Handlungen insoweit daran orientieren, als das für uns Wichtige in unserem Einflussbereich liegt. Wenn wir auf diesem Wege in einem gewissen Grade erfolgreich sind und grundlegende Bedürfnisse wie Nahrungsaufnahme, Schmerzfreiheit usw. nicht massiv vernachlässigt werden, dann werden wir unser Leben nicht bloß als sinnvoll ansehen, sondern auch als erfüllend und glücklich empfinden.

Die Orientierung an dem, was uns wichtig ist, liefert also Sinn. Und genauso kann eine Führungskraft Sinnerfahrungen bei ihren Mitarbeitern hervorrufen. Indirekt, indem sie dazu beiträgt, dass die Gestaltung der Arbeit zu dem passt, was dem Mitarbeiter in seinem Leben wichtig ist. Und direkt, indem sie informiert, den Zusammenhang zum Ganzen und zu übergeordneten Zielen aufzeigt, indem sie durch Interesse und Feedback bekundet, dass die Arbeit bedeutsam ist. Diese Grundfunktionen von Führung liefern Orientierung und machen die Arbeit als sinnvoll erlebbar. Und die Sinnerfahrung sorgt nicht bloß für Zufriedenheit, sondern auch für Motivation. Und dies gilt für die Führungskraft und ihre Mitarbeiter gleichermaßen.

Das Kapitel in einem Satz

Sinn durch Orientierung
Orientieren Sie das Handeln von Ihnen und Ihren Mitarbeitern an dem, was wichtig ist; und sorgen Sie dafür, dass Ihre Mitarbeiter das, was sie tun und wofür sie sich einsetzen, als wichtig ansehen.

Sicherung und Praxistransfer

Wissen		Handeln	
Relevanz	*Was fand ich interessant?*	Ziel	*Was nehme ich mir vor?*
Speicher	*Was möchte ich mir merken?*	Umsetzung	*Wie werde ich dazu vorgehen?*
Vertiefung	*Welchen Fragen möchte ich nachgehen?*	Kontrolle	*Wann möchte ich meinen Erfolg prüfen?*

2 Autorität durch Integrität

Wie Sie mittels integrem Verhaltens die positive Kraft von Autorität erschließen können

Der Ausdruck „Autorität" ruft sehr unterschiedliche Reaktionen hervor. Für einige haftet diesem Wort etwas Negatives an: Autorität signalisiert ein Herrschaftsverhältnis von Herr und Knecht. Nach diesem Verständnis kann der Knecht seiner Freiheit, Verantwortung und seines eigenständigen Denkens beraubt dazu gebracht werden, Dinge zu tun, die dem Herrn nützen, für den Knecht oder andere Menschen hingegen schädlich sind. Für andere wiederum weckt der Ausdruck „Autorität" durchaus positive Assoziationen. Denn Autorität schafft Orientierung, spendet Kraft und vermag in uns durchaus angenehme Gefühle hervorzurufen. Die auseinanderdriftenden Emotionen erklären sich meines Erachtens zum einen durch die uneinheitliche Verwendung des Begriffs und zum anderen durch die in der Tat ambivalenten Folgen, welche von einer Autorität ausgehen können.

Zunächst werde ich ausgehend von Überlegungen zu den Begriffen Macht, Herrschaft und Autorität die Chancen und Gefahren von Autorität in der Führung herausarbeiten. Anschließend werde ich Integrität als einen wesentlichen Faktor für Autorität beleuchten. Anmerkungen darüber, wie Integrität und Autorität in der Praxis gewonnen und vor allem unbedacht verloren gehen können, runden dieses Kapitel ab.

2.1 Macht und Autorität: Wer Macht einsetzt ist als Autorität gescheitert

Was aber ist Autorität? Etymologisch geht der Begriff lateinisch auf die *auctoritas* zurück, was in dem hier einschlägigen Verständnis mit Ansehehen, Einfluss, Bedeutung oder Vorbild übersetzt werden kann. Autorität ist ein Begriff, der heutzutage in Zusammenhang mit anderen Begriffen wie Macht, Zwang, Legitimation gesehen wird. Die Abgrenzung ist sowohl in unserer Alltagssprache als auch in den Wissenschaften wie der Soziologie kaum trennscharf. Die vermutlich prominenteste Charakterisierung von Macht und Autorität, die in der deutschsprachigen Sozialwissenschaft als „Herrschaft" bezeichnet wird, stammt von Max Weber.[15] Weber definiert Macht als „Chance, innerhalb einer sozialen Beziehung den eigenen Willen auch gegen Widerstreben durchzusetzen, gleichviel worauf diese Chance beruht". Demnach ist Macht die Möglichkeit, seinen eigenen Willen in menschlichen Beziehungen durchzusetzen, unabhängig davon, woher diese Möglichkeit resultiert (z.B. physische Stärke, Sanktionsmöglichkeiten usw.). Macht bedarf somit bei Weber keiner Legitimation, sie ist nicht auf Zustimmung der Abhängigen angewiesen. Herrschaft definiert er als „Chance, für einen Befehl bestimmten Inhalts bei angebbaren Personen Gehorsam zu finden". Während Macht auch ohne Zustimmung durchgesetzt werden kann, muss bei Herrschaft eine Unterordnungsbereitschaft seitens der Abhängigen vorliegen. Während Macht sich nicht auf spezifische Inhalte beschränkt, ist Herrschaft auf spezifische Inhalte und benennbare Personen angewiesen. Macht und Herrschaft sind beides soziale Beziehungen, in denen Individuen andere Individuen zu bestimmten Handlungen veranlassen können — lediglich die Art und Weise unterscheidet sich. Während Macht sich bestimmter Mittel wie z.B. Gewalt bedient, muss Herrschaft legitimiert sein und von solchen Mitteln absehen. Oder kurz: Herrschaft ist legitimierte Macht.

Webers berühmte Auffassung, wonach Herrschaft oder Autorität eine Form von legitimierter Macht darstellt, ist in mehreren Hinsichten problematisch.

1. Nicht immer geht Autorität oder Herrschaft mit Macht einher. Die legitimierte Exilregierung mag faktisch machtlos sein, wohingegen die regierenden Putschisten im Land reale Macht ausüben. Eine Führungskraft mag die durch die Organisation möglichen Machtinstrumente einsetzen, um ihre Mitarbeiter gefügig zu machen. Doch deshalb muss sie noch keine Autorität sein bzw. Autorität haben. Hier ist es hilfreich, je nach Art der Legitimation verschiedene Formen von Autorität zu unterscheiden: Eine Legitimation durch *Regeln* ist etwas anderes als eine Legitimation durch *Billigung*. Eine Führungskraft, die durch die Regeln der Organisation als Autorität ausgewiesen wird, ist noch lange nicht jemand, der als Autorität akzeptiert wird. Jemanden zu autorisieren sorgt dafür, dass jemand die Autorität hat, etwas zu tun, nicht jedoch dafür, dass er eine Autorität ist.

2. Manche scheinen Macht erst dadurch zu haben, dass sie als Autorität legitimiert sind. Autorität kann wie Schönheit, Kraft, Intelligenz, Status, Wohlstand eine Machtbasis liefern. Beruft der Eigner eines Unternehmens eine bis dahin unbekannte Person zum Geschäftsführer, legitimiert er ihn als Autorität. Mit dieser Autorität erlangt diese Person Macht und nicht umgekehrt.

---

[15] Vgl. Weber *Wirtschaft und Gesellschaft. Grundriss der verstehenden Soziologie*

Macht und Autorität sind Begriffe, die sowohl in der Alltagssprache als auch in der Wissenschaft nicht sauber voneinander abgegrenzt werden. Dem begrifflichen Nebel zum Trotz erscheint es mir sinnvoll, drei Formen von Autorität zu unterscheiden: autoritäre, legitimierte und anerkannte Autorität.

- Als *autoritäre Autorität* bezeichne eine Institution oder einen Menschen, die bzw. der durch den Einsatz oder die Androhung von Sanktionen Menschen dazu bringt oder bringen möchte, sich in ihrem Denken und Handeln nach ihr bzw. ihm zu richten.
- Eine *legitimierte Autorität* ist eine Institution oder ein Mensch, der bzw. dem zu folgen Menschen durch eine anerkannte Autorität aufgetragen wird.
- Und bei einer *anerkannten Autorität* handelt es sich um eine Institution oder einen Menschen, nach der bzw. nach dem sich Menschen in ihrem Denken und Handeln richten, auch ohne dass Sanktionen angedroht oder vollzogen werden.

Demnach ist eine Führungskraft in dem Maße eine anerkannte Autorität, in dem ihre Mitarbeiter die tatsächlichen oder anzunehmenden Wert- und Zielvorstellungen dieser Führungskraft billigen und wohlwollend in ihrem eigenen Verhalten berücksichtigen. Dabei darf die durch die Stellung in der Organisation legitimierte Autorität der Führungskraft keine Rolle spielen. Als anerkannte Autorität ist eine Führungskraft dann gescheitert, wenn sie autoritär Sanktionen androhen oder einsetzen muss, um ihre Mitarbeiter zu einem gewünschten Verhalten zu bringen. Dass sie als anerkannte Autorität erfolgreich ist, wird erkennbar, wenn sich ihre Mitarbeiter aus ihrem eigenen Wunsch heraus positiv an den Vorstellungen ihrer Führungskraft orientieren. Autorität in diesem Sinne ist vollkommen freiwillig und gründet sich auf die Anerkennung, die Bewunderung oder den Respekt durch die Mitarbeiter. Nachfolgend ist mit „Autorität" stets „anerkannte Autorität" gemeint.

2.2 Chancen und Risiken von Autorität: Wie aus dem Segen ein Fluch werden kann

Macht auszuüben in Form von Sanktionen oder der Androhung derselben ist ungeeignet, wenn es darum geht, den eigenen Antrieb und die Eigenverantwortung zu fördern. Ist es in dieser Hinsicht um eine auf ein Austauschverhältnis von Leistung und Gegenleistung gerichtete Art des Führens besser bestellt? Das Konzept der *Transaktionalen* Führung[16] beschreibt, dass eine Führungskraft, die ihren Mitarbei-

---

[16] Vgl. Burns. *Leadership*

tern Aufmerksamkeit schenkt, deren Bedürfnisse beachtet und sie unterstützt, eine Gegenleistung erhält. Denn die Mitarbeiter werden sich anstrengen und sich willig zeigen, die gesetzten Ziele zu akzeptieren und zu realisieren. Führung wird transaktional als Prinzip von Leistung und Gegenleistung begriffen. Insbesondere wenn der Vorgesetzte erwartet, dass sich der Mitarbeiter seine Zuwendung erst verdienen muss, also quasi in Vorleistung treten muss, stimuliert er jedoch die Einsatz- und Entwicklungsbereitschaft kaum. Um zu begreifen, warum Mitarbeiter in ihrer Entwicklung und ihren Leistungen über sich hinauswachsen können, scheint eine nüchterne Austauschbeziehung zu wenig. Was hierbei die Rolle der Führungskraft betrifft, wird oft metaphorisch auf ihre Ausstrahlung oder Charisma verwiesen. Um hier eine fassbarere und messbare Grundlage zu haben, wird in der Forschung über die transaktionale Führung hinaus die anspruchsvollere *Transformationale* Führung[17] beschrieben. Nach Bruce J. Avolio und Bernard M. Bass zählen zu diesen vier Dimensionen:

- *Idealisierter Einfluss*: Die Führungskraft wird als Vorbild bewundert, respektiert und ihr wird vertraut.
- *Inspirierende Motivation*: Die Führungskraft inspiriert, indem sie anspruchsvolle Ziele setzt, Sinn vermittelt und für Teamgeist sorgt.
- *Intellektuelle Stimulation*: Die Führungskraft regt die Kreativität ihrer Mitarbeiter an und ermuntert, Gewohntem gegenüber kritisch zu sein.
- *Individuelle Zuwendung*: Die Führungskraft agiert als Mentor und Coach, hört ihren Mitarbeitern aufmerksam zu, berücksichtigt ihre Bedürfnisse und sorgt für ihre Entwicklung.

Es fällt auf, dass diese Dimensionen wiederum ganze Bündel von unterschiedlichen Verhaltensweisen umfassen. Darüber hinaus ist nicht ganz klar, warum hier nirgends eine Form von Austauschbeziehung eine Rolle spielen sollte. Wir werden z. B. noch herausarbeiten, wie entscheidend sich die Rücksicht auf die Bedürfnisse von Mitarbeitern auf deren Bereitschaft auswirkt, sich einzubringen oder unangenehme Entscheidungen zu akzeptieren.[18] Doch die Grundannahme scheint mir absolut richtig zu sein: Erfolgreiche Führung hat zwar direkt und indirekt sehr viel mit Beziehungen von Leistung und Gegenleistungen zu tun.[19] Doch geht sie noch weit darüber hinaus. Und auch wenn es schwierig ist, exakt anzugeben, wie Führung dieses „Mehr" leisten kann, ist es offensichtlich für diese Stoßrichtung güns-

---

[17] Vgl. Avolio und Bass. *Multifactor Leadership Questionnaire und Improving Organizational Effectiveness Through Transformational Leadership*

[18] Siehe Kapitel „Überzeugung durch Akzeptanz"

[19] Einer in der Praxis zu Unrecht vernachlässigte Hinsicht widme ich mich im Kapitel „Gerechtigkeit durch Ungleichheit"

tig, wenn eine Führungskraft in einem hohen Maße über anerkannte Autorität verfügt: Die Mitarbeiter orientieren sich auch ohne erkennbare Gegenleistung aus freien Stücken in ihrem Verhalten an den Wert- und Zielvorstellung der Führungskraft. Führung wird leichter und erfolgreicher, wenn der Führende als Autorität anerkannt wird.

Umgekehrt hat ein Mangel an Autorität gravierend negative Folgen für die Führung: Lähmender Widerstand bis hin zum Boykott. Demotivation und Leistungseinbruch sowie Fluktuation von Leistungsträgern sind realistische Konsequenzen einer Führung, der Autorität fehlt oder abhanden kommt. Wieso begünstigt eine geringe Autorität diese negativen Phänomene? Zwei Faktoren sind hier wohl maßgeblich. Der eine hat etwas mit unserer menschlichen Natur, der andere etwas mit Führung zu tun. Beginnen wir mit letzterem: Führung bedeutet Mitarbeiter dahingehend zu beeinflussen, dass Unternehmensziele bestmöglich erreicht werden. Da sich Rahmenbedingungen ändern, die technologische Entwicklung fortschreitet, sich Kundenbedürfnisse wandeln und der Wettbewerb seine Strategien modifiziert, müssen Ziele und vor allem auch Verfahren und Prioritäten geprüft und angepasst werden. Daher werden Führungskräfte oft Meinungen vertreten oder Vorschläge unterbreiten, die sich schwer vereinbaren lassen mit bisherigen Einstellungen, Verhaltensweisen und Wünschen ihrer Mitarbeiter. Und hier greift der zweite Faktor, der in unserer menschlichen Natur begründet liegt und als *Theorie des kognitiven Gleichgewichts* und der *kognitiven Dissonanztheorie* umfangreich untersucht wurde.

Gemäß Fritz Heiders Theorie des kognitiven Gleichgewichts streben wir Menschen danach, dass alle unsere Einstellungen wie Überzeugungen, Wünsche oder Wissensstrukturen, die Psychologen Schemata nennen, im Einklang miteinander stehen.[20] Wir möchten, dass unsere Überzeugungen, unsere Verhaltensweisen und Gefühle gegenüber anderen Menschen und Dingen harmonieren, d.h. konsistent sind. Denn auf diese Weise empfinden wir das Leben geordnet und strukturiert. Dies wiederum vereinfacht unsere Verhaltensweisen und Interaktionen mit anderen Menschen und der Welt. Leon Festingers Theorie der kognitiven Dissonanz schließt daran an und betont, dass wir im Falle eines Ungleichgewichts in unseren Einstellungen, einer Inkonsistenz, eben einer kognitiven Dissonanz, motiviert sind, Konsistenz wieder herzustellen, z.B. durch Rationalisierung.[21] Angenommen ein Mitarbeiter müsste, wenn er der Maxime stärkerer Kundennähe nachkommt, seine innendienstlichen Aktivitäten zugunsten einer verstärkten Reisetätigkeit im Außendienst verschieben. Wenn der Mitarbeiter zugleich den Wunsch verspürt,

---

[20] Vgl. Heider *The Psychology of Interpersonal Relations*

[21] Vgl. Festinger *A Theorie of Cognitive Dissonance*

pünktlich abends mit seinen Freunden zum Sport zu gehen, entsteht eine Dissonanz. Eine Dissonanz kann ein Mensch auf verschiedene Weise reduzieren. Z.B. könnte der fragliche Mitarbeiter die subjektive Bedeutung dissonanter Überzeugungen verringern, indem er sich vorhält, dass ihm der Sport in letzter Zeit keine große Freude bereitet hat, und sich dabei an seine letzte Verletzung erinnern. Oder er könnte konsonante Gedanken stärker gewichten. Er könnte im direkten Kontakt zu seinen Kunden eine viel günstigere Gesprächsatmosphäre zu diesen aufbauen, und so schwierige Situationen leichter deeskalieren und auch zusätzliche Aufträge erzielen. Je größer die Dissonanz ist, desto unangenehmer ist sie für ihn und desto größer wird die Motivation sein, die Dissonanz zu verringern, indem er seine Meinung ändert.

Nehmen wir an, der Mitarbeiter ist überzeugt, dass er Kunden effizient und effektiv am Telefon betreuen kann, und liebt es, im Innendienst zu arbeiten. Wenn nun die Führungskraft die Ansicht vertritt oder den Vorschlag unterbreitet, dass der Mitarbeiter sich stärker im Außendienst um seine Kunden kümmern solle, dann entsteht eine kognitive Dissonanz. Somit entwickelt der Mitarbeiter das Bedürfnis, Konsistenz herzustellen, wofür ihm zwei Wege offen stehen: Er kann seine Einstellung wie oben geschildert ändern, oder aber er kann die Güte des Vorschlags der Führungskraft anzweifeln. Letzteres zeigt sich dann in aktivem Widerstand oder passivem Boykott.

Und genau an dieser Stelle wird entscheidend, in welchem Maß der Mitarbeiter seine Führungskraft als Autorität ansieht. Je mehr er seine Führungskraft als Autorität betrachtet und je günstiger er seine Führungskraft im Hinblick auf Glaubwürdigkeit, Vertrauenswürdigkeit und Kompetenz beurteilt, desto eher wird er an seinen eigenen Einstellungen arbeiten. Je weniger er seine Führungskraft als Autorität ansieht und je größer die kognitive Dissonanz ausfällt, desto eher wird der Mitarbeiter geneigt sein, die Führungskraft herabzusetzen und den Vorschlag abzulehnen. Ein wichtiger Beitrag von Autorität in der Führung liegt also darin, dass notwendige Änderungsimpulse der Führungskraft von Mitarbeitern konstruktiver aufgenommen werden. Unfruchtbarer Widerstand oder passiver Boykott durch Dienst nach Vorschrift werden unwahrscheinlich. Stattdessen konzentrieren sich die Mitarbeiter eher darauf, welche bisherigen Einstellungen sie anpassen müssen, um die Impulse aufzunehmen und umzusetzen.

Wird die Führungskraft als Autorität wahrgenommen, ist dies für den Erfolg in der Führung so zuträglich, wie es abträglich ist, wenn die Führungskraft ihre Autorität verliert oder ihr diese nie zugesprochen wird. Doch natürlich ist Autorität auch mit Risiken verbunden, die jede Führungskraft kennen sollte. Denn der Segen der Autorität mag sich zugleich als Fluch entpuppen. Gemäß dem Prinzip der Autorität hören wir auf den Rat von ausgewiesenen Experten. Dies gilt leider auch in den Fällen, in denen es rational oder moralisch inadäquat ist. Dieses Phänomen wird *Authority Bias* genannt. In den berühmten Milgram-Experimenten verabreichten die Probanden auf Anweisung des Versuchsleiters, der Autorität, einem Lernenden Stromschläge, welche sie für schmerzhaft oder sogar für tödlich hielten.[22] Stanley Milgram konnte zeigen, dass Menschen einen starken Druck spüren, sich den Anweisungen von Autoritäten zu beugen. Die Stärke der Tendenz zur Unterordnung unter legitime Autoritäten ist die Folge von Sozialisationsmechanismen, mittels derer die Mitglieder unserer Gesellschaft lernen, sich Autoritäten zu fügen. Dies ist oft sinnvoll, verfügen diese meist über mehr Wissen, Macht und Erfahrung. Die Entscheidungsfindung wird vereinfacht. Aber auch die Autorität kann irren und grobe Fehler begehen. Offenkundige Fehler einer Führungskraft, die als Autorität anerkannt wird, werden von ihren Mitarbeitern mit einer geringeren Wahrscheinlichkeit aufgedeckt als bei einer Führungskraft, deren Integrität und Autorität schwächelt. Die Analyse von Flugzeugabstürzen hat ergeben, dass die Co-Piloten wider besseren Wissens gravierende Fehler oder Entscheidungen des Kapitäns, die zum Absturz führten, mehr oder weniger kommentarlos hinnahmen. Die US-amerikanische Luftfahrtbehörde nennt dieses Phänomen, bei dem sich die Crew auch bei eindeutig falschen Entscheidungen passiv verhält, bezeichnenderweise „Captainitis". In einem Experiment im Krankenhaus wurden Schwestern per Telefon von einem ihnen unbekannten Arzt aufgetragen, bestimmten Patienten Medikamente in Dosen zu verabreichen, von denen sie wussten, dass sie völlig überhöht und gefährlich sind. In einer Vielzahl von Fällen hätten die Schwestern die Anweisung anstandslos umgesetzt.[23]

---

[22] Vgl. Milgram *Obedience to Authority*.

[23] Die Beispiele stammen aus Cialdini *Yes!*. Dort findet sich auch der Hinweis auf die Studien.

Als Führungskraft können Sie dieser negativen Folge Ihrer Autorität entgegenwir ken. Dazu sollten Sie in Besprechungen Ihre Meinung zurückhalten, bis alle ihre Meinung kundgetan haben. Gerade in Unsicherheitssituationen empfiehlt es sich, die eigene Position mit einer offenen Haltung vorzustellen und zu konstruktivem Widerspruch aufzufordern. Da dies eventuell nicht ausreicht, bietet es sich an, zuvor die drei stärksten Gründe Ihrer Mitarbeiter für und gegen eine Entscheidung anzuhören und in Gesprächsrunden die Rolle des Widerredners, eines *advocatus diaboli*, zu besetzen. Wer die Gefahr der Captainitis ernst nimmt, wird beginnen, Gegenmeinungen seiner Mitarbeiter zu schätzen. Und ggf. schätzt eine weise Füh- rungskraft die widerstreitende Meinung eines Mitarbeiters mehr als eine mit ihrer eigenen Position konforme Ansicht.

Während sich eine Führungskraft ein Stück weit vor den Risiken ihrer Autorität schützen kann, kann sie den schwerwiegenden Konsequenzen, die sich ergeben, wird sie nicht als Autorität angesehen, kaum wirksam begegnen. Daher stellt sich die Frage, wie eine Führungskraft Autorität erlangt und behält.

2.3 Autorität aufbauen: Integrität als solides Fundament

Autorität kann ganz unterschiedliche Wurzeln haben. Die Position in der Organisation, die Kompetenzen und das Wissen aber auch bloße Insignien oder Symbole wie Titel, Respekt gebietende Kleidung oder kostspielige Accessoires und Autos sorgen dafür, dass Menschen mehr Folgsamkeit und Gehorsam entgegengebracht wird. Wenn jemand seriös gekleidet ist und als Experte vorgestellt wird und sich gewählt artikuliert, dann nehmen ihm seine Gesprächspartner beinahe alles ab, selbst wenn das Gesagte schlicht unsinnig ist. In einem Experiment[24] wurde einem Schauspieler aufgetragen, formell gekleidet, einen hochgestochen formulierten Vortrag zum Thema „Die Anwendung der mathematischen Spieltheorie in der Ausbildung von Ärzten" zu halten. Dieser Schauspieler wurde dem Publikum als „Dr. Fox", Experte für die Anwendung von Mathematik auf das menschliche Verhalten, mit einer fingierten akademischen Vita vorgestellt. Nach dem Vortrag, dem eine Diskussion mit den Zuschauern folgte, wurden die Zuhörer nach ihrem Eindruck befragt. Sie meinten, einen interessanten Vortrag gehört und viel gelernt zu haben. Nun wäre dies vielleicht nicht ganz so verwunderlich, hätten im Publikum überwiegend Leute gesessen, die von dem Thema keine Ahnung hätten. Doch die Hälfte der Zuschauer waren Fachleute auf dem Gebiet der Anwendung von Mathematik auf das menschliche Verhalten. Und keinem fiel auf, dass der sogenannte Dr. Fox nur widersprüchlichen Unsinn von sich gegeben hat. Dieser Effekt wird in der psychologischen Forschung wegen dieses Experiments auch als „Dr. Fox-Effekt" bezeichnet.

Neben der Kleidung und der Präsentation als Experte erschien der Redner durch den Einsatz der Sprache als Autorität. Es gibt viele Tricks, Sprache so einzusetzen, dass Zuhörer das Gesagte als besonders hochgeistig und glaubwürdig ansehen. Stephen Law fasst diese Techniken unter dem Schlagwort *Pseudoprofundität*[25] zusammen und zeigt einige Wege auf, wie wir uns dagegen schützen können. Alle bisher betrachteten Faktoren, die uns veranlassen, jemanden als Autorität anzusehen aufgrund der Sprache, des Auftretens, der Kleidung oder anderer Zeichen gesellschaftlicher Anerkennung oder Macht, oder dem wir seine Ausführungen glauben, ohne sie kritisch zu hinterfragen, haben eines gemein: Sobald uns bewusst wird, dass wir jemanden wegen eines oder mehrerer dieser Faktoren für glaubwürdig gehalten haben, verliert er für uns an Autorität.

---

[24] Naftulin, Ware und Donnelly. „The Doctor Fox Lecture: A Paradigm of Educational Seduction."

[25] Vgl. Law *Believing Bullshit. How Not to Get Sucked into an Intellectual Black Hole.*

Autorität durch Integrität

Dies gilt jedoch nicht für eine Quelle von Autorität, die im Führungshandeln selbst zum Ausdruck kommt und die ich im Folgenden betrachten möchte: Die *Integrität* der Führungskraft. Niemand verliert für uns an Autorität, nur weil uns bewusst wird, dass wir ihn deshalb als Autorität ansehen, weil wir ihn für integer halten. Integrität ist ein *substanzielles* Merkmal von Autorität.

Über ihre Integrität kann die Führungskraft beeinflussen, in wie weit sie als Autorität angesehen wird. Die Integrität ist nicht nur deshalb interessant, weil die Führungskraft durch ihr Handeln zu ihrer Autorität beitragen kann. Sondern Integrität ist vor allem deshalb von Bedeutung, weil die Führungskraft sehr leicht und unwillentlich Integrität einbüßen und damit auch deutlich an Autorität verlieren kann. Die Konzentration auf die Integrität begründet sich also dadurch, dass bereits mit relativ geringem Aufwand Integrität und damit die eigene Autorität gestärkt werden kann, und schon kleine Fehler die Integrität und damit die Autorität massiv schädigen.

Worin besteht Integrität? Eine Person ist in dem Grade integer, in dem sie fortwährend ihr Handeln an ihren Werten und Grundsätzen ausrichtet. Einem Menschen schreibt man zu Recht Integrität zu, wenn er bei seinem Handeln konsequent seinen inneren Werten und Grundsätzen folgt und diese gegenüber äußeren positiven und negativen Sanktionen sowie anderen Konsequenzen bevorzugt. Integrität wird daher auch als „Treue zu sich selbst" beschrieben.

Freilich ist es nicht ganz beliebig, welchen Werten und Grundsätzen ein Mensch konsequent folgt, will er integer sein. Eine Führungskraft, die ihre eigenen Ziele stets als vor denen der Mitarbeiter und denen des Unternehmens vorrangig ansieht, wird schwerlich integer genannt werden. Daran ändert sich auch nichts, wenn die fragliche Führungskraft in dieser Hinsicht außerordentlich konsequent handelt. Mitarbeiter sind sehr sensibel dafür, ob ihre Führungskraft das Team und das Unternehmen als Ganzes sieht und sich für eine gemeinsame Zukunft einsetzt, oder ob ihre Führungskraft sich vornehmlich selbst sieht und sich für ihre eigene Zukunft einsetzt. Die handlungsleitenden Werte und Grundsätze müssen zwar nicht moralischer Art sein — obgleich solche bestens geeignet sind — doch dürfen sie nicht allein auf den unmittelbaren Eigennutz bezogen sein.

Damit kristallisieren sich zwei Komponenten für Integrität heraus, eine inhaltliche und eine prozedurale. *Inhaltlich* bedeutet Integrität, dass sich der Handelnde durch Werte — auch unter Verlockungen und äußeren Widerständen — leiten lässt. Dabei sind diese Werte moralischer Art oder zumindest nicht unmoralisch oder allein eigennützig. *Prozedural* bedeutet Integrität, dass der Handelnde über viele unterschiedliche Situationen konsequent handelt, d.h. dass sein bisheriges Sagen und Tun im Einklang steht mit seinem Sagen und Tun in der Zukunft. Menschen verspüren die Neigung, ihr Denken, Sagen und Handeln in Einklang zu halten. In der sozialpsychologischen Forschung bezeichnet man diese Neigung als *Konsistenz-Prinzip*, das uns noch in anderen Zusammenhängen eingehender beschäftigen wird.[26] Zusammengefasst bedeutet das für die Führung: Über Integrität verfügt eine Führungskraft, wenn sich ihre moralisch akzeptablen Werte und das, was sie sagt, über lange Zeiträume mit ihren Handlungen decken. Integrität ist die Übereinstimmung von dem Zeugnis, das ein Mensch durch sein Auftreten und seine Äußerungen von seinen inneren moralisch akzeptablen Werten gibt, auf der einen Seite und seinem sichtbaren Handeln auf der anderen.

2.4 Flugs und flüchtig: Über die Leichtigkeit Integrität zu gewinnen – und zu verlieren

Integrität und damit Autorität gewinnt bzw. verliert eine Führungskraft in den Dimensionen *moralische Wertigkeit* und *Handlungskonsistenz*. Für die Praxis lassen sich keine erschöpfenden Listen von Werten oder Verhaltensweisen für Integrität angeben. Einige für die Führung sehr wesentliche sollen an dieser Stelle hervorgehoben werden. Im Bereich der moralischen Werte scheinen für die Ausprägung der Integrität in der Führung folgende Werte elementar: Aufrichtigkeit, Loyalität, Wohlwollen und Fairness. Ein Handeln, das mit diesen Werten inkompatibel ist, lässt die Integrität und damit auch die Autorität des Managers erodieren. Bemerken die Mitarbeiter, dass ihre Führungskraft in einer oder mehreren Situationen lügt, ohne dass dies durch eine bedeutende Notsituation erklärbar wäre, büßt diese an Glaubwürdigkeit und Integrität ein. Auch wenn die Mitarbeiter wahrnehmen, dass die Führungskraft nicht loyal gegenüber dem Unternehmen und der Geschäftsführung agiert, erleidet ihre Integrität Schlagseite. Und als illoyal gelten hier nicht bloß radikale Verstöße gegen Richtlinien oder egoistisches und zugleich unternehmensschädliches Gebaren, sondern bereits viel subtilere Verhaltensweisen. Ein kritisches Wort vor den Mitarbeitern über die Strategie des Vorstands oder mögliche verdeckte politische Interessen der Geschäftsführung, und die eigene Integrität der Führungskraft leidet.

Wir wissen schon aus dem vorangegangenen Kapitel, dass Werte wie Aufrichtigkeit und Loyalität in typischen Führungssituationen in Konflikt geraten können und dass es nicht immer so einfach ist, diesen zu lösen. Ein Verlust an Integrität

---

[26] Siehe z. B. das Kapitel 5 „Macht durch Freiheit"

tritt auch dann ein, wenn die Mitarbeiter den Eindruck gewinnen, dass ihre Füh-rungskraft ihren Bedürfnissen oder den Bedürfnissen anderer gleichgültig oder gar feindselig gegenüber steht. Wohlwollen setzt zweierlei voraus: Ersten die Bedürf-nisse von anderen wahrzunehmen und zweitens die wahrgenommen Bedürfnisse zu respektieren. Nur wenn ich erkenne, wie mein Gegenüber fühlt, welche Bedürf-nisse er hat, und ich zudem diese Bedürfnisse billige, kann ich mich ihm gegenüber wohlwollend zeigen. Mein Gegenüber wird erkennen, dass ich seine Interessen in meinen Entscheidungen und Handlungen berücksichtige. In der Praxis scheitern Führungskräfte in beiden Hinsichten: Manche nehmen die Bedürfnisse ihrer Mitar-beiter gar nicht wahr. Vielleicht sind sie so mit ihren eigenen Zielen und Vorsätzen befasst, dass die Interessen anderer — erst Recht, wenn diese nicht explizit formu-liert werden — nicht in das Blickfeld geraten. Vielleicht sind sie ihnen auch schlicht gleichgültig. Andere nehmen zwar die Bedürfnisse ihrer Mitarbeiter wahr, halten diese jedoch für zweitrangig. Gerade wenn wir sehen, dass Menschen ganz andere Dinge wichtig sind als uns, oder dass sie Dinge verabscheuen, die wir schätzen, fällt es uns schwer, dies zu respektieren. Wir sind mehrheitlich sehr egozentrisch. Wir neigen dazu, unsere Sicht als das Maß aller Dinge zu begreifen. Möglicherweise fällt es uns auch deshalb schwer, die Bedürfnisse anderer zu würdigen, weil wir nicht unterscheiden zwischen den beiden Reaktionsweisen ein Bedürfnis zu res-pektieren und ein Bedürfnis zu erfüllen. Man kann ein Bedürfnis respektieren, auch wenn man es in einer bestimmten Situation nicht erfüllt. Sie können das Bedürfnis Ihres Mitarbeiters, zu einem bestimmten Zeitpunkt mit seiner Familie in den Urlaub zu fahren, respektieren, und zugleich darauf pochen, dass er aufgrund betrieb-licher Erfordernisse seinen Urlaub verschiebt.[27]

Mangelndes Wohlwollen ist genauso abträglich für die Autorität wie mangelnde Fairness. Das Gefühl, dass Mitarbeiter ungleich behandelt werden, dass mit zwei-erlei Maß gemessen wird oder dass eine Reaktion auf positives oder negatives Ver-halten unangemessen ist, hat ebenfalls viele negative Konsequenzen, von denen wir einige schwerwiegende im Kapitel 8 „Gerechtigkeit und Ungleichheit" behan-deln. Als unfair empfundenes Handeln der Führung beschädigt ihre Integrität und untergräbt die Autorität. Ähnliches lässt sich für die Verletzung aller weithin ak-zeptierter moralischer Werte sagen: Scheint ein Manager sich durch sein Handeln über solche Werte hinwegzusetzen, zahlt er unter anderem mit seiner Integrität.

Doch abgesehen von genuin moralischen Werten ist für den Aufbau und den Er-halt von Integrität Konsistenz maßgeblich. Und dies bedeutet zu allererst, dass die Führungskraft penibel darauf achten sollte, dass ihr Sagen mit ihrem eigenen Handeln korrespondiert. Meines Erachtens ist dies der elementare Kern der Integ-

---

rität. Wenn die Mitarbeiter wahrnehmen, dass das, was ihre Führungskraft zusagt, für gut erklärt oder fordert, von dem abweicht, was sie selbst tut, ist dies fatal für den Erfolg von Führung. In diesem Fall passiert zweierlei: Zum einen verliert die Führungskraft an Integrität und Autorität, und zum anderen — und das ist noch gravierender — beginnen die Mitarbeiter zu ignorieren, was die Führungskraft sagt, und orientieren sich fortan an dem, was sie tut. Eine derartige Kluft tritt in der Praxis oftmals in Bezug auf Kritik und Feedback auf. Ich kenne bis auf eine Ausnahme keine Führungskraft, die nicht von sich behauptet oder behaupten würde, sie sei offen für Feedback, Kritik und Anregungen zu Veränderungen. Manche ermutigen ihre Mitarbeiter gerade zu: „Bitte sagt offen, wenn euch etwas an mir oder meinem Verhalten missfällt!" Und ich bin davon überzeugt, dass der größte Teil dieser Führungskräfte dies auch so meint, also vollkommen aufrichtig ist. Schließlich haben sie in Kommunikationsseminaren und Büchern gelernt und vielleicht sogar in der Praxis erlebt, dass Feedback blinde Flecke aufdeckt und konstruktive Lernprozesse ermöglichen kann. Wie viele Mitarbeiter ihre Führungskräfte jedoch erleben, wenn sie tatsächlich Kritik üben, steht der zuvor propagierten Haltung diametral entgegengesetzt gegenüber.

Autorität durch Integrität

In einem mir bekannten Unternehmen initiiert der Geschäftsführer einmal im Jahr Gesprächsrunden mit Mitarbeitern ohne Führungsverantwortung und fordert darin explizit dazu auf, Anregungen zu geben oder Kritik zu äußern. Es fällt dabei auf, dass dieser Aufforderung nur sehr wenige Mitarbeiter nachkommen — und zwar die Mitarbeiter, die neu sind und bislang noch an keiner dieser Gesprächsrunden teilgenommen haben. Denn sobald ein Mitarbeiter sich anschickt, eine Änderung anzuregen oder gar Kritik zu üben, schlägt ihm eine so heftige verbale Gegenwehr aus sachlichen Argumenten und emotionaler Missbilligung entgegen, dass er sich verängstigt zurückzieht. Fortan hat er die Lektion gelernt: Das Wort der Geschäftsführung zählt nicht. Und die Geschäftsführung hat Integrität und die Autorität, welche ohne Sanktionen auskommt, verloren. Dies ist kein Einzelfall. Viele Führungskräfte predigen die konstruktive Wirkung sachlicher Kritik, werden jedoch von ihren Mitarbeitern so wahrgenommen, dass sie im Fall von Kritik Sachliches und Persönliches unfruchtbar vermengen. In einer Befragung von 1.000 Arbeitnehmern, die die Personalberatung Rochus Mummert im September 2013 durchführte, gaben 47% an, dass ihre Chefs in Auseinandersetzung Person und Sache nicht trennten.

Die destruktive Kluft zwischen Einstellung und Handeln tritt nicht nur in Bezug auf Kritik in der Führung zu Tage. Ist Ihnen Verbindlichkeit wichtig? Erwarten Sie von Ihren Mitarbeitern, dass Sie sich an Absprachen halten und Zusagen einhalten? Ja? Dann sollten Sie auch bei sich ganz sensibel mit Zusagen umgehen. So offenkundig dieser Umstand ist, so verbreitet sind hier die Brüche. Augenfällig sind grobe Fehler: Eine Führungskraft verspricht, dass ein Mitarbeiter Urlaub nehmen kann, eine Fortbildung erhält oder sein Aufgabenschwerpunkt beibehalten kann, bricht dieses Versprechen jedoch. Weniger auffällig, aber in der Vielfalt und Menge kaum weniger schädlich sind scheinbar harmlose kleine Zusagen wie „Ich kümmere mich darum", „Ich komme wieder auf Sie zu" oder „Wenn es so weit ist, werde ich an Sie denken". Jede uneingelöste Zusage bucht vom Integritätskonto der Führungskraft ab, bis dieses keinen positiven Saldo mehr aufweist.

Verlässlichkeit und Berechenbarkeit sind nicht nur in der Führung, sondern in jeglicher menschlicher Beziehung elementar. Eigentlich ist dies jedem klar. Warum laufen wir dennoch Gefahr, solche Sünden zu begehen? Gedankenlosigkeit, Naivität oder der Wunsch nach Harmonie sind mögliche Gründe. Doch der naheliegende Ausweg, keine Zusagen mehr zu machen, weil man sie dann auch nicht brechen kann, ist im Hinblick auf die Integrität und Autorität auch nicht besser. Denn Integrität bedeutet, seinen Grundsätzen treu zu bleiben — und das Aufweichen in Unverbindlichkeit ist die Abkehr von jeglichen Grundsätzen. Wie wir das Dilemma kommunikativ lösen und mit Anliegen und Zusagen konstruktiv umgehen, behandeln wir im Kapitel 6 „Überzeugung durch Akzeptanz".

Im Kern der Integrität steckt eine einfache Binsenweisheit: Alles, was Sie von Ihren Mitarbeitern wünschen oder fordern, sollten Sie sich selbst abringen und bei sich selbst versuchen zu vervollkommnen. Für Sie sind Ausdauer und Belastbarkeit genauso wichtige Werte wie Selbstdisziplin und Selbstkontrolle? Dann zeigen Sie es in Ihrem Handeln. Sie erwarten, dass Ihre Mitarbeiter mit ihrer Gesundheit und ihren Ressourcen verantwortungsvoll umgehen? Dann achten Sie mit Ihrer Arbeitsweise ebenfalls darauf. Wenn Sie Ihre Mitarbeiter ermahnen, nicht in Ihrem Urlaub ihre Arbeit per E-Mail fortzuführen, sollten auch Sie in Ihrem Urlaub nicht permanent per E-Mail und Telefon am Tagesgeschehen partizipieren. Sie fordern von Ihren Mitarbeitern die Bereitschaft, sich permanent weiterzuentwickeln und von dem hausinternen Fortbildungsangebot Gebrauch zu machen? Dann kümmern sie sich nachdrücklich auch um Ihre Weiterentwicklung und nutzen Sie das Entwicklungsangebot. Sie möchten, dass Ihre Mitarbeiter neue Richtlinien und bestimmte hausinterne Informationen lesen? Dann tun Sie es ebenso. Sie ermahnen Ihre Mitarbeiter, ihre Anliegen und Beiträge kurz zu fassen und ihre Arbeit effizient zu organisieren? Dann sorgen Sie dafür, dass Meetings und Gespräche mit Ihnen effizient ablaufen. Achten Sie darauf, dass nicht gerade Sie derjenige sind, der mit seinen Beiträgen die Agenda sprengt und Beschlüsse aufweicht. Sie wünschen sich von Ihren Mitarbeitern, dass sie sich proaktiv um Dinge kümmern, auch wenn diese nicht unmittelbar in ihrer Verantwortung liegen? Dann beseitigen Sie den Papierstau im Drucker, füllen Sie die Kaffeebohnen nach oder übernehmen Sie bei der nächsten Betriebsfeier den Fahrdienst. Zeigen Sie durch Ihr Tun, dass Ihnen das Ganze am Herzen liegt, und stellen Sie eine Haltung unter Beweis, die angelsächsisch „organizational citizenship" genannt wird.

2.5 Das Kapitel kompakt

Autorität haftet etwas Janusköpfiges an: Sie wird sowohl als Fluch als auch als Segen empfunden und beschrieben. Warum das so ist, wird deutlich, wenn man den emotional aufgeladenen Ballast des Begriffs abwirft und den Kern betrachtet. Eine Person ist eine Autorität, insofern sich Menschen in ihrem Denken und Handeln nach ihr richten, und zwar auch dann, wenn sie keine Sanktionen androht oder vollzieht. Eine Führungskraft verfügt somit in dem Grade über Autorität, in dem ihre Mitarbeiter sich in ihrem eigenen Verhalten freiwillig an den Ziel- und Wertvorstellungen der Führungskraft ausrichten.

Wird ein Manager als Autorität betrachtet, eröffnen sich ihm Chancen, die einem Führungshandeln verschlossen bleiben, das allein auf den Austausch von Geben und Nehmen ausgerichtet ist. Umgekehrt büßt eine Führungskraft an Autorität ein, wenn das typische Führungshandeln gravierend gestört ist. Es spricht viel dafür, dass die Motivation, sich aktiv einzusetzen, die Bereitschaft, sich positiv zu verändern, und die Entwicklung der eigenen Fähigkeit davon profitieren, wenn der Mitarbeiter seine eigene Führung als Autorität ansieht. Verliert ein Manager dagegen seine Autorität oder hat er diese in den Augen seiner Mitarbeiter niemals besessen, drohen passiver Widerstand, aktiver Boykott, Leistungseinbruch und eine höhere Fluktuation — insbesondere unter den leistungsstarken Mitarbeitern.

Eine starke Autorität hat es in der Führung leichter. Doch so wie eine hohe Autorität den Führungserfolg beflügeln kann, kann sie ihn auch gefährden. Einer als Autorität angesehenen Führungskraft folgt ein Mitarbeiter gerne. Doch in dem Grade, in welchem sich die Reibung reduziert, steigt die Abhängigkeit von der Güte der Entscheidungen einer Person und damit das Risiko von Irrwegen. Die Anfälligkeit für Fehler, die Blindheit gegenüber Irrtümern und moralischen Verwerfungen steigt und hängt vornehmlich von einer Person ab — der Führungskraft. Glücklicherweise gibt es einfache Mittel, die diese Gefahren deutlich mindern können. Hält sich der Manager mit seinen eigenen Einschätzungen zurück, lässt er Entscheidungsfreiheit und fordert er aktiv kritische Urteile von seinen Mitarbeitern ein, so kann er das Risiko mildern, dass seine Fehler zu Fehlern des ganzen Unternehmens werden. Autorität in der Führung gleicht einem elektrischen Hilfsmotor am Fahrrad: Ist der Akku aufgeladen, leistet dieser Motor in der Ebene und erst Recht im Gebirge wertvolle Unterstützung. Allerdings muss dem zusätzlichen Gewicht durch stärkere Bremsen begegnet werden, sonst kann das Fahrrad bei Talfahrten womöglich nicht mehr auf der begrenzten Straße gehalten werden.

Es gibt viele Faktoren, die beeinflussen, in wie weit eine Führungskraft als Autorität angesehen wird. Von besonderer Bedeutung ist dabei die Integrität der Führungskraft. Eine integre Person lässt sich von ihren Werten leiten, ohne flatterhaft auf äußere Zwänge und innerliche Lust- oder Unlustgefühle zu reagieren. Zudem handelt sie im Einklang mit ihren Worten. Beides zusammen lässt diese Person für andere berechenbar und verlässlich erscheinen. Es ist zwar nicht entscheidend, welchen Werten genau eine Führungskraft folgt. Doch in moralischer Hinsicht sollten ihr sichtbar zumindest die folgenden Werte bedeutsam sein: Aufrichtigkeit, Loyalität, Wohlwollen und Fairness. Und schließlich sollte der Manager peinlich darauf achten, dass er seine Integrität nicht unbedacht verspielt, etwa indem er leichtfertig Zusagen macht, die er nicht einhält, indem er sich umgekehrt generell weigert, verbindliche Zusagen zu machen, oder indem er von seinen Mitarbeitern eine Haltung einfordert, der er selbst nicht gerecht wird.

Das Kapitel in einem Satz

Autorität durch Integrität
Handeln Sie konsequent im Einklang mit Ihren inneren Werten und geäußerten Worten; und fördern Sie Kritik an dem eigenen Kurs.

Sicherung und Praxistransfer

Wissen		Handeln	
Relevanz	*Was fand ich interessant?*	Ziel	*Was nehme ich mir vor?*
Speicher	*Was möchte ich mir merken?*	Umsetzung	*Wie werde ich dazu vorgehen?*
Vertiefung	*Welchen Fragen möchte ich nachgehen?*	Kontrolle	*Wann möchte ich meinen Erfolg prüfen?*

3 Vertrauen durch Zutrauen

Wie Sie gleich doppelt Vertrauen schaffen, indem Sie Ihren Mitarbeitern viel zutrauen

Unsere Einstellung zur Arbeit, zum Lernen und zu unseren Fähigkeiten wird in unserem Leben von vielen Faktoren beeinflusst. Eine wichtige Rolle spielen dabei Menschen, mit denen wir in Kontakt kommen. Nicht alle Menschen, denen wir in unserem bisherigen Leben begegnet sind, hatten großen Einfluss auf unsere Entwicklung. Aber denken Sie an eine Zeit zurück, in der Sie viel gelernt haben, in der Sie die Erfahrung gemacht haben, viel zu leisten, und in der Sie mit großem Einsatz an sich oder einer Aufgabe gearbeitet haben. Vielleicht fällt Ihnen dabei der eine oder andere Mensch ein, der für Sie prägend war — ein Familienmitglied, ein Freund, ein Lehrer, ein Sporttrainer, ein Musiklehrer, ein Kollege oder ein Chef. Erscheinen vor Ihrem geistigen Auge die Bilder von einer oder zwei Personen? Wenn ja, dann beantworten Sie bitte für sich einmal die folgenden Fragen: Hat diese Person Ihnen wenig, mittel oder viel zugetraut? Hat sie Ihnen wenig, mittel oder viel Freiheit gelassen? Hat sie geringe, mittelmäßige oder hohe Erwartungen an Ihre Leistungen gestellt? Wenn Sie diese Fragen mehrheitlich mit „viel" bzw. „hoch" beantwortet haben, dann sind Sie nicht allein. Die Mehrheit aller Menschen, die eine produktive Entwicklungsphase mit einer Person in Verbindung bringen, beschreibt diese Person als zugleich fordernd und zutrauend.

In diesem Kapitel zeige ich, wie Sie durch Ihre Erwartungen an Mitarbeiter eine Wirklichkeit schaffen — im Positiven wie im Negativen. Ich beleuchte dabei die Kraft des Zutrauens für die Entwicklung, die Motivation und die Leistung Ihrer Mitarbeiter. Als essenzielle Maßnahme dabei erörtere ich das Einräumen von Freiheiten. Ich argumentiere dafür, dass die Freiheit ihre positive Wirkung verfehlt, wenn sie nicht durch Kontrollen flankiert wird. Doch auch Kontrollen sind mit Fallstricken behaftet, die eine Führungskraft allerdings weitgehend vermeiden kann.

3.1 Henne oder Ei: Unsere Erwartung schafft Realität

Wir sind in unserem Leben unterschiedlichen Menschen begegnet. Manche waren wohlwollend und setzten — begründet oder nicht — hohes Vertrauen in uns. Andere hingegen begegneten uns — begründet oder nicht — mit Vorbehalten oder Zweifeln. Haben Sie beispielsweise in Ihrer Schulzeit erfahren, dass ein Lehrer sehr große Stücke auf Sie hielt, vielleicht größere als Sie selbst, und dass Sie unter diesem Lehrer besonders große Leistungen erbracht haben? Oder umgekehrt: Haben Sie schon einmal erlebt, dass ein Lehrer ein deutlich schlechteres Bild von Ihrem Leistungsvermögen hatte als Sie selbst, und dass es Ihnen unter diesem Lehrer schwer fiel, Ihre Fähigkeiten zu entwickeln und große Leistungen zu erbringen?

Der amerikanische Psychologe Robert Rosenthal konnte zeigen, dass die Einstellung eines Versuchsleiters von psychologischen Experimenten die Antworten und Ergebnisse von Probanden beeinflusst. 1965 entschied er sich zu untersuchen, welchen Einfluss die Einstellung eines Lehrers auf die Leistungsentwicklung seiner Schüler hatte.[28] Dazu wurde den Lehrern vorgegeben, dass ein wissenschaftlicher Test Kinder identifiziert hätte, die kurz vor einem intellektuellen Entwicklungsschub stünden. 20 Prozent der Kinder sollten zu der Gruppe der so genannten „Aufblüher" (orig. *bloomer*) gehören. In Wirklichkeit wurden 20 Prozent der Kinder willkürlich ausgewählt. Nach einem Jahr zeigte sich, dass die Kinder aus der Gruppe der „Aufblüher" ihren IQ viel stärker steigern konnten als Kinder aus der Kontrollgruppe. Bemerkenswerterweise wurde auch der Charakter der so genannten „Aufblüher" von den Lehrern positiver beurteilt. Schätzte der Lehrer aufgrund der fingierten Test-Ergebnisse die Schüler positiv ein — etwa „der Schüler ist hochbegabt" —, so bestätigte sich diese Ansicht im späteren Verlauf. Der Schüler zeigte bei der zweiten Intelligenzmessung tatsächlich signifikant höhere Werte. Unbewusst übermittelt ein Lehrer nämlich seine Erwartung. Hält der Lehrer einen Schüler für sehr leistungsfähig, wendet er sich ihm mehr zu, gewährt längere Zeit für Antworten, kritisiert weniger, lobt intensiver und demonstriert hohe Leistungsanforderungen. Leider gilt auch umgekehrt, dass der Lehrer mit einem schwachen Bild von einem Schüler sich so verhält, dass der Schüler nach einer Weile tatsächlich deutlicher schlechter wird. So oder so: Unabhängig davon, ob das Bild des Lehrers von der Leistungsfähigkeit eines Schülers am Anfang korrekt war, am Ende trifft es zu: Ein in den Augen des Lehrers leistungsfähiger Schüler bringt hohe Leistung, und ein in seinen Augen schlechter Schüler eben nicht.

---

[28] Rosenthal und Jacobson *Teachers' Expectancies: Determinants Of Pupils' IQ Gains* und *Pygmalion in the Classroom: Teacher Expectation and Pupils' Intellectual Development.*

In Anlehnung an die mythologische Figur Pygmalion wird dieser Effekt der selbsterfüllenden Prophezeiung auch *Pygmalion-Effekt* genannt. Pygmalion war ein von Frauen frustrierter Bildhauer. Er schuf eine Frauenstatue, in die er sich verliebte und die schließlich durch die Göttin Venus zum Leben erweckt wurde. Gemäß dem Pygmalion- oder Rosenthal-Effekt wirken Erwartungen, Einstellungen, Überzeugungen sowie Stereotype des Versuchsleiters als selbsterfüllende Prophezeiung. Es ist nicht abwegig anzunehmen, dass der Pygmalion-Effekt auch für Sie als Führungskraft und Ihre Mitarbeiter gilt. Wenn Sie einen Mitarbeiter für stark und entwicklungsfähig halten, werden Sie ihn in einer Weise behandeln, dass er hohe Leistung erbringt und sich gut entwickelt. Wenn Sie einen Mitarbeiter für schwach halten, wird er aufgrund Ihres unbewussten Verhaltens mittelfristig schwach werden. Und das auch dann, wenn Sie sich irren. Wenn Sie einen Mitarbeiter zu Recht für schwach halten, zementieren Sie den Zustand. Dabei könnte derselbe Mitarbeiter seine Leistung signifikant steigern, würden Sie ihn für stark halten, obgleich er es zu Anfang an gar nicht ist.

3.2 Unser Bild vom Anderen – Maßstab oder Fessel: Die Magie des Zutrauens

> *„Behandle die Menschen so, als wären sie, was sie sein sollten, und du hilfst ihnen zu werden, was sie sein können."*
>
> *Johann Wolfgang von Goethe*

In Ihrem Bild von den Fähigkeiten Ihrer Mitarbeiter scheint ein magischer Schlüssel zu liegen für ihre Motivation, ihre Leistung und ihre Entwicklung. Diese wären maximal, wenn Sie allen Ihren Mitarbeitern maximal viel zutrauen würden. Die Leistung von Mitarbeitern wird vereinfacht auf eine gelungene Kombination von Können, Wollen und Dürfen zurückgeführt. Angewendet auf dieses Dreigestirn bedeutet Zutrauen: Vertrauen Sie darauf, dass Ihr Mitarbeiter viel *kann*, vertrauen Sie darauf, dass er viel Leistung erbringen *will*, und lassen Sie ihm die Freiheit, d. h. sorgen Sie dafür, dass er *darf*. Denn Zutrauen in Form von Vertrauen in die Fähigkeiten und die Motivation sowie Handlungsfreiheit bilden den Grundstein für eine hohe Motivation und eine hohe Leistung.

Doch so einfach ist es nicht, wie zwei Probleme zeigen. Zunächst einmal sind nicht alle Menschen gleich, und es gibt auch ein zu viel. Wenn die Kluft zwischen dem, was Sie einem Mitarbeiter zutrauen, und dem, was er zur Zeit zu leisten fähig ist, zu groß wird, wirken Ihre hohen Erwartungen kaum motivierend. Und die Chance, dass Sie oder Ihr Mitarbeiter massiv frustriert werden, ist hoch. Überfordern Sie Ihren Mitarbeiter durch Erwartungen, welchen er trotz intensiver Bemühungen nicht genügen kann, dann ist weder Ihrem Mitarbeiter noch Ihnen gedient. Darüber hinaus können Sie sich nicht einfach entscheiden, Ihren Mitarbeiter besser einzuschätzen als sie es *de facto* tun. Wie der Philosoph Bernard Williams herausgestellt hat, können wir uns nicht dazu entscheiden, etwas zu glauben.[29] Wir können anderen vormachen, etwas zu glauben, was wir nicht tun. Doch wir können keinen Schalter umlegen und eine Überzeugung, die wir haben, willentlich ändern. Wenn ich Ihnen 1.000 Euro anbiete dafür, dass Sie auf einer Konferenz von Ihren Erfahrungen als Führungskraft berichten, dann können Sie entscheiden, ob Sie an dieser Konferenz teilnehmen. Wenn ich Ihnen 1.000 Euro dafür anbiete, dass Sie den Mitarbeiter in Ihrem Team, welchen Sie für am schwächsten halten, fortan an als leistungsstark ansehen, dann können Sie es einfach nicht. (Auch wenn Sie in der fraglichen Situation vielleicht geneigt sein werden, mir gegenüber zu versichern, dass Sie das doch tun können!)

---

29   Vgl. auch Williams „Deciding to believe"

Zweifelsohne können wir einen Prozess anstoßen, in dessen Verlauf wir unser Gefühl oder unsere Meinung ändern. Wir könnten z. B. einem Mitarbeiter, den wir für schwach halten, anspruchsvolle Aufgaben geben, und besonders auf die positiven Aspekte der Ergebnisse achten. Auf diese Weise gelangen wir vielleicht allmählich zu der Überzeugung, dass der Mitarbeiter ausgesprochen leistungsfähig ist. Doch können wir unsere Gefühle und Meinungen nicht so unmittelbar und direkt steuern wie unser Handeln.

Wenn wir berücksichtigen, dass wir Mitarbeiter nicht durch völlig unrealistische Erwartungen quälen sollten und außerdem unsere Einstellung nicht einfach bestimmen können wie das, was wir anziehen, macht folgende Maxime Sinn: Wir sollten, ganz im Geist Goethes, der in dem Eingangszitat zum Ausdruck kommt, jeden Mitarbeiter so *behandeln*, als hätte er bereits den in unseren Augen nächsten oder übernächsten Entwicklungsschritt erreicht. Im Besonderen sollten wir dazu jedem Mitarbeiter so viel *zutrauen*, als wäre er bereits diese ein oder zwei Entwicklungsschritte weiter. Dieses Zutrauen bedeutet, dass Sie dem Mitarbeiter die entsprechende *Freiheit* geben. Die Freiheit zu haben, seine Handlung zu bestimmen und zu kontrollieren, ist ein menschliches Grundbedürfnis. Entsprechend empfindlich reagieren wir auf Einschränkungen unserer Freiheiten. Wir verstehen zwar, dass unsere Freiheit begrenzt wird, wenn offenkundig ist, dass andernfalls Gefahren oder negative Folgen auftreten können. Vermutlich finden Sie es in Ordnung, dass Ihnen ohne Flugschein die Freiheit vorenthalten bleibt, einen Helikopter zu fliegen. Empört wären Sie jedoch, wenn man Ihnen ebenfalls verwehren würde, einen Flugschein für das Fliegen eines Helikopters zu erlangen. Wenn uns nun umgekehrt Handlungsfreiheit in einem etwas umfangreicheren Rahmen zugebilligt wird, als wir uns bisher durch Wissen, Kompetenz und Vertrauen „verdient" haben, wirkt dies in zwei Hinsichten positiv: Zum einen genießen wir das Mehr an Handlungsfreiheit, und zum anderen empfinden wir dies als Wertschätzung und als Vertrauensvorschuss.

Die Kombination von Handlungsfreiheit und Erwartungen, denen ein Mensch entsprechen möchte, ist nicht nur für die Motivation, sich einzubringen, sondern auch für das Wohlbefinden und sogar für unsere Gesundheit günstig. Dies gilt für Menschen im Allgemeinen und in allen Altersklassen. In einem Altersheim wurde im Rahmen eines Experiments den Bewohnern eines Stockwerks eine Pflanze geschenkt, um die sich, wie Ihnen gesagt wurde, die Pflegerin kümmern würde, und angeboten einmal pro Woche an einem Filmeabend teilzunehmen. Den Bewohnern eines anderen Stockwerks wurde ebenfalls eine Pflanze geschenkt, jedoch wurde ihnen die Verantwortung übertragen, sich um diese Pflanze zu kümmern. Auch Sie erhielten die Möglichkeit, an einem Filmeabend pro Woche teilzunehmen, nur konnten diese Bewohner zwischen zwei Abenden auswählen. Im Ergebnis waren die Bewohner, die Verantwortung für die Pflanzen übernahmen und zudem mehr Freiheit zu wählen gewährt wurde, gesünder und lebten auch durchschnittlich länger.[30]

Zutrauen wirkt sich sowohl durch das Gewähren von Freiheit als auch durch das Ausdrücken von Erwartungen oder Übertragen von Verantwortung positiv auf die Gesundheit, die Motivation und die Leistungsbereitschaft aus. Da wir unseren Glauben an die Fähigkeiten und die Motivation anderer Menschen nicht unmittelbar steuern können, kommt es vor allem auf unser Verhalten an. Ist der entsprechende Wille vorhanden, können wir unser Verhalten viel leichter beeinflussen. Wer sich schon einmal vorgenommen hat, Sport zu treiben, abzunehmen oder ein Buch zu schreiben, wird allerdings erfahren haben, dass der Weg von einem Willen zum Verhalten durchaus steinig sein kann.[31]

Nicht nur auf Leistung und Motivation wirkt sich das Zutrauen positiv aus, sondern auch auf das Vertrauen selbst. Zutrauen kann auf zweifache Weise Vertrauen fördern: Zum einen stärkt das Zutrauen das Vertrauen in sich selbst — das Selbstvertrauen — und zum anderen das Vertrauen in den Vertrauen Schenkenden, die Führungskraft. Wenn die Führungskraft einem Mitarbeiter viel zutraut und dieses dadurch deutlich werden lässt, dass sie ihm Freiheiten gewährt, wächst das Vertrauen in die eigenen Fähigkeiten. Insbesondere dann, wenn diese Freiheit zu positiven Ergebnissen führt. Dies leuchtet leicht ein. Doch warum wächst zudem das Vertrauen in den Vertrauenden? Dies liegt an einem alten Prinzip menschlichen Zusammenlebens: Dem *Prinzip der Reziprozität*. Wenn uns etwas gegeben wird, entsteht bei uns ein Gefühl der Verpflichtung, etwas zurückgeben zu müssen, oder ein entsprechender Wunsch. Das Reziprozitätsprinzip ist in der Evolution sicher ein Katalysator für soziale Interaktionen gewesen. Es spricht einiges dafür, dass eine Ähnlichkeit in den Genen nicht ausreichte, damit Menschen in Gruppen kooperierten. Auf jeden Fall wird es erst durch das Wie-du-mir-Prinzip für den Einzelnen vorteilhaft auch mit Fremden zu kooperieren.[32] Und gerade wenn uns jemand im ersten Schritt entgegen kommt, fühlen wir die Macht der Gegenseitigkeit: Wenn uns jemand Vertrauen schenkt, kommen wir praktisch nicht umhin, ebenfalls zu vertrauen und wir verspüren den Wunsch, dem Vertrauen gerecht zu werden. (Freilich gibt es hin und wieder auch Ausnahmen von dieser allgemeinen Regel.) Umgekehrt gilt dies natürlich auch. Jemand, der einem nicht vertraut, dem wird

---

[30] Vgl. Rodin „Aging and Health: Effects of the Sense of Control", Rodin und Langer „The Effects of Choice and Enhanced Personal Responsibility for the Aged: A Field Experiment in an Institutional Setting."

[31] Mehr dazu in Kapitel 9 „Veränderung durch Unzufriedenheit"

[32] Vgl. Haidt *The Happiness Hypotheses*, Kapitel 3; mehr zum Reziprozitätsprinzip erfahren Sie in Kapitel 6 „Überzeugung durch Akzeptanz"

auch nicht vertraut. Kennen Sie das? Sie haben das Gefühl, dass Ihnen jemand nicht vertraut, obgleich Sie dafür keine triftigen Gründe erkennen und Sie auch Ihrerseits keine Veranlassung haben, dem Gegenüber zu misstrauen. Können Sie dieser Person Vertrauen entgegen bringen?

Zutrauen und das damit verbundene Einräumen von Freiheiten sind also ein wesentlicher Faktor, um neben Motivation und Leistungsfähigkeit auch das Selbstvertrauen sowie das Vertrauen in die Führungskraft zu stärken. Allerdings tun sich auch hier wieder zwei Schwierigkeiten auf, die bedacht werden sollten. Denn diese können den Motivationsfaktor Freiheit in einen Demotivationsfaktor verwandeln. Die eine Schwierigkeit nenne ich „Demotivation durch Desinteresse" und die andere „Demotivation durch Unsichtbarkeit".

3.3 Der schale Geschmack von Freiheit: Wie Freiheit demotivieren kann

Haben Sie Folgendes schon einmal in Ihrem bisherigen Berufsleben erlebt? Sie setzen sich für eine Sache ein. Nicht weil Ihnen jemand den Auftrag erteilt hätte oder weil Sie Lob oder Dankbarkeit erwarteten. Nein, Sie engagieren sich allein, weil es ihnen unternehmerisch sinnvoll erscheint. Sie hängen Ihr Engagement daher nicht an die große Glocke. Folglich überrascht es nicht, dass Ihr zusätzlicher Einsatz zunächst keine Resonanz findet. Doch nach einer Weile werden die ersten Erfolge sichtbar. Und wieder passiert — nichts. Kein Wort des Dankes oder der Anerkennung. Nichts. Wenn Sie eine solche Erfahrung gemacht haben, dann haben Sie den schalen Beigeschmack von Freiheit kennengelernt. Sie hatten die Freiheit zu handeln. Und Sie haben diese Freiheit genutzt. Handlungsfreiheit ist für uns positiv. Doch Freiheit kann negativ wirken, wenn sie auf Desinteresse stößt.

In Aussagen von Managern wie „Sie machen das schon. Bitte belästigen Sie mich nicht mit den Inhalten ihres Tuns." kommt eine Ambivalenz zum Ausdruck. Einerseits räumt die Führungskraft dem Mitarbeiter Freiheiten ein und signalisiert damit, dass sie ihm vertraut und zutraut, die Aufgabe zu bewältigen. Andererseits demonstriert sie Desinteresse. Und wenn uns für eine Arbeit, die in einem sozialen Zusammenhang für andere relevant ist, Gleichgültigkeit entgegen gebracht wird, dann kann dies demotivieren. Anders sieht es natürlich aus, wenn wir uns privat für eine Sache engagieren, die primär uns betrifft. Zum Beispiel könnte ich für mich beschließen, die Arbeit an meinem Gitarrespiel wieder aufzunehmen. In diesem Fall wäre es sicher schön, wenn dies in meinem nahen sozialen Umfeld wohlwollend beachtet würde. Doch geschehe dies nicht, würde meine Motivation keinen substanziellen Dämpfer erhalten. Ganz anders sähe es hingegen aus, wenn Sie sich erfolgreich für bessere Arbeitsbedingungen in Ihrem Team einsetzen oder durch die Reorganisation eines Prozesses erhebliche Kosten einsparen und Ihr Engagement keinerlei Anerkennung fände.

Das Einräumen von Freiheit, das als Desinteresse verstanden wird, kann demotivieren. Aus diesem Grund sollte die Führung ihren Mitarbeitern ihr Zutrauen nicht bloß durch das Einräumen von Freiheit dokumentieren, sondern auch durch ein deutliches Interesse an der Arbeit und natürlich vor allen Dingen an den Ergebnissen. Und wie hoch sind die Erwartungen an die Güte der Ergebnisse? Natürlich sehr hoch, denn andernfalls würde die Führung dem Mitarbeiter ja doch nicht so viel zutrauen. Ein Zutrauen, das Leistung, Entwicklung und Vertrauen fördert, sollte sich in der Führung also darin zeigen, dass der Manager seinen Mitarbeitern in ihrer Arbeit viele Freiheiten lässt und dabei zugleich starkes Interesse für und hohe Erwartungen an die Ergebnisse der Arbeit ausdrückt.

Doch birgt es noch weitere Gefahren, wenn Sie Ihren Mitarbeitern große Freiräume gewähren. Räumt die Führungskraft Freiheit ein, so kann dies einen negativen Effekt bei der Arbeit in Gruppen verstärken. Dieser Effekt wird als *sozial induzierte Trägheit* oder *soziales Faulenzen*, engl. *social loafing*, bezeichnet. Es hat sich nämlich gezeigt, dass die Leistung des Einzelnen sinkt, wenn der individuelle Beitrag zur Gruppenleistung nicht erkennbar oder messbar ist. In der Regel wird dieses Phänomen durch unsere Neigung erklärt, unsere Energien möglichst sparsam einzusetzen. Wenn der Eigenbeitrag unsichtbar bleibt, dann kann sich Lob und Tadel nur auf die Gruppe beziehen und wird daher für den Einzelnen weniger spürbar. Wenn der Einzelne seine Energie reduziert, profitiert er immerhin noch schwach von dem Lob der Gruppenleistung und leidet ebenfalls nur schwach, wenn die Gruppenleistung kritisiert wird. Menschen sind bestrebt, ihre Energien so effizient wie möglich einzusetzen. D. h. sie trachten danach, mit möglichst wenigen Ressourcen möglichst positive Resultate zu erzielen. Das *Collective Effort Model* von Karau und Williams etwa besagt, dass ein Mensch in dem Grade motiviert ist sich anzustrengen, in dem er annimmt, dass seine individuelle Anstrengung auch zur Erreichung eines wertgeschätzten Ergebnisses führt.[33] Ein erhöhter Energieeinsatz lohnt sich daher eher in einer Situation, in der die Einzelleistung bewertet wird, als in einer intransparenten Gruppensituation. Die Neigung zu Effizienz begünstigt, dass wir unsere Energien in sozialen Zusammenhängen sparsamer einsetzen.

---

[33]   Vgl. Karau und Williams „Social Loafing: A Meta-Analytic Review and Theoretical Integration."

Neben unserem Streben nach Effizienz ist meines Erachtens hier noch eine Kombination aus zwei weiteren psychologischen Mechanismen wirksam: Auf der einen Seite vergleichen wir uns stets mit anderen Menschen und streben in der Kooperation mit anderen nach einer fairen Verteilung von Lasten und Gewinnen: Auf keinen Fall möchten wir mehr leisten als ein anderer und dafür das gleiche erhalten. Auf der anderen Seite sind wir um ein positives Selbstbild bemüht und neigen dazu, den eigenen Beitrag gegenüber dem Beitrag anderer für ein Ergebnis zu überschätzen. Nimmt man diese beiden psychologischen Tendenzen zusammen, so erklärt sich, dass wir im Rahmen einer Gruppenarbeit versucht sind, die eigene Anstrengung zu minimieren. Wenn ich meine, schon mit halber Kraft einen gleichwertigen Beitrag zu erbringen wie Sie mit voller Kraft, und auf keinen Fall mehr leisten will als Sie, um mich nicht unfair behandelt zu fühlen, werde ich mein Engagement etwas dämpfen. Und wie Sie reagieren, wenn Ihnen auffällt, dass ich mein Engagement zurücknehme, wird wohl niemanden überraschen.[34]

Unsere Neigung zur Effizienz und die selbstwertdienliche Überschätzung unseres Beitrags zusammen mit unserem Bedürfnis nach einer fairen Verteilung der Lasten sorgen dafür, dass wir uns in sozialen Zusammenhängen eher gedrosselt einsetzen. Menschen haben einen Hang zu sozialem Faulenzen. In der Konsequenz bedeutet das nicht, dass wir zu asozialem oder antisozialem Handeln neigen. Wir tendieren lediglich dazu, für unser prosoziales Handeln weniger Energie einzusetzen als wir könnten.

Wenn die Führungskraft der Gruppe nun Freiheit und Vertrauen schenkt, dann droht sie den Effekt des sozialen Faulenzens zu verstärken. Das geschieht dann, wenn durch die Freiheit die konkrete Leistung des Einzelnen unsichtbar wird und wenn noch unklarer wird, auf welche Weise und in welchem Maß der Einzelne zum Gruppenergebnis beiträgt. Freiheit kann also ungeachtet ihrer positiven Effekte für die Motivation und das Vertrauen schädlich sein, insofern sie als Desinteresse erlebt wird oder die konkrete Einzelleistung verschleiert. Die Führung ist somit herausgefordert, Handlungsfreiheit auf eine Weise zu gewähren, die diese negativen Nebenwirkungen verhindert.

Der Schlüssel dafür liegt in einer weiteren Konsequenz des Zutrauens. Wenn ich jemandem viel zutraue, also darauf vertraue, dass er schwierige Probleme löst oder anspruchsvolle Aufgaben bewältigt, dann zeige ich dies wie besprochen durch die Handlungsfreiheit, die ich ihm gewähre. Denn diese Handlungsfreiheit ist ein Zeichen für meine Zuversicht, dass hohe und zuverlässige Leistungen zu sehr guten Ergebnissen führen. In einem ersten Schritt sollte die Führungskraft diese hohen

---

[34] Mehr zu diesem Thema erfahren Sie in Kapitel 8 „Gerechtigkeit durch Ungleichheit"

Erwartungen offenlegen. Sie sollte jedem Mitarbeiter verdeutlichen, dass sie von ihm viel erwartet, und ihm Handlungsfreiheit dafür geben. Das Gefühl von Desinteresse dürfte dann gar nicht mehr aufkommen. Warum? Wenn die Führungskraft hohe Erwartungen an die Arbeit ihres Mitarbeiters hat, dann muss sie auch an den sehr guten Ergebnissen interessiert sein, sofern diese überhaupt irgendeine Relevanz für das Unternehmen haben. Wenn die Führungskraft deutliches Interesse an den Ergebnissen signalisiert, spürt der Mitarbeiter anspruchsvolle Erwartungen auf sich lasten. Dadurch verhindert die Führung, dass der Mitarbeiter Freiheit demotivierend als Desinteresse missversteht.

Und wie sollte die Führungskraft von den tatsächlich erreichten Ergebnissen erfahren? In jedem Fall muss sie eine wie auch immer geartete Form von Kontrolle durchführen, in der sie die Leistung des Mitarbeiters in Augenschein nimmt. Die Kontrolle ist das aussagekräftige Indiz dafür, dass die gewährte Freiheit mit Interesse an den Ergebnissen verbunden ist. Sie bietet zudem die Möglichkeit, den einzelnen konkreten Beitrag sichtbar zu machen. In dem Grade, wie bei Gruppenleistungen im Vornherein festgelegt wird, wer wofür verantwortlich ist, und im Nachhinein auch der Anteil jedes Einzelnen am Ergebnis beleuchtet wird, vermindert sich der Effekt des sozialen Faulenzens. Kontrollen sind also essenziell. Doch die Wirkung von Kontrollen ist ebenfalls zweischneidig: Sie können Demotivation vermeiden oder erst Demotivation herbeiführen. Und sie können Vertrauen stärken — oder zerstören.

3.4 Beliebigkeit oder Geringschätzung: Ohne Kontrolle wird Anerkennung zur Farce

Die Kontrolle von Arbeiten ist sowohl für die Führung als auch für die Mitarbeiter vorteilhaft. Sie ermöglicht es, Fehler frühzeitig zu erkennen, und leistet somit einen wichtigen Beitrag zur Qualitätssicherung. Für den Mitarbeiter liegt in diesem Umstand die Chance, dass er einen erfolglosen Weg rechtzeitig korrigieren und so am Ende doch noch ein positives Ergebnis erzielen kann. Eine Kontrolle vermag zudem einen an sich guten Weg noch zu verbessern. Zusätzliche Optimierungspotenziale zeigen sich durch die Kontrolle selbst, die Vorbereitung auf die Kontrolle oder den Dialog über den Kontrollmechanismus und die Kontrollergebnisse. Führungskraft und Mitarbeiter profitieren davon, dass im Rahmen einer Kontrolle viel leichter als während der Planung und nicht so folgenreich wie im Nachhinein erkennbar wird, ob die Arbeit den Mitarbeiter über- oder unterfordert. Bei komplexen Aufgaben oder langwierigen Projekten verschafft eine Zwischenkontrolle sowohl der Führungskraft als auch dem Mitarbeiter ein Sicherheitsgefühl. Beide Seiten entlastet es zu wissen, dass zumindest der erreichte Zwischenstand in Ordnung ist. Und schließlich ist es erst durch eine Kontrolle möglich, Leistungen des Mitarbeiters angemessen zu beurteilen und aufrichtig anzuerkennen. Einem Lob, das sich nicht auf eine Kontrolle von Leistung stützt, kann kein sachlich begründetes Urteil vorausgehen. Ein solches Lob wird deshalb vom Gelobten kaum als Wertschätzung empfunden, vielleicht sogar als Geringschätzung.

Letzteres ist erläuterungsbedürftig. Es bezieht sich auf einen Mechanismus, der manche Autoren wie z.B. Reinhard K. Sprenger[35] dazu veranlasst, die Praxis des Lobens als Ganzes zu diskreditieren. Wer einen anderen lobt, drückt gegenüber der Handlung der Person eine positive Haltung aus. Dies ist auf den ersten Blick nun sicher nichts Anrüchiges. Im Gegenteil: Lob löst anders als Kritik in der Regel positive Reaktionen aus. Problematisch kann ein Lob werden, weil der Akt des Lobens bestimmte Voraussetzungen schafft, die auf Widerwillen stoßen können.

---

[35] Vgl. Sprenger *Mythos Motivation* und *Radikal führen*

Loben ist eine Sprechhandlung.[36] Jede Sprechhandlung kann glücken oder missglücken. Z.B. würde ich mit folgenden Sprechhandlungen Schiffbruch erleiden: Mein Auto verstoßen, Sie zum Konsul ernennen, Ihnen versprechen, dass Sie beim nächsten Spiel im Lotto einen 6er haben werden. So setzt das Verstoßen bestimmte Regeln voraus. Wenn mir mein Auto nicht passt, kann ich es verkaufen, doch verstoßen kann ich es nicht. Ähnliches gilt für die Ernennung zum Konsul, zu der ich gar nicht berechtigt bin. Und ein Versprechen über etwas abzugeben, das gar nicht in meinem Einflussbereich liegt, scheitert bereits, bevor eine moralische Verpflichtung entsteht. Zu den Bedingungen, die erfüllt sein müssen, damit der Akt des Lobens glückt, zählt, dass der Lobende die *Fähigkeit* und die *Kenntnis* besitzt, die Handlung des Gelobten adäquat beurteilen zu können. Kommt Ihnen folgendes bekannt vor: Ein Bekannter oder Verwandter spricht Ihnen ein Lob für eine Handlung aus, die er aufgrund seines Hintergrundes gar nicht angemessen beurteilen kann. Angenommen Sie spielen virtuos Geige. Wenn sich Ihr völlig unmusikalischer Nachbar lobend darüber äußert, dass Sie Ihre Finger so flink bewegen können und auch ohne Bünde den Ton treffen, dann mögen Sie sein Wohlwollen bemerken, doch als Lob gelingt seine Äußerung vermutlich nicht. Eine Seminarteilnehmerin schilderte mir, wie irritiert sie war, als sie und ihr Team von einem scheidenden Praktikanten eine Dankesmail erhielt und darin für ihre kooperative Teamarbeit und das tiefgreifende Verständnis von komplexen juristischen Sachverhalten gelobt wurden. Wenn uns jemand lobt, gibt er zu verstehen, dass er das Wissen hat, unsere Leistung zutreffend zu beurteilen. Dieses Wissen umfasst die fachliche Kenntnis ebenso wie die Wahrnehmung der Leistungserbringung. Ist eines davon nicht gegeben, wirkt eine lobende Äußerung im besten Fall unpassend und im schlechtesten Fall anmaßend und arrogant. Aus diesem Grund ist eine Kontrolle, durch die eine Leistung überhaupt erst sichtbar und erfahrbar wird, nicht bloß eine Option, sondern für eine wertschätzende Würdigung in Form eines Lobs die unabdingbare Voraussetzung.

Damit der Akt des Lobens überhaupt gelingt, muss sich das Lob inhaltlich auf etwas beziehen, das der Lobende aufgrund seiner Kompetenz — also seines theoretischen Wissens und seines praktischen Könnens — und seiner Wahrnehmung beurteilen kann. Dass einer Führungskraft der Akt des Lobens gelingt, ist allerdings nur die Voraussetzung, nicht aber die Garantie dafür, dass viele der möglichen positiven Effekte eines Lobs auftreten. Zu diesen zählt, dass der Gelobte positive Gefühle hat, motiviert ist, sich weiter einzubringen, sein Selbstbild und Selbstvertrauen gestärkt wird usw. In welchem Grade derartige Effekte durch ein Lob hervorgebracht werden, hängt von weiteren Faktoren ab, die z.T. in der Macht der Führungskraft liegen und z.T. nicht. Wie positiv ein Lob wirkt, hängt z.B. davon ab,

---

[36] Vgl. Austin *How to Do Things with Words*. Mehr zum Thema Sprechhandlung in Kapitel 4 „Einvernehmen durch Verstehen"

wie stark der Mitarbeiter sich überwinden und anstrengen musste, um den Erfolg herbeizuführen und wie bedeutsam ihm der Erfolg erscheint. Je größer die notwendige Anstrengung und je wertvoller der erzielte Erfolg von ihm bewertet wird, desto stärker wirkt das Lob. Zudem ist entscheidend, inwiefern sich der Gelobte über die herausgestellte Handlung identifiziert. Je mehr sein positives Selbstbild von der Tätigkeit abhängt, desto stärker wirkt das Lob. Wenn Sie beispielsweise dafür gelobt werden, wie gut Sie Schach spielen, wird die Wirkung des Lobs unter anderem davon abhängen, wie stark Ihr Selbstbild durch das Schachspiel positiv geprägt ist.

Aber auch die Führungskraft beeinflusst die Wirkung des Lobs. Der Grad, in dem sie als Autorität wahrgenommen wird — das Thema des vorrangegangenen Kapitels — bestimmt den Grad, in dem ein Lob positive Effekte zeigt. Und ein in der Praxis meines Erachtens stark unterschätzter Aspekt betrifft die Art und Weise, wie die Führungskraft das Lob formuliert. Dies ist zugleich die Dimension, welche die Führungskraft am einfachsten und unmittelbarsten beeinflussen kann. Loben ist ein Akt der Wertschätzung. Der Grad der Wertschätzung wird nun nicht bloß, wie man vielleicht annehmen mag, durch die Semantik der gewählten Ausdrücke bestimmt — etwa ob Superlative gewählt werden oder schwächere positive Ausdrücke, die vielleicht sogar noch ihrerseits eingeschränkt oder relativiert werden. Denn Wertschätzung wird nicht bloß verbal *ausgedrückt*. Mindestens ebenso entscheidend ist es, wie die Wertschätzung *gezeigt* wird. Schon der Umstand, dass sich die Führungskraft Zeit nimmt, sich mit einem Lob zu beschäftigen, ist ein Indiz der Wertschätzung. Durch die Zeit, die die Führungskraft dem Mitarbeiter schenkt, die Energie, welche sie aufbringt, um die Leistung zu begutachten, und den Aufwand, den sie tätigt, um die Gedanken zu ordnen und in eine spezifische Formulierung zu fassen, *erfährt* der Gelobte Wertschätzung, während sie durch die Worte bloß *ausgedrückt* wird.

Kontrollen sind also die Voraussetzung dafür, dass der Mitarbeiter Freiheit nicht als Desinteresse erlebt. Und sie sind unabdingbar für aufrichtige Anerkennung und Wertschätzung von Leistungen. So kann es ohne Kontrolle kein fruchtbares Lob geben. Allerdings garantieren Kontrollen noch nicht, dass der Mitarbeiter Wertschätzung erfährt. Mehr noch: Kontrollen können auch ganz abträgliche Effekte mit sich bringen oder nach sich ziehen.

3.5 Reale und fiktive Dämonen: Die Gefahren der Kontrolle bändigen

Angesichts der vielen positiven Effekte von Kontrollen überrascht es, dass Kontrollen oft mit negativen Gefühlen und Widerwillen begegnet wird. Woran liegt das? Ich denke, dass der Hauptgrund in einer Bedrohung oder Verletzung von grundlegenden Bedürfnissen liegt. Zu viele und zu kleinteilige Kontrollen verletzen das Bedürfnis nach Handlungsfreiheit und Selbstkontrolle und werden als Zeichen des Misstrauens gewertet. Zu wenig Lob und vor allem ein inadäquater Umgang mit wahrgenommenen Fehlern oder Misslichkeiten z.B. in Form von harter Kritik, Missbilligung, Unverständnis, Ungeduld, Geringschätzung, Hohn oder Spott, belasten das Selbstwertgefühl.

Ein Mangel an Zutrauen verführt die Führung dazu, zu viel und zu kleinschrittig zu kontrollieren. Dies sollte nicht vorkommen, wenn die Führung der Handlungsmaxime dieses Kapitels folgt und ihrem Mitarbeiter viel zutraut und dies durch entsprechend großzügige Handlungsspielräume zeigt. Doch warum neigen Führungskräfte im Rahmen von Kontrollen zu dekonstruktiven Reaktionen auf Fehler und loben tendenziell so wenig? Zunächst ist die Einstellung gegenüber Fehlern im Allgemeinen zu hinterfragen. Eine Null-Fehlertoleranz ist nicht nur psychologisch problematisch, sondern auch sachlich inadäquat. Wer keine Fehler macht, der hat nicht gearbeitet oder sich keinen Herausforderungen gestellt. „Wo gehobelt wird, da fallen Späne" ist eine Redensart, die berechtig ist, sofern der Hobel nicht in den Spänen versinkt. Wer lernt und auch anspruchsvolle Aufgaben übernimmt, wird Fehler machen. Und Fehler haben auch Vorteile. Aus ihnen kann man lernen, und an ihnen kann man reifen. Ein gewisses Maß an Fehlern sollte jeder sich und anderen also zugestehen — mehr noch — als selbstverständlich erwarten. Sicher: Gedankenlosigkeit ist keine Tugend, und niemand sollte mehrmals denselben Fehler machen. Aber Fehler sind in einem bestimmten Umfang nicht bloß akzeptabel, sondern ein Zeichen für ein funktionierendes System. Nun gibt es wenige Führungskräfte, die dies zumindest hinter vorgehaltener Hand nicht zugestehen. Doch etlichen Führungskräften fällt es schwer, entsprechend moderat zu reagieren, wenn sie bei ihrem Mitarbeiter auf einen Fehler stoßen — und das vor allem dann, wenn sie selbst diesen Fehler vermieden hätten.

Und hier kommen wir zu einem zweiten für Kontrollen problematischen Aspekt. Wir schließen von uns auf andere. Genauer: Wir schließen von uns in unserer aktuellen Verfassung und mit unseren aktuellen Fähigkeiten auf andere. Wir halten das, was wir heute tun und tun können, und wie wir es heute tun oder tun würden, bewusst oder unbewusst für den Standard, das Normale. Alle Abweichungen sind anomal, Ausnahmen oder zumindest unangemessen und schlechter. In der psychologischen Forschung nennt man dieses Phänomen *Falscher-Konsens-Effekt*. Diesem Effekt zufolge neigen wir dazu, unser Verhalten, unsere Einstellungen und Bewertungen als verbreitet und den Umständen angemessen anzusehen.

Basis für die verzerrte Selbstzuschreibung ist motivational unser Drang, ein positives Selbstbild aufrecht zu erhalten (*Self-Serving Bias*), und kognitiv die Verfügbarkeitsheuristik (*Availability Bias*) gekoppelt mit der selektiven Wahrnehmung. Wir benötigen ein positives Bild von uns und unseren Fähigkeiten, um selbstsicher aufzutreten und Kraft für anstrengende Handlungen zu mobilisieren. Und unser Geist hilft uns, indem er unsere Ideen, Vorschläge, Einschätzungen und Erfahrungen als besonders wertvoll und denen anderer überlegen erscheinen lässt. Der Verfügbarkeitsheuristik zufolge halten wir einen Sachverhalt in dem Grade für wahrscheinlich, wie leicht uns Beispiele dazu einfallen. Und uns fallen natürlich besonders leicht Beispiele für Situationen ein, in denen wir erfolgreich gehandelt oder andere so wie wir gehandelt haben. Zudem sucht unsere Wahrnehmung getrieben vom Bestätigungsdrang (*Confirmation Bias*) selektiv nach Fällen, die unsere Einstellung und unser Weltbild bestätigen und blendet großzügig widerstreitende Fälle aus.

Dieser sehr menschliche Zug hemmt Führungskräfte nicht nur zu delegieren. Er ist auch im Rahmen von Kontrollen aus mehreren Gründen fatal: Wenn Führungskräfte tendenziell von ihrem Leistungsstand, ihrem Wissen und ihrer Motivation als Standard ausgehen, so erscheinen ihnen die Arbeit und die Bemühungen ihrer Mitarbeiter in der Mehrzahl eher schwach. Kein Wunder, dass wenig Anlass für Lob gesehen wird, und Fehler eher genervt als verständnisvoll moniert werden. In Vergessenheit gerät dabei der eigene Entwicklungsprozess.

Verblüfft stellte ich fest, dass auch ich Opfer dieses Effekts geworden bin. (Denn natürlich bin ich anderen überlegen und sitze keinen Fehlern auf!) Viele Jahre lang schmunzelte ich, wenn ich in am Computer geschriebenen Texten von Studenten, Geschäftspartnern und Bekannten auf doppelte Leerzeichen, unvermittelte Formatierungswechsel, uneinheitliche Textausrichtung oder Zeilenabstände stieß. Insgeheim fragte ich mich, wie einem dies nicht auffallen könne. Ich selbst habe systematisch Texte mit Beginn meines Studiums 1993 auf dem Computer verfasst. Vor einigen Jahren fiel mir ein Text aus der Anfangszeit meines Studiums in die Hände. An den Inhalt erinnere ich mich nicht mehr, wohl aber an die Gestaltung. Was fiel mir in die Augen: Uneinheitliche Textformatierung, doppelte Leerzeichen und andere formale Fehler! Ich hatte meinen eigenen Entwicklungsprozess vergessen und mein Bild vom Status Quo als Standard gesetzt.

Vertrauen durch Zutrauen

Auch jede Führungskraft hat einmal angefangen und hat sich ungeschickt ange-stellt sowie einige Fehler gemacht. Diese werden vermutlich nicht die gleichen gewesen sein wie die ihrer Mitarbeiter, doch bestimmt welche, die erfahrene Mit-arbeiter und Führungskräfte hätten schmunzeln lassen. Dumm nur, dass sich die Führungskraft daran so wenig erinnert wie ich mich an meine stümperhaften An-fänge auf der Computertastatur. Sonst würde sie milder und für die Motivation des Mitarbeiters günstiger reagieren.

Eine zweite Variante desselben Fehlers betrifft nicht das *Was* jemand tut, sondern das *Wie*. Erkennen Sie sich wieder: Sie beobachten, dass ein Mitarbeiter seine Ar-beit anders organisiert, in einer anderen Reihenfolge ein Projekt abwickelt, andere Instrumente und Ressourcen einsetzt, kurz auf eine andere Art und Weise an Auf-gaben herangeht als Sie es tun oder tun würden? Wie fällt Ihre spontane innerliche Reaktion aus? „So ist es ungünstig, besser wäre es so ... so wie ich es tun würde!" Natürlich werden Sie oft Recht haben, und Ihr Weg wäre der erfolgreichere. In-teressanterweise ist dies der spontanen Intuition zum Trotz jedoch nicht immer der Fall. Und selbst wenn Ihr Weg der erfolgreichere wäre: Es ist nicht immer bes-ser, jemand anderen dazu zu bringen, den ihm vorgeschlagenen Weg zu wählen, wenn er im Begriff ist, seinen Weg zu gehen. Dies liegt zunächst daran, dass der-selbe Weg, welcher einem Menschen leicht fällt, einem anderen Schwierigkeiten bereitet. In diesem Fall wäre er womöglich mit einem Umweg besser bedient. Ein weiterer Grund liegt in unserem Bedürfnis nach Handlungsfreiheit und Selbstwirk-samkeit: Wenn ich einen Weg frei wählen kann und auf diesem zum Ziel gelange, ist mir dies in der Regel mehr wert und löst bei mir eine höhere Motivation aus, als wenn mir jemand anderes einen Weg vorgibt, auch wenn dieser etwas schneller oder leichter zum Ziel führt.

Betrachten wir noch einen dritten Grund, warum Führungskräfte dazu neigen, im Rahmen von Kontrollen zu viel und zu hart zu kritisieren und das Loben zu vernachlässigen. Dieser betrifft unsere Wahrnehmung und unsere Bewertung von Informationen. Ob wir etwas als gut oder schlecht, als lobens- oder tadelnswert empfinden, hängt ganz entscheidend davon ab, was wir erwarten. Entspricht ein Verhalten unseren Erwartungen, werden wir es als positiv einstufen. Bleibt es hin-ter unseren Erwartungen zurück, so bewerten wir es negativ. Wir haben schon da-rüber gesprochen, dass der Maßstab unglücklich sein kann. Wenn etwa das eigene Leistungsniveau oder aber die eigenen rein subjektiven Vorlieben als Referenz gewählt werden, dann erscheinen manche Leistungen ungerechtfertigter Weise schwach (oder hoch, z.B. dann, wenn man die Leistung eines Mitarbeiters in einem Bereich, der für die Führungskraft böhmische Dörfer darstellt oder in dem sie selbst praktisch gescheitert ist, vergöttert).

Eine zusätzliche Verzerrung kann einen weiteren unheilvollen Effekt für die Wahrnehmung im Rahmen von Kontrollen haben. Zu der Verzerrung kommt es, weil die Gewohnheit unsere Erwartungen und damit auch unser Urteil beeinflusst. Eine Leistung eines Mitarbeiters erscheint Ihnen außergewöhnlich gut. Schön, dann werden Sie dies dem Mitarbeiter im Rahmen einer Kontrolle sicher zurückmelden. Und der Mitarbeiter wird positive Gefühle entwickeln, die ihn bestärken, seine Energien weiterhin einzusetzen. Außerdem wird es ihm leichter fallen, den Hinweis auf Verbesserungsmöglichkeiten konstruktiv aufzunehmen.[37] Doch wenn dieser Mitarbeiter dieselbe Leistung auch bis zur nächsten und zur übernächsten Kontrolle beibehält, dann wird sie Ihnen weniger auffallen. Irgendwann werden Sie diese Leistung als normal empfinden und sie nicht mehr als etwas Besonderes wahrnehmen — es sei denn, die Fehler und schwachen Ergebnisse anderer Mitarbeiter sorgen für einen starken Kontrast. Und wenn Sie die Leistung gar nicht mehr als herausragend wahrnehmen, werden Sie im Rahmen der Kontrolle auch kaum auf sie zu sprechen kommen. Allerdings fällt Ihnen natürlich sofort auf, wenn dem Mitarbeiter ein ungewöhnlicher Fehler unterläuft. Ein Umstand, der selbstverständlich angesprochen wird. Im Ergebnis ergibt sich ein Ungleichgewicht aus Lob und Kritik, das die Kontrolle als Instrument der Gängelung erscheinen lässt. Umgekehrt kann es natürlich auch sein, dass einer Führungskraft eine Leistung eines Mitarbeiters positiv auffällt, welche sie bei anderen für selbstverständlich hält und gar nicht wahrnimmt.

Das Phänomen des Selbstverständlichen betrifft nicht nur die Gewöhnung.[38] Manche Arbeitsbereiche und Stellen, bieten kaum Möglichkeiten, positiv aufzufallen, jedoch viele Möglichkeiten, durch Fehler negativ ins Rampenlicht zu treten. Assistenten, Mitarbeiter des technischen Supports oder aus der Reinigung fallen auf, wenn Fehler auftreten, und bleiben oft unsichtbar, solange sie ihre Arbeit makellos verrichten. Andere Jobs oder Arbeitsfelder machen es viel leichter, mit guter Arbeit positiv wahrgenommen zu werden. Ein Außendienstler, der einen großen Vertrag abschließt, wird gefeiert. Dem *Halo-Effekt* sei Dank vergessen oder übersehen wir dabei, dass er auch wegen seines geringen Engagements lange erfolglose Perioden hatte. Der Halo-Effekt bezeichnet die Tendenz, dass wir von bekannten Eigenschaften einer Person auf unbekannte schließen. Wenn uns jemand sympathisch ist, schließen wir z. B. auch ohne weitere Belege darauf, dass er kompetent und großzügig ist. Und so ist es psychologisch sowohl verständlich als auch unheilvoll, dass ein Mitarbeiter aus dem IT-Support eher kritisiert und weniger gut beurteilt wird als ein Mitarbeiter aus dem Vertrieb. Gegen die Strahlkraft eines Vertriebserfolgs kommen die Funken eines Bug-Fixes kaum an.

---

[37] Mehr zu den Chancen und Risiken von negativen Feedback erfahren Sie in Kapitel 7 „Motivation durch Kritik"

[38] Ausführlich setze ich mich mit dem Phänomen im Zusammenhang mit Erwartungen und Zufriedenheit in Kapitel 6 „Überzeugung durch Akzeptanz" auseinander.

Kontrollen münden in eine Beurteilung; und einer Beurteilung geht üblicherweise eine Kontrolle voraus. Abgesehen davon, dass Fehler in der Beurteilung die Führung und das Unternehmen oft unmittelbar teuer zu stehen kommen — etwa wenn sie zu unglücklichen Personalentscheidungen führen — bescheren sie negative Gefühle. Eine als inadäquat empfundene Beurteilung kann extrem demotivieren und die Beziehung eines Mitarbeiters zu seiner Führungskraft langfristig belasten. Oft handeln die eindrucksvollsten Erinnerungen an die Schulzeit von ungerechten Lehrerurteilen. Aus diesem Grund sollte jede Führungskraft behutsam vorgehen und versuchen, Verzerrungen durch die enorme Bandbreite bekannter Beurteilungsfehler zu vermeiden.

Fehler in der Beurteilung können *systembedingt*, *beurteilerbedingt* und *mitarbeiterbedingt* auftreten. Am System oder äußeren Umständen liegt z.B., wenn die Führungskraft zu wenige Möglichkeiten hat, die Leistung eines Mitarbeiters zu beurteilen. Gerade dann besteht die Gefahr, dass herausragende Ereignisse wie z.B. eine Erkrankung oder eine außergewöhnliche Belastungssituation das Gesamturteil ungerecht beeinflussen. Eine weitere systembedingte Verzerrung kann ungenügenden Vergleichsmöglichkeiten oder Vergleichen mit inadäquaten Bezugspunkten, sogenannten *Ankern*, geschuldet sein. Wenn in einem Unternehmen nur ein Auszubildender beschäftigt wird und dessen Leistung mit der von langjährigen Vollzeitkräften verglichen wird, mag er ganz anders beurteilt werden, als wenn seine Leistung mit der anderer Auszubildenden im gleichen Lehrjahr abgeglichen werden kann. Aber sowohl der Vergleich mit einer adäquaten Bezugsgruppe als auch die Konzentration auf einen absoluten Maßstab mag problematisch sein. Denn dann führte folgende Erkenntnis aus der Praxis dazu, dass manche Mitarbeiter praktisch nie aufrichtig gelobt werden können: Ein leistungsschwacher Mitarbeiter leistet an seinem guten Tag immer noch weniger als ein leistungsstarker an seinem schlechten. Die Wahl adäquater Beurteilungsmaßstäbe ist nicht einfach, doch stets sollte der Vergleich mit sich selbst und damit die Leistungsentwicklung mit einfließen. Denn nur dann kann die positive Leistungsentwicklung eines schwachen Mitarbeiters anerkannt werden, obgleich seine Leistung verglichen mit einem externen Maßstab oder mit dem Durchschnitt immer noch gering ausfallen mag.

Schließlich möchte ich an dieser Stelle noch auf die systembedingte Gefahr verweisen, die von im Unternehmen eingesetzten Bewertungsverfahren und -kriterien ausgeht. Werden diese nicht der Arbeit des einzelnen Mitarbeiters gerecht, so ist Frustration ebenso vorprogrammiert, wie wenn die Beurteilung durch systembedingte Grenzen verfälscht wird. Sowohl im öffentlichen Dienst als auch in der Privatwirtschaft muss so manche Führungskraft ihrem Mitarbeiter erklären, dass sie ihn in einer Dimension schlechter beurteilen musste, als sie ihn von seiner Leistung her einschätzt. Sei es, weil die Leistung der anderen so gut ist, oder er bereits in anderen Dimension sehr gut beurteilt wurde, oder sei es, weil das Budget für die leistungsorientierten Boni dies nicht zulasse. In jedem dieser Fälle sind die Folgen so verheerend, dass es oft günstiger wäre, überhaupt keine Beurteilung vorzunehmen und keine Boni auszuschütten.

Über einige Beurteilungsfehler, welche direkt an der beurteilenden Führungskraft liegen, haben wir schon kurz gesprochen. Dazu zählt der Halo-Effekt. Wir schließen von für uns auffälligen Eigenschaften auf andere, auch wenn wir für diese keine oder widerstreitende Hinweise haben. Ist ein Mitarbeiter in einer Hinsicht extrem leistungsschwach, so neigen wir dazu, diese Schwäche auf andere Hinsichten zu übertragen. Entsprechendes gilt für Stärken. Fehler ergeben sich außerdem durch übernommene Einschätzungen. Das Bild, das sich uns durch die Urteile anderer oder unsere eigenen bisherigen Urteile ergibt, prägt unsere aktuelle Beurteilung. Schaut eine Führungskraft etwa vor einer Jahresbeurteilung zunächst auf ihre Beurteilung aus dem Vorjahr, so wird es kaum wundern, dass ihr neues Urteil sich dem alten stark ähnelt. Ähnliches tritt auf, wenn ein Manager einen Mitarbeiter aus einem anderen Team erhält, der ihm durch den bisherigen Teamleiter als leistungsschwach beschrieben wird. Nicht nur, dass hier ein Mitarbeiter ungerechtfertigter Weise demotiviert werden kann, eröffnet der oben beschriebene Pygmalion-Effekt eine düstere Perspektive für die Entwicklung des Mitarbeiters.

Die Macht des ersten Eindrucks stellt ein weiteres Moment der unsachgemäßen Verzerrung bei der Beurteilung dar. Denn das Bild, was wir uns gleich zu Beginn von jemandem machen, sorgt zusammen mit unserem Drang, unsere Urteile zu bestätigen, dem *Confirmation Bias*, dafür, dass wir selektiv wahrnehmen. Was unsere Auffassung bestätigt, nehmen wir wahr, was ihr widerspricht, blenden wir aus oder interpretieren wir um.

Die Wahrnehmung und die Beurteilung der Leistung eines Mitarbeiters werden natürlich auch durch das Selbstbild und die Präferenzen des Beurteilers beeinflusst. Ist der Beurteiler etwa Controller mit einer hohen Affinität für Zahlen wird er den Buchhalter ganz anders betrachten als den Kreativen aus dem Marketing. Unheilvoll kann sich in diesem Zusammenhang eine in der Psychoanalyse angenommene unbewusste Neigung auswirken, nämlich dass wir das, was wir an uns nicht schätzen, auf andere projizieren und dort monieren.

Beurteilungsfehler können sich auch direkt aus dem Mitarbeiterverhalten ergeben. So neigen Mitarbeiter unterschiedlich stark zu rollenkonformen Verhalten. Manche passen ihr Verhalten in Situationen, bei denen sie sich von ihrer Führungskraft beobachtet fühlen, stark an die vermeintlichen Erwartungen an. Während etwa ein Mitarbeiter, sobald der Chef den Raum betritt, hektisch und konzentriert zu arbeiten beginnt, genießt sein Kollege weiterhin seine kurze Pause, indem er privat im Internet surft. Menschen unterscheiden sich außerdem auf der Achse Introversion — Extraversion. Viele Experimente zeigen, dass extrovertierte Mitarbeiter besser beurteilt werden als introvertierte, auch wenn dies für die in Frage stehende Leistung keine Rolle spielt. Der Spruch „Tue Gutes und rede darüber" ist nach wie vor berechtigt.

Kontrollen können also Segen und Fluch zugleich sein. Doch lassen sich viele problematische Züge von Kontrollen beheben oder deutlich abmildern. Dazu gilt es zunächst die Kontrolle zu beschränken. Im Vordergrund sollten Aspekte stehen, welche der Führungskraft und dem Mitarbeiter nützen. Und dieser Nutzen sollte transparent gemacht werden. Ein Manager könnte beispielsweise erklären: „In dieser Phase möchte ich gerne mit dir den Status der Aufgabe besprechen. Mir geht es um die und die Aspekte. Dann haben du und ich entweder die Gewissheit, dass ein großer Teil bereits erfolgreich vollbracht ist, oder noch die Chance, Änderungen vorzunehmen, damit das Projekt am Ende noch zum Erfolg wird." Um Ängste abzubauen, sollte eine konstruktive Fehlerkultur gelebt werden. Eine Toleranz gegenüber einem gewissen Maß an Fehlern sollte einhergehen mit einer Toleranz gegenüber individuellen Unterschieden in der Herangehensweise an Aufgaben und unterschiedlichen Lernniveaus. Bei der Beurteilung sollte die Führungskraft nicht ihre aktuelle Leistungsfähigkeit als Vergleichsmaßstab heranziehen, sondern einen Maßstab, der auch den bisherigen Entwicklungsstand des Mitarbeiters berücksichtigt. Dieses Vorgehen leistet auch einen Beitrag dazu, dass die Führungskraft im Rahmen von Kontrollen mehr lobt. Überhaupt sollten Kontrollen neben negativen stets auch positives Feedback beinhalten. Dazu sollte die Führungskraft sich der Verzerrung durch die Gewohnheit bewusst sein. Insbesondere solide Dauerleistungen werden zu wenig wahrgenommen. Als besonders hilfreich erweisen sich in diesem Fall, und auch um anderen Beurteilungsfehlern zu entgehen, regelmäßige Aufzeichnungen zu zuvor transparent gemachten Bewertungsdimensionen.

3.6 Das Kapitel kompakt

Zutrauen ist das Vertrauen in das Können und Wollen sowie das Einräumen von Handlungsfreiheit. Zutrauen wirkt sich positiv auf die Motivation, die Leistungsbereitschaft, sowie die tatsächliche Leistung und Entwicklung aus. Neben dem Vertrauen in sich selbst wächst auch das Vertrauen in den Zutrauenden, die Führungskraft.

Da wir unseren Glauben in die Fähigkeiten und die Motivation anderer Menschen nicht unmittelbar steuern können, kommt es vor allem auf unser Verhalten in der Führung an. Als Faustregel bietet es sich an, Mitarbeiter so zu behandeln, als wären sie schon ein oder zwei Entwicklungsschritte weiter, als wir meinen. Das sichtbarste Zeichen des Zutrauens offenbart sich im Verhalten einer Führungskraft, wenn sie ihren Mitarbeitern große Freiheiten einräumt. Dabei sollte die Führungskraft deutliches Interesse an den Ergebnissen jedes einzelnen Mitarbeiters signalisieren, was die Mitarbeiter als eine hohe Erwartungshaltung erleben. Dadurch verhindert die Führung, dass Freiheit demotivierend als Desinteresse missverstanden wird.

Interesse an den Ergebnissen ist nur dann glaubhaft, wenn die Leistungen auch in Augenschein genommen werden. Kontrollen sind nötig, damit Handlungsfreiheit nicht als Desinteresse aufgefasst wird. Ohne Kontrollen können zudem Leistungen nicht aufrichtig anerkannt werden. Obgleich Kontrollen noch eine Reihe weiterer Vorzüge mit sich bringen, die Vertrauen und Motivation fördern können, so laufen sie doch auch Gefahr, genau das Gegenteil zu erwirken. Die Führung kann diese Gefahren abwenden oder begrenzen, wenn sie von ihrer subjektiven Perspektive unabhängige Maßstäbe heranzieht, wenig kontrolliert, sich gegenüber Fehlern, Diversität und Lernniveaus tolerant verhält, sie stets auch Positives hervorhebt und versucht, bekannte Beurteilungsfehler zu vermeiden.

Das Kapitel in einem Satz

Vertrauen durch Zutrauen
Räumen Sie Ihren Mitarbeitern viele Freiheiten ein, signalisieren Sie hohe Erwartungen an ihre Leistung und demonstrieren Sie im Rahmen von Kontrollen echtes Interesse an den Ergebnissen.

Sicherung und Praxistransfer

Wissen		Handeln	
Relevanz	*Was fand ich interessant?*	Ziel	*Was nehme ich mir vor?*
Speicher	*Was möchte ich mir merken?*	Umsetzung	*Wie werde ich dazu vorgehen?*
Vertiefung	*Welchen Fragen möchte ich nachgehen?*	Kontrolle	*Wann möchte ich meinen Erfolg prüfen?*

Teil 2: Kommunikation

4   Einvernehmen durch Verstehen

Wie Sie Einvernehmen erlangen, indem Sie Ihr Gegenüber in mehreren Hinsichten verstehen

Nur weil mein Gegenüber mich versteht, ist es noch nicht schon einverstanden – aber nur einen Steinwurf weit entfernt. Nur weil ich mein Gegenüber verstehe, ist es ebenfalls noch nicht einverstanden – aber nur noch einen Schritt weit entfernt.

Hans konnte nicht sprechen. Daher antwortete er auf die Fragen, die ihm sein Lehrer, Wilhelm von Osten, stellte, durch Klopfen oder Nicken bzw. Schütteln des Kopfes. Auf diese Weise gelang es Hans, arithmetische Aufgaben zu lösen und Wörter zu buchstabieren. Dies wäre nicht weiter erwähnenswert, wenn Hans ein Kind gewesen wäre. Doch Hans, der um 1900 lebte, war ein Pferd, das wegen seiner Fähigkeiten auch „der kluge Hans" genannt wurde. Der Umstand, dass Hans auf Fragen richtig antwortete, ließ nicht nur vermuten, dass er rechnerische Fähigkeiten besaß, sondern natürlich auch die geäußerte Frage verstanden hat. Eine 1904 eingesetzte Expertenkommission kam allerdings zu dem Schluss, dass Hans sprachliche Äußerungen ebenso wenig verstand wie er rechnen oder buchstabieren konnte. Gleichwohl konnte ausgeschlossen werden, dass der Lehrer einen Trick angewendet hatte. Denn auch wenn der Lehrer abwesend war und Fremde Hans mit Aufgaben konfrontierten, vermochte Hans, die korrekte Antwort auf seine Art hervorzubringen. Auf die Schliche kam ihm ein ambitionierter Psychologe, der beobachtete, dass Hans mutmaßliche mathematische Fähigkeit eng mit der mathematischen Fähigkeit des Fragenden zusammenhing. Irrte der Fragende über die korrekte Antwort seiner mathematischen Aufgabe, produzierte Hans denselben Fehler. Und war der Fragende selbst um eine Antwort verlegen, so tappte Hans auch mit seinen Hufen ins Leere.

Doch wie war es Hans wenigstens in vielen anderen Fällen möglich, eine korrekte Antwort zu produzieren, wenn er weder die Frage verstand, noch rechnen konnte? Hans besaß die Fähigkeit, feinste Nuancen in der Mimik und Gestik des Gesprächspartners wahrnehmen. Unbewusst nahmen die Fragenden eine angespannte Haltung ein, sobald Hans anfing, mit seinen Hufen zu klopfen. Wenn die richtige Antwort genannt wurde, entspannten die Fragenden. Hans nahm dies wahr und hörte augenblicklich auf zu klopfen. Auch wenn Hans nicht rechnen konnte. Irgendwie schien er seinen Lehrer und dessen Äußerung doch verstanden zu haben. Zumindest teilweise war die Kommunikation geglückt. Inwiefern hat Hans seinen Herrn verstanden? Und inwiefern nicht? Eine Auflösung finden Sie am Ende des Kapitels. Vorher wenden wir uns dem Verstehen und der Kommunikation bei Menschen zu.

Abb. 3: Der kluge Hans

Wenn wir an erfolgreiche Kommunikation denken, so denken wir vielleicht an eloquente, argumentationsstarke Sprecher, die mit messerscharfem Witz, emotionaler Wertschätzung und rhetorischer Finesse ihre Gesprächspartner zu Einsichten führen oder zu Handlungen motivieren. Betrachten wir erfolgreiche Redner in Unternehmen, in der Politik, in Talkrunden oder bei Meetings, so fällt uns nicht so sehr ihr Schweigen und Zuhören, sondern besonders ihr aktiver, gestalterischer Beitrag ins Auge. Dabei neigen wir dazu, eine eher passive, jedoch häufig erfolgsentscheidende Komponente zu übersehen: Das Verstehen des Anderen und dessen Beiträge bildet quasi das unsichtbare Fundament erfolgreicher Gesprächsstrategien und -techniken. Genauso wie das Spiel eines Arztes mit unterschiedlichen therapeutischen Maßnahmen einem Hornberger Schießen gleicht, wenn ihm keine gründliche Diagnose vorausgeht, wäre der Einsatz von rhetorischen und dialektischen Kommunikationsinstrumenten nicht effizient und wenn, dann nur zufällig effektiv, wenn das Gegenüber zuvor nicht erfolgreich verstanden worden wäre.

Es gibt noch einen weiteren Grund dafür, warum der Erfolg eines jeden noch so ausgefeilten und eleganten kommunikativen Manövers darauf beruht, dass es dem Sprecher gelingt, seinen Gesprächspartner zu verstehen. Schließlich hängt die Bereitschaft des Gesprächspartners, dem Sprecher seine Aufmerksamkeit zu schenken und seine Botschaft wohlwollend aufzunehmen, nicht unwesentlich von seinem Gefühl ab, in welchem Maße der Sprecher sich seinerseits müht, sein Gegenüber zu verstehen. Mein Verständnis des Anderen bereitet also in doppelter Weise das Einverständnis vor — erstens als diagnostische Grundlage für meine strategischen Manöver und zweitens als Signal an das Gegenüber, ihn und seine Haltung wertzuschätzen, was die Bereitschaft, mir entgegenzukommen und meine Position zu akzeptieren, erhöht. Durch Verständnis bereite ich das Einverständnis vor.

Für das Einverständnis meines Gesprächspartners ist allerdings nicht bloß erforderlich, dass ich ihn verstehe, sondern umgekehrt auch, dass er mich versteht. Wie soll mein Partner zustimmen, wenn er mich mit meinem Beitrag nicht oder nicht richtig verstanden hat? Um mein Gegenüber zu überzeugen und zu bestimmten Handlungen zu motivieren, komme ich nicht umhin, dafür zu sorgen, dass er mich versteht. Der Erfolg von Kommunikation steht und fällt also mit dem Verstehen. Dies ist Grund genug, zunächst einmal das Verstehen genauer unter die Lupe zu nehmen. In diesem Kapitel erfahren Sie, wie Sie die *Äußerung* eines Sprechers verstehen, wie *Kommunikation* funktioniert und wie Sie den *Sprecher* einer Äußerung verstehen. Im nächsten Kapitel erwerben Sie das Rüstzeug, wie Sie sicherstellen, dass Sie verstanden wurden.

4.1 Sinn und Unsinn: Die Äußerung eines Sprechers verstehen

Unser Seh- und unser Hörsinn spielen beim Verstehen und Missverstehen eine bedeutende Rolle. Sieht man einmal von dem Tastsinn ab, der es geschulten Menschen ermöglicht, z. B. die Zeichen auf einer Medikamentenpackung zu dekodieren, so lässt sich, ohne zu übertreiben, festhalten, dass ohne Augen und Ohren keinerlei kommunikatives Verstehen möglich ist. Doch was uns unsere Sinne übermitteln reicht oft nicht aus. Wir mögen einen Kommunikationsversuch erkennen, jedoch die Äußerung unseres Gegenübers *akustisch* nicht verstehen. Vielleicht sind die Hintergrundgeräusche einfach zu laut. Jeder der neben einer industriellen Anlage Menschen mit ihren Lippen karpfenartige Bewegungen vollziehen gesehen hat, weiß, was ich meine. Wenn jemand in der Lage ist, eine Lautfolge zu wiederholen, dann ist dies ein sicheres Indiz dafür, dass er die Äußerung akustisch verstanden hat.

Einvernehmen durch Verstehen

Zweifellos leistet das akustische oder allgemeiner das *perzeptive Verstehen*, was die visuelle Wahrnehmung mit einschließt, einen wesentlichen Beitrag für die Kommunikation. Umgekehrt verbürgt es noch lange nicht, dass der Sprecher zufriedenstellend verstanden wurde. Sogar ein Papagei kann in der Lage sein, die Lautfolge ganzer Aussagen zu imitieren. Zwar stellt dies ein sicheres Zeichen für seine Merkfähigkeit und sein akustisches Verstehen dar. Jedoch nehmen wir nicht an, dass der Papagei die Aussage in einem anspruchsvolleren Sinn verstanden hat. Eine ausreichend präzise *Wahrnehmung* des Signals, welches der Sprecher für die Kommunikation hervorbringt, schafft demnach eine Grundlage für eine gelingende Kommunikation, stellt diese allein jedoch noch nicht sicher.

Auch menschliche Zuhörer mögen entscheidende Aspekte einer Äußerung nicht verstehen oder missverstehen, obgleich sie diese akustisch fehlerfrei verstanden haben. Dies ist z. B. der Fall, wenn wir den optimalen Wahrnehmungsbedingungen zum Trotz die sprachliche *Bedeutung* der verwendeten Worte nicht kennen. So mögen wir die Sprache des Sprechers nicht beherrschen oder die verwendeten Ausdrücke nicht zu unserem Wortschatz zählen. Eine Führungskraft, die gegenüber ihrem gewerblichen Mitarbeiter betont, wie wichtig es sei, dass die Prozesse *akzeleriert* würden, schafft neben sozialer Abgrenzung vor allem Eines: Unverständnis. Der Einsatz von Fremdwörtern oder Neologismen — neue, häufig dem Englischen entlehnte Wortkreationen — kann dazu dienen, eine Verständnishürde zu errichten, um dem Gegenüber ein schlechtes Gefühl zu geben oder ihn zu dominieren.

Zugegeben: Nicht nur Soziologen wissen, dass Fremdwörter oder bestimmte Neologismen die Zugehörigkeit zu einer bestimmten Gruppe markieren können, was für den Einzelnen durchaus mit Vorteilen verbunden sein kann. So signalisiert die flüssige Verwendung von Fremdworten oder Fachtermini bei denen, die mit diesen Ausdrücken regelmäßig umgehen, Kompetenz und Nähe. Wenn unser Gegenüber mit uns in einer uns vertrauten Sprache mit uns geläufigen Fachtermini vielleicht sogar in unserer Mundart spricht, so fühlen wir uns ihm in der Regel verbunden. Vertrautheit und Ähnlichkeit erzeugen Sympathie, und Sympathie öffnet uns für die Ausführungen unseres Gegenübers mindestens in dem Grade, wie Antipathie uns voreingenommen werden lässt.[39] Und selbst wenn die Zuhörer die Bedeutung dieser Ausdrücke nicht kennen, mögen sie dem Sprecher Respekt zollen und ihm Kompetenz zuschreiben.

Allerdings schafft der Sprecher in diesem Fall auch Distanz: Denn das Unverständnis geht mit negativen Gefühlen einher. Als Zuhörer leidet oft das Selbstwertgefühl, wenn man Aussagen sprachlich nicht versteht. Dies gilt vor allem dann, wenn der

---

[39] Vgl. Cialdini *Die Psychologie des Überzeugens* S. 237ff.

Sprecher die Fremdworte mit der Haltung des Selbstverständlichen verwendet. Insofern ist zunächst zweifelhaft, wenn ein Verkäufer oder Vertriebler einem Interessenten die Eigenschaften eines Produkts in einem diesem nicht vertrauten Fachjargon herunterbetet. Umgekehrt kann der Vertriebsmitarbeiter durch Fachausdrücke und Fremdwörter den Eindruck erwecken, er sei gebildet und fachlich kompetent.

Fachausdrücken und Fremdwörtern haftet also etwas Janusköpfiges an: Sie können Distanz schaffen, und sie können Nähe herstellen. Was der Sprecher durch die Fremdwörter erreicht, hängt von seinem Gegenüber ab. Und dieses kann er manchmal einschätzen, oft aber auch nicht. Im letzteren Fall empfiehlt es sich, entweder auf Fremdwörter und Fachausdrücke sicherheitshalber zu verzichten, oder aber sie auf eine Weise einzusetzen, dass die negativen Effekte minimiert werden. Und die Technik, die mir dafür günstig erscheint, kennen Sie bereits. Jedes Fremdwort, von dem ich mir nicht sicher bin, dass meine Zuhörer oder Leser es verstehen, erläutere ich in Form einer Parenthese — einem Einschub, mit dem ich die Bedeutung des Fremdworts im Anschluss kurz und unauffällig angebe. Einem Zuhörer oder Leser, dem das Fremdwort schon geläufig ist, fällt dieser Zusatz kaum auf. Und einem Zuhörer oder Leser, dem das Fremdwort bis dahin unbekannt oder unklar war, bleiben negative Gefühle erspart. Zudem bleibt er nicht an einem unverstandenen Wort hängen, sondern kann sich voll auf den weiteren Gesprächsverlauf konzentrieren.

Zweifellos ist das Wissen um die sprachliche Bedeutung der verwendeten Wörter hilfreich, um zu verstehen, was der Sprecher uns mitteilen möchte. Ist die Kenntnis des sprachlichen Sinns aber auch notwendig, um zu erkennen, was ein Sprecher mitteilen will? In Paris hielt ich einmal in meiner Verzweiflung darüber, dass ich keinen zulässigen Parkplatz fand, in einer Einfahrt. Daraufhin kam ein wutentbrannter Franzose auf mich zu, fuchtelte mit seinen Armen und redete mit für meine rudimentären Französischkenntnisse unverständlichen Formulierungen lautstark auf mich ein. Obgleich mir der sprachliche Sinn seiner Wörter verschlossen blieb, vermute ich, dass ich verstand, was er mir mitzuteilen beabsichtigte. Nonverbale Signale und die Art der Äußerungssituation erlauben es manchmal, auch ohne Kenntnis des sprachlichen Sinns korrekt zu erfassen, was ein Sprecher mitzuteilen beabsichtigt. Dass ich mit meiner Interpretation nicht so falsch liegen konnte, verriet mir abermals die Körpersprache des Sprechers, genauer seine Mimik: Als er mich davonfahren sah, offenbarte mir ein Blick in den Rückspiegel, dass sich seine Mine wieder aufhellte. Kommunikation kann also auch ohne sprachliche Kenntnisse gelingen. Zweifellos ist lexikalisches und grammatisches Wissen jedoch oftmals die Voraussetzung für gelingende Kommunikation und noch öfter hilfreich.

Sprachliches Wissen alleine beseitigt jedoch nicht immer alle Unklarheiten. Betrachten wir die Äußerung „Faule Außendienstmitarbeiter und Innendienstmitarbeiter verbringen viel Zeit auf der Bank." Allein das sprachliche Wissen um die Bedeutung der verwendeten Worte und Art der grammatischen Verbindung lässt noch Mehrdeutigkeiten offen. So wird durch unsere Sprachkompetenz nicht festgelegt, ob in dem Satz von faulen Außendienstmitarbeitern und faulen Innendienstmitarbeitern oder von faulen Außendienstmitarbeitern und von Innendienstmitarbeitern im Allgemeinen die Rede ist. Der Linguist spricht hier von einer *syntaktischen Ambiguität*, einer grammatischen Zweideutigkeit, die daher rührt, dass der Skopus, die Reichweite, des Attributs „faule" unbestimmt bleibt. Darüber hinaus weist der Satz eine *lexikalische Ambiguität* auf: Das Substantiv „Bank" ist ein *Homonym* — ein Wort, das mehrere Bedeutungen trägt: die Sitzgelegenheit oder das Geldinstitut. Der Satzzusammenhang allein ermöglicht noch nicht zu entscheiden, welche dieser möglichen Bedeutungen hier zutreffend ist. In der Regel hilft der sprachliche und nicht sprachliche Kontext, also der Zusammenhang der Äußerung, lexikalische und syntaktische Mehrdeutigkeiten aufzulösen. So würde klar werden, welche Lesart der Sprecher der Beispieläußerung beabsichtigte, wenn er fortführe mit: „Einzig die engagierten Außendienstmitarbeiter sind permanent bei ihren Kunden vor Ort."

Manchmal sorgt schon die Betonung dafür, dass wir erkennen, welche sprachliche Bedeutungsoption dem Sprecher vorschwebte. Missverständnisse können in manchen Zusammenhängen böse Folgen haben, etwa wenn ein Fahrschüler, der die Aussage seines Fahrlehrers, er solle das Hindernis um*fahre*n, versteht als Aussage, er solle das Hindernis *um*fahren. Besonders hoch ist die Wahrscheinlichkeit eines derartigen Missverständnisses, wird ein Medium gewählt, das die Betonung nicht überträgt, wie es unsere Stimme vermag. Stellen Sie sich die Vorstandsassistentin vor, die vor einer Aufsichtsratssitzung von Ihrem Chef folgende knappe Anweisung per E-Mail erhält: „Ich erwarte, dass Sie das 3-Säulen-Modell umreißen!" Die Zufriedenheit des Vorstands mit dem Verhalten seiner Assistentin während der Sitzung wird ganz entscheidend davon abhängen, ob sie um*reißen* oder *um*reißen verstanden hat. Und davon, was von beidem der Vorstand gemeint hatte.

Angenommen wir verstehen den Sinn der verwendeten Worte, sei es, weil uns die Wörter bekannt sind oder weil uns der Sprecher die Bedeutung erläutert hat. Und nehmen wir weiter an, dass die Äußerung entweder frei ist von Mehrdeutigkeiten oder diese durch den Zusammenhang aufgelöst werden können. Haben wir dann die Äußerung vollständig verstanden? Nicht unbedingt. Denn selbst dann können wir immer noch die Äußerung in wesentlichen Hinsichten nicht verstanden haben. Zum Beispiel könnten wir uns fragen, von welcher Person der Sprecher spricht, wenn er einen Eigennamen wie „Martin Müller" oder sogenannte deiktische, zeigende, Ausdrücke wie „hier", „heute", „dies" oder „er" verwendet. Wir können eine Äußerung im Hinblick auf ihren *Sachbezug* verstehen, nicht verstehen oder gar missverstehen.[40] Glücklicherweise hilft uns oft der Zusammenhang sowohl bei Mehrdeutigkeiten als auch beim Sachbezug, das vom Sprecher Gemeinte zu erkennen. Wenn etwa eine Führungskraft gegenüber ihrer Sekretärin raunzt: „So ein Blödmann: Müller hat mir einen Termin für Montag reingelegt. Der weiß doch, dass ich Urlaub habe. Frau Schmidt, den müssen Sie umlegen!" Dann wird Frau Schmidt zwar vielleicht in Gedanken mit der Pistole auf Müller zielen, jedoch dann brav Herrn Müller um eine Terminverschiebung bitten.

Stellen Sie sich vor, Sie möchten gerade in Ihrem Unternehmen ein Dokument schreddern und erblicken neben dem Aktenvernichter auf dem Boden einen Papierfetzen. Sie möchten diesen gerade entsorgen, da fallen Ihnen die gedruckten

---

[40] Eine in der Sprachphilosophie prominente Kontroverse entbrannte zwischen Betrand Russell und Frederick Strawson. In dieser ging es darum, ob Kennzeichnungen der Form „der/die/das soundso", z.B. „die erfolgreichste Führungskraft in diesem Unternehmen", selbst ein bestimmtes Objekt bezeichnen oder vielmehr der Sprecher mit derartigen Äußerungen auf ein Objekt Bezug nimmt, referiert. Fruchtbare weiterführende Überlegungen finden sich in den Beiträgen von Keith Donellan. Vgl. Russell „On Denoting", „Descriptions and Incomplete Symbols", „Mr. Strawson on Referring", Strawson „On Referring" und Donellan „Reference and Definite Descriptions"

Lettern „Protokoll" mit einer handschriftlichen Notiz ins Auge: „Nächste Woche werde ich es ihm heimzahlen!" Sicher kennen Sie als Sprecher des Deutschen den sprachlichen Sinn der Ausdrücke. Auch ist die Äußerung frei von Mehrdeutigkeiten. Und doch fehlt für ein substanzielles Verständnis dieser Äußerung zumindest das Wissen darum, auf wen sich „ich" und „ihn" beziehen und von welcher Woche die Rede ist. Bei den sogenannten deiktischen Ausdrücken schwankt trotz konstanter sprachlicher Bedeutung der Sachbezug mit dem Kontext der Äußerung: „Ich" verweist in meinem Munde auf eine andere Person als in Ihrem. (Kurios ist die Verwendung in Äußerungen wie „Ich stehe da drüben", in denen „ich" sich ganz offensichtlich nicht auf den Sprecher, sondern auf seinen fahrbaren Untersatz bezieht.) Und in unserem Zettelbeispiel ist es bei dem Ausdruck „ihm" für Sie nicht ganz unwesentlich zu wissen, ob vielleicht Sie gemeint sind!

Doch selbst wenn neben der sprachlichen Bedeutung auch der Sachbezug aller Ausdrücke in einer Äußerung transparent ist, mag unser Verständnis noch dunkle Flecken aufweisen. Zum Beispiel mögen wir unsicher darüber sein, welche Handlung der Sprecher mit seiner Äußerung gerade vollzogen hat. Abgesehen von dem Akt des Äußerns selbst, tun wir mit Äußerungen etwas: Wir vollziehen eine sprachliche Handlung — eine Erkenntnis, für die John Langshaw Austin mit seinen treffend betitelten Vorlesungen „How to do things with words" berühmt wurde. Äußert etwa ein Projektleiter „Herr Meyer, sind Sie nächstes Mal Protokollführer?", so ist für die Zuhörer vermutlich klar, von welchem Herr Meyer die Rede ist, und auf welchen Anlass sich der Projetleiter bezieht. Nicht ganz so klar mag sein, was der Projektleiter mit seiner Äußerung getan hat. Klar, er hat seine Mundwerkzeuge bewegt und auf diese Weise Laute produziert. Aber welche sprachliche Handlung hat er dadurch vollzogen? Die Wortstellung und eine zum Ende ansteigende Intonation, die in der Schrift in dem Symbol eines Fragezeichens am Satzende eine Entsprechung findet, deuten darauf hin, dass er eine Frage gestellt hat. Und vielleicht hat der Sprecher dies auch. Nur ist es genauso denkbar, dass er eine Bitte geäußert, eine Feststellung getroffen, eine Drohung ausgesprochen oder einen Befehl gegeben hat. Auch sind Kombinationen möglich wie z. B. Fragen und Bitten, wobei oft der fragende Anteil eine untergeordnete Rolle spielt. Mit vielen Äußerungen, die grammatisch zu Recht als Fragen klassifiziert werden, wird gar keine Frage gestellt oder nur in einer sehr schwachen Form. Dies können Sie selbst testen, indem Sie auf die Reaktion achten, wenn Sie auf der Straße das nächste Mal gefragt werden „Wissen Sie, wie spät es ist?" und nach einem prägnanten „Ja" einfach weitergehen. In den Sprachwissenschaften wird die Handlung, welche ein Sprecher zusätzlich zum Äußerungsakt vollzieht, in der Folge von Austin und seinem Schüler Searle „Illokution" oder „Sprechakt" genannt. Searle unterscheidet fünf Gruppen von Sprechakten[41]:

- *Assertive*[42]: Sprechakte, mit denen eine Wahrheit ausgedrückt wird, wie vermuten, behaupten, entgegnen
- *Direktive*: Sprechakte, mit denen der Sprecher versucht, beim Gegenüber eine bestimmte Handlung hervorzurufen, wie fragen und befehlen
- *Kommissive*: Sprechakte, mit denen der Sprecher sich auf eine zukünftige Handlung festlegt, wie versprechen, drohen, anbieten
- *Expressive*: Sprechakte, mit denen der Sprecher einen psychischen Zustand ausdrückt, wie danken, entschuldigen, gratulieren, grüßen
- *Deklarationen*: Sprechakte, mit denen der Sprecher den Zustand in einer gesellschaftlichen Institution ändert, wie taufen, ehelichen, einstellen, befördern

Um zu erkennen, welchen Sprechakt oder welche Sprechakte ein Sprecher mit seiner Äußerung vollzieht, spielt oft die Intonation, der Zusammenhang, die Mimik und die Gestik eine wesentliche Rolle. Es ist möglich, dass Sprecher explizit ausdrücken, welchen *Sprechakt* sie mit ihrer Äußerung gerade vollziehen. So könnte der Projektleiter etwa seine Äußerung entsprechend einleiten: „Hiermit ordne ich an, dass Sie, Herr Meyer, das nächste Mal die Protokollführung übernehmen." (Auch für diesen Fall existiert in der Sprachphilosophie ein sehr eingängiger *terminus technicus*: „explizit performative Äußerung".) Doch das ist nicht nur die Ausnahme, sondern auch nicht immer sehr zuverlässig. Wenn der Projektleiter äußert „Ich stelle fest, Müller ist wieder 10 Minuten zu spät", dann tut Herr Müller bestimmt gut daran, diese Äußerung nicht (bloß) als eine Feststellung zu verstehen. Die eindeutige Kennzeichnung des Sprechers kann auch auf den Holzweg führen!

Wann ist Kommunikation erfolgreich? Weder wenn der Hörer die Äußerung akustisch verstanden hat, noch wenn er ihren sprachlichen Sinn kennt, weder wenn er den Sachbezug erkennt, noch wenn er die Sprechhandlung identifizieren kann. Die Kommunikation ist genau dann erfolgreich, wenn der Sprecher das erfasst, was der Sprecher *mitteilen* wollte. Die *Mitteilung* hängt natürlich irgendwie mit den anderen Hinsichten des Verstehens zusammen. Und doch garantiert das Verstehen in den anderen Hinsichten noch nicht, dass der Hörer die Mitteilung des Sprechers erfasst.

---

[41] Vgl. Searle *Speechacts*

[42] Dies ist die Bezeichnung in neueren Schriften von Searle. In seinem klassischen Werk Speechacts nennt Searle diese Klasse von Sprechakten noch „Repräsentative".

Einvernehmen durch Verstehen

Halten wir fest: Wir können eine Äußerung in fünf Hinsichten verstehen oder missverstehen:

- Akustik
- Bedeutung
- Sachbezug
- Sprechhandlung
- Mitteilung

Der vielleicht interessanteste Aspekt des Verstehens und Missverstehens hat Lin-
guisten beinahe verzweifeln lassen: Oftmals geben Sprecher mit ihren Äußerungen
etwas ganz anderes zu verstehen, als es der Sinn der Worte nahelegen würde. Eine
Mitarbeiterin äußert, es sei ganz schön kalt hier, und gibt uns zu verstehen, dass
ihr Kollege bitte das Fenster schließen möge. Eine Führungskraft äußert über einen
Mitarbeiter, er sei bemüht und noch nicht negativ auffällig geworden, und gibt
damit zu verstehen, dass fraglicher Mitarbeiter leistungsschwach und erfolglos ist.
Oder ein Projektleiter sagt „Herr Meyer, sind Sie nächstes Mal Protokollführer?" und
gibt damit zu verstehen, dass sich Herr Meyer inkorrekt verhalten habe und sein
Verhalten in Zukunft ändern sollte, wenn er negative Sanktionen wie die Verantwortung für das Protokoll vermeiden möchte.

Bemerkenswerterweise können Sprecher sich die mögliche Kluft zwischen etwas
sagen und etwas meinen zunutze machen. Nicht nur vor Gericht und bei Verträ-
gen, sondern auch in der alltäglichen Kommunikation werden wir in der Regel an
dem gemessen, was wir sagen bzw. schreiben, und nicht an dem, was wir darüber
hinaus mitteilen. Nehmen wir z. B. an, dass sich der Projektleiter über Herrn Meyer
ärgert. Er weiß, dass Herr Meyer am Vorabend auf einer privaten Feier war, und
nimmt ihm übel, dass er zu spät und scheinbar deutlich verkatert erscheint. Seiner
Verärgerung gibt der Projektleiter ein Ventil, indem er in dem Protokoll notiert:
„Heute erscheint Herr Meyer betrunken und 10 Minuten zu spät." Herr Meyer, dem
für die kommende Sitzung die Protokollführung übertragen wird und den diese
kritische Notiz wurmt, notiert nun seinerseits in seinem Protokoll eine Woche darauf: „Heute erscheint der Projektleiter nüchtern und pünktlich." Es fällt leicht,
sich die Reaktion des Projektleiters auf diesen Eintrag vorzustellen. Vermutlich
wird er Herrn Meyer zur Rede stellen, was er sich denn erlauben würde, ihn durch
Unwahrheiten in ein derartig negatives Licht zu stellen. Doch Herr Meyer könnte
gelassen entgegnen, dass das, was er geschrieben habe, der Wahrheit entspräche.
Dies wirft nicht nur die philosophische Frage auf, was eine Lüge sei,[43] und die moralische Frage, unter welchen Bedingungen eine Lüge zulässig ist. Auch im Hinblick

---

[43] Siehe mein Buch *Wahrheit in der Moral*, S. 158f.

auf die Kommunikation ergibt sich ein elementare Frage: Wie ist es möglich, mit der wahren Aussage, jemand sei heute nüchtern und pünktlich, die falsche Botschaft, er sei fast immer betrunken und unpünktlich, mitzuteilen? Ähnliches gilt für viele rhetorische Mittel wie Ironie und Metapher: Herr Müller äußert im Hochsommer in dem unklimatisierten Büro auf der Sonnenseite, es sei ganz schön kalt hier, und gibt Frau Meyer zu verstehen, dass es heiß ist. Und Frau Meyer äußert, Herr Meyer sei ein Eisbär, und gibt zu verstehen, dass Herr Meyer ein übersteigertes Wärmeempfinden habe. Bei vielen ironischen und metaphorischen Äußerungen teilt der Sprecher etwas Wahres mit, indem er etwas Falsches sagt.[44] Und dass ein Sprecher allgemein erfolgreich etwas anderes mitteilt, als er sagt, scheint nicht nur eine Ausnahme, sondern vielmehr die Regel zu sein. Eine Antwort auf die Frage, wie ein Sprecher etwas anderes zu verstehen geben kann, als der Sinn seiner Worte nahelegen würde, führt uns zu dem Schlüssel von menschlicher Kommunikation überhaupt.

4.2 Entschlüsseln oder Erschließen: Kommunikation als Kunst des Schließens

Wie funktioniert Kommunikation? Wenn man über Kommunikation nachdenkt, dann denkt man häufig an die Sprache. Und jede Sprache besteht aus Zeichen, die auf eine bestimmte Weise kombiniert werden. Der französische Sprachwissenschaftler und Strukturalist Ferdinand de Saussure beschrieb vor etwa 100 Jahren *Zeichen* als Einheiten, die aus zwei Komponenten bestehen: Etwas, das bezeichnet (*Signifikant*) — eine spezifische Lautfolge —, und etwas, das bezeichnet wird (*Signifikat*) — eine Bedeutung. Eine besondere Einsicht, die de Saussure ebenfalls zugeschrieben wird, liegt in dem Umstand, dass die Beziehung zwischen Bezeichnendem und Bezeichneten in menschlichen Sprachen bei den meisten Zeichen über die Gewohnheit *arbiträr* ist, d.h. willkürlich fixiert ist. Es besteht keine auf Ähnlichkeit oder Kausalität beruhende Beziehung zwischen der Lautfolge „Haus" und der Bedeutung. Man hätte auch eine andere Lautfolge für diese Bedeutung konventionell festlegen können, wie es ja auch in anderen Sprachen geschehen ist. Eine Ausnahme bilden sogenannte *onomatopoetische*, also lautmalerische, Ausdrücke wie etwa „Kuckuck". In diesen Fällen besteht zwischen der Lautfolge und der Bedeutung insofern ein Zusammenhang als der Laut eine gewisse Ähnlichkeit mit den Lauten aufweist, welche die „Gegenstände" von sich geben, die von der Bedeutung abgedeckt werden.

---

[44] Siehe mein Buch *Metapher und Wahrheit*

Einvernehmen durch Verstehen

In der Sprachwissenschaft dominierte lange Zeit die Auffassung, dass Kommunikation viel mit dem Kodieren und Dekodieren von Zeichen zu tun hat. Nach dem *Kode-Modell* der Kommunikation wählt und kombiniert der Sprecher für das, was er mitteilen möchte, in seinem mentalen Lexikon Zeichen, die er dann als Lautfolge äußert. Der Hörer entschlüsselt die Botschaft, indem er die zu den Lauten in seinem mentalen Lexikon gespeicherten Bedeutungen abruft.[45] Dem Kode-Modell angelehnt wird Kommunikation in vielen Werken zur Kommunikation noch heute als eine Interaktion von einem Sender und einem Empfänger über Signale beschrieben.[46]

Das verbreitete Kode-Modell, das historisch auf Modelle zur Telegraphie-Technik zurückgeht, greift zu kurz, wenn es darum geht zu erklären, wie Kommunikation funktioniert. Denn sehr häufig weicht das, was ein Sprecher erfolgreich mitteilt, von dem kodierten Sinn seiner Worte ab. Spätestens seit den bahnbrechenden Arbeiten von Paul Grice[47] gewinnt das *Inferenz-Modell* der Kommunikation an Bedeutung. *Inferenz*, lat. von „inferre" gleich „hineintragen", bedeutet so viel wie „Schlussfolgerung". Nach diesem Modell liefert ein Sprecher seinen Zuhörern Hinweise auf seine Absicht, ihnen einen bestimmten Inhalt mitzuteilen. Der Inhalt wird von den Zuhörern im Fall von gelungener Kommunikation auf der Grundlage der präsentierten Hinweise und des Zusammenhangs erschlossen.

Nicht immer erfolgt Kommunikation sprachlich. Auf die Frage des Nachbarn während eines Meetings, wie es Ihnen gehe, können Sie flüstern, dass Sie Kopfschmerzen haben. Sie könnten aber auch einfach eine Schachtel mit Schmerztabletten hochhalten. In beiden Fällen würden Sie dem Fragenden einen Hinweis dafür geben, was Sie ihm mitteilen möchten. Natürlich handelt es sich bei den Hinweisen, die ein Sprecher liefert, in der Regel um Äußerungen, die aus sprachlichen Zeichen bestehen. In diesen Fällen ist es für das Verstehen zweckdienlich, wenn der Zuhörer die Zeichen dekodiert. Wie wir gesehen haben, weiß jemand, der wie ich im Ausland eine Ausfahrt blockierend mit fuchtelnden Armen und großer Lautstärke angesprochen wurde, dass Kommunikation auch dann glücken kann, wenn der Hörer nicht der Sprache des Sprechers mächtig ist und er den Kode daher nicht entschlüsseln kann. Ob bei den Hinweisen, die der Sprecher liefert, ein Kode vorliegt oder nicht, der Sprecher liefert einen Input für einen inferenziellen Prozess

---

[45] Das Kode-Modell oder Sender-Empfänger-Modell geht zurück auf Shannons Arbeiten zur technischen Nachrichtenübertragung in den 50er Jahren. Vgl. Claude E. Shannon und Warren Weaver *Mathematische Grundlagen der Informationstheorie*.

[46] Das Kode-Modell wird in Abwandlungen aber auch bis heute vertreten. Wenige von unzähligen Beispielen sind: Theo Herrmann *Allgemeine Sprachpsychologie*, Holger Stein *Wer fragt, der führt. Erfolgreiche und zielorientiere Führung durch Fragetechniken*, Simon *Grundlagen der Kommunikation*

[47] Grice *Studies in the Way of Words* und darin insbesondere sein Aufsatz „Logic and Conversation"

beim Hörer: Der Hörer soll erschließen, was der Sprecher ihm mitteilen will. Menschliche Kommunikation erfolgt inferenziell.

Doch wie gelingt es dem Hörer zu erschließen, was der Sprecher ihm mitteilen möchte? Die plausibelste Antwort, die ich kenne und in zahlreichen Publikationen von Sperber und Wilson[48] entfaltet wurde, lautet: Indem der Hörer erwartet, dass das, was der Sprecher ihm mitzuteilen beabsichtigt, *relevant* für ihn ist. Doch was bedeutet „Relevanz" in diesem Zusammenhang? Relevanz ist eine Eigenschaft von externen Stimuli, die einen Input für geistige Prozesse liefern. Stimuli sind z. B. Äußerungen oder Gesten sowie interne Repräsentationen wie Gedanken, Erinnerungen oder Schlussfolgerungen. Ein Input (eine Äußerung, eine Erinnerung, ein Laut, eine Wahrnehmung) ist relevant für einen Menschen, wenn der Mensch durch den Input zusammen mit Hintergrundinformationen in die Lage versetzt wird, Schlüsse zu ziehen, die für ihn bedeutsam sind, z. B. eine offene Frage beantworten, einen Verdacht bestätigen, einen Fehler korrigieren, einen Wunsch neutralisieren usw. Kurz: Ein Input ist relevant, wenn seine Verarbeitung in einer Situation zu positiven *geistigen und* — ich ergänze gegenüber der Relevanz-Theorie von Sperber und Wilson — *emotionalen Effekten* führt. Ein positiver geistiger oder emotionaler Effekt verändert die Sicht der Welt oder der Einstellungen in einer Weise, die dem Menschen bedeutsam erscheint.

Die Aussage
(1) „Das Meeting beginnt 5 Minuten später"
ist von geringerer Relevanz für mich als die Aussage
(2) „Das Meeting beginnt 5 Stunden später".

Denn erstere Aussage hat vermutlich weniger geistige und emotionale Effekte als die zweite. Die zweite Aussage lässt Schlüsse zu, aufgrund derer ich meine Planung und Wünsche für den Tag entscheidend verändern müsste. Doch Relevanz hat nicht nur etwas mit dem Ausmaß an positiven geistigen Effekten zu tun. Betrachten wir die folgende Aussage:
(3) „Das Meeting beginnt 4 Stunden und 55 Minuten später, oder 5 Stunden später oder 5 Stunden und 5 Minuten später."

Was die kognitiven Effekte anbelangt, unterscheidet sich (3) kaum von (2). In beiden Fällen erfahre ich, dass ich meine Planung für den Tag ändern, Termine umlegen und die Verabredung am Abend absagen kann. Und doch scheinen die Äußerung (2) und (3) nicht gleich relevant zu sein. Welche erscheint Ihnen adäquater? Vielleicht neigen Sie zunächst zu (3), beschreibt die Aussage doch etwas genauer,

---

[48] z. B. Sperber und Wilson. *Relevance. Comunication & Cognition.*

wie der Sprecher den Start des Meetings einschätzt. Doch erstens hätten wir auch bei (2) nicht vermutet, dass das Meeting auf die Sekunde genau 5 Stunden später beginnt, und zweitens hat dieses geringfügige Mehr an Präzision einen Preis: Aussage (3) bereitet mehr Mühe zu verstehen. Und hier sind wir bei dem zweiten Aspekt der Relevanz: Unter sonst gleichen Umständen ist ein Input umso relevanter, je weniger *Verarbeitungsaufwand* er verursacht. Verarbeitungsaufwand entsteht durch das Nachdenken über den Input, die Reflexion über den Zusammenhang der Äußerung und durch das Ziehen von Schlüssen. Die Verarbeitung von Informationen kostet Energie. Und unter sonst gleichen Umständen ist es für uns Menschen natürlich günstig, wenig Energien oder Ressourcen aufzuwenden. Bezogen auf Informationen bedeutetet dies, sie sollten möglichst einfach zu verarbeiten sein. Für das Gehirn gilt, wie Kevin Dutton in seinem Buch „Gehirnflüsterer" feststellt: „Einfach ist gut, kompliziert ist schlecht."

Halten wir also fest: *Relevanz kann ein Input wie eine Äußerung in einem mehr oder weniger hohen Ausmaß haben. Eine Äußerung ist umso relevanter, je mehr geistige oder emotionale Effekte sie hat und je weniger Verarbeitungsaufwand sie beschert.*

Folgt man wie ich der *Relevanz-Theorie*, so ist es ein Zug unseres gesamten menschlichen Denkens, dass wir versuchen, Relevanz zu steigern, d.h. unsere geistigen Ressourcen so effizient wie möglich einzusetzen. Dabei entscheiden wir uns nicht bewusst dazu. Wir streben danach automatisch, weil sich dies in der Evolution als vorteilhaft erwiesen hat. Der fortlaufende Selektionsdruck zwang den Menschen, Effizienz zu maximieren. Unsere Wahrnehmung und unser Denken haben sich so entwickelt, dass wir automatisch die relevantesten Reize hören oder sehen, dass wir uns automatisch an die relevantesten Informationen erinnern und dass wir neue Informationen auf die ökonomischste Art verarbeiten.

Vielleicht haben Sie folgende Erfahrung gemacht: Sie sitzen mit Ihrem Gesprächspartner in einem Café am Tisch. Im Hintergrund nehmen Sie wahr, dass an den umliegenden Tischen gesprochen wird. Ihre Aufmerksamkeit richtet sich jedoch auf Ihren Gesprächspartner, so dass Sie nicht registrieren, was an den Nachbartischen gesprochen wird. Plötzlich zucken Sie zusammen, ist doch an einem benachbarten Tisch Ihr Name gefallen. Fortan nehmen Sie auch die Unterhaltung am Nachbartisch wahr; Ihre Aufmerksamkeit wird geteilt — möglicherweise zu Ungunsten Ihres direkten Gesprächspartners, der verstört reagiert, wenn er merkt, dass Sie auf seine Frage verzögert oder verwirrt eingehen.

Unsere Wahrnehmung neigt genauso wie unsere Verstandestätigkeit automatisch dazu, die relevantesten Stimuli oder Informationen auszuwählen und zu verarbeiten. Das Aufnehmen, Speichern und Abrufen von Informationen verursacht Aufwand. Wir streben danach, den Aufwand so gering wie möglich zu halten. Grundsätzlich verursachen wenige Informationen weniger Aufwand als viele, so dass weniger Informationen relevanter und damit für uns wertvoller sind als viele. Es sei denn, der Mehraufwand wird durch zusätzliche geistige oder emotionale Effekte überkompensiert.

Bemerkenswerterweise ist allerdings die einfache Gleichung „Mehr Informationen = Mehr Aufwand" so nicht korrekt. Denn es kommt auf die Anordnung der Informationen an. Bestimmte Strukturen von Informationen lassen sich leichter aufnehmen, speichern und abrufen als andere, so dass unter Umständen ein Mehr an für uns gut strukturierter Informationen weniger Aufwand beschert, als wenige Informationen, die weniger oder ungünstig strukturiert sind. So können wir aneinandergereihte Informationen weniger leicht verarbeiten als Informationen, die in Form einer Geschichte miteinander verknüpft sind, selbst wenn sich die Geschichte aus mehr Informationen zusammensetzt. Der Romancier E. M. Foster fordert auf, die Aussage „Der König starb und die Königin starb" mit folgender Aussage zu vergleichen: „Der König starb, und dann starb die Königin vor Kummer."[49] Obwohl die zweite Aussage mehr Informationen beinhaltet, ist sie leichter zu verarbeiten und insbesondere zu speichern und abzurufen, weil die Informationen mit einer Struktur geliefert werden. Ein Grund, warum nicht bloß Kinder Geschichten lieben, liegt darin, dass diese Form für uns leicht aufnehmbare und speicherbare Informationen liefert. Die gleichen Mechanismen machen sich etliche Memotechniken zu Nutze, indem zusammenhangslose Einzelinformationen wie z.B. eine zufällige Folge von Zahlen dadurch besser gespeichert und gemerkt werden, dass diese in einen für uns vertrauten strukturellen Zusammenhang gebracht werden, etwa in dem sie räumlich mit bestimmten Orten in einem typischen Haus verknüpft werden. Die zusätzliche Energie für die Verarbeitung der räumlichen Hausinformationen wird durch die Energieersparnis gegenüber dem Merken von weniger Einzelinformationen ausgeglichen. Mehr noch: Oft werden Einzelinformationen durch eine strukturelle Verknüpfung überhaupt erst speicher- und abrufbar.

Das sogenannte *Relevanzprinzip* besagt, dass menschliches Denken auf die Maximierung von Relevanz ausgerichtet ist. Unser Denken neigt dazu, für uns möglichst wertvolle Informationen mit dem geringstmöglichen Aufwand aufzunehmen und zu speichern — wobei Informationen auf die unterschiedlichste Weise für uns wertvoll sein können und auch auf verschiedene Weise energiearm verarbeitet werden können.

---

[49] Vgl. Avishai Margalit *The Ethics of Memory*.

4.3   Sprache und Denken: Relevanz als Schlüssel des Verstehens

Wie hängt nun unser Streben nach maximaler Relevanz mit der Kommunikation und dem Verstehen zusammen? Unsere Tendenz, Relevanz zu maximieren, können wir auf vielfältige Weise nutzen, um das Denken und Handeln anderer Menschen vorherzusagen oder zu beeinflussen. Ich weiß, dass Sie die Tendenz haben, die relevantesten Stimuli in Ihrer Wahrnehmungsumgebung auszuwählen und diese auf die maximal relevanteste Art zu verarbeiten. Daher könnte ich einen Stimulus erzeugen, der Ihre Aufmerksamkeit erregt und durch den Sie mithilfe Ihrer Annahmen über die Welt die von mir beabsichtigte Schlussfolgerung ziehen.

Angenommen ich bin bei Ihnen zu Gast und Sie haben mir, höflich wie Sie sind, Kaffee angeboten. Nehmen wir weiterhin an, dass ich im Anschluss den Wunsch verspüre, einen weiteren Kaffee zu genießen. Dann könnte ich mit dem Wissen um Ihre Neigung, Relevanz zu maximieren, die leere Kaffeetasse mit einem etwas lauteren Scheppern auf der Untertasse abstellen. Natürlich beabsichtige ich, dass Sie mit Blick auf die leere Tasse auf den Gedanken kommen, dass ich noch einen Kaffee trinken möchte und Sie mir eine weitere Tasse anbieten werden. Dies wäre zwar ein Versuch, Ihr Denken im Rückgriff auf das Relevanzprinzip zu beeinflussen. Doch streng genommen wäre meine Handlung noch kein Fall von Kommunikation. Denn für echte Kommunikation ist es erforderlich, dass ich neben der Absicht, Sie über etwas zu informieren, auch die Absicht habe, dass Sie meine Informationsabsicht erkennen. Und diese letztere Absicht habe ich im geschilderten Beispiel nicht. Im Gegenteil: Mir liegt daran zu verschleiern, dass ich Sie zu der Überlegung führen will, dass ich noch gerne einen Café trinken würde. Zu einem Fall von Kommunikation würde es, wenn ich Hinweise darauf geben würde, dass ich eine Mitteilungsabsicht habe – die Fachleute sprechen von *ostensiv-inferenzieller Kommunikation*. Z. B. könnte ich die Tasse demonstrativ vor Ihrem Gesicht baumeln lassen – ein in vielen Kulturkreisen nicht gerade als höflich angesehener Akt –, oder Sie verbal bitten, mir noch einen weiteren Café zuzubereiten – auch dies wird nicht überall als mustergültiger Ausdruck von Anstand und Etikette gewertet. Und ein Akt gelungener Kommunikation liegt vor, wenn der Empfänger die Mitteilungsabsicht des Sprechers erkennt: Dann hat der Empfänger verstanden, was der Sprecher mitteilen wollte, und somit ist die Mitteilung angekommen. Wohlgemerkt: Ein Akt gelungener Kommunikation ist nicht unbedingt ein Beitrag zu einer gelungenen Beziehung! Mehr noch: Zuweilen kann ein Akt misslungener Kommunikation für die Beziehung viel förderlicher sein.

Für gelungene Kommunikation ist ferner nicht entscheidend, ob der Sprecher mit seiner Absicht, der Hörer möge eine bestimmte Überzeugung fassen oder auf eine bestimmte Art und Weise handeln, erfolgreich ist. Vielleicht glaubt der Hörer dem Sprecher grundsätzlich kein Wort oder er hat einfach keine Lust, die gewünschte Handlung auszuführen. Geschockt über meine Unverfrorenheit, einen weiteren Kaffee zu fordern, lehnen Sie womöglich mein Ansinnen ab. Für das Verstehen reicht es aus, wenn der Hörer erkennt, dass der Sprecher mit seiner Äußerung beabsichtigte, ihn zu einer bestimmten Überzeugung zu führen. Und so könnten Sie auf meine unhöfliche Zeigegeste auf die leere Tasse erwidern: „Ich verstehe, dass Sie gerne noch einen Kaffee trinken würden. Doch ich würde mich jetzt lieber weiter über unser Thema unterhalten." Ihre Antwort mag genauso wie meine vorherige Geste als ein Bankrott von Stil und Etikette gewertet werden. Sie würde jedoch zeigen, dass Sie mich verstanden haben und die Kommunikation erfolgreich war. Ähnlich wie mit der nonverbalen Zeigegeste funktioniert die Kommunikation, wenn als Stimulus stattdessen eine Äußerung eingesetzt wird.

Jeder Sprecher — und sei er noch so egoistisch, unaufrichtig und inkompetent — möchte, dass wir seiner Äußerung unsere Aufmerksamkeit schenken. Denn anderenfalls könnte er gar keine kommunikativen Ziele mit seiner Äußerung erreichen.[50] Und indem der Sprecher einen Stimulus in Form einer Äußerung produziert, signalisiert er implizit Interesse an der Aufmerksamkeit des Rezipienten. Weil wir als Menschen unsere Aufmerksamkeit nur den optimal relevanten Inputs zollen, übermittelt der Sprecher implizit, dass seine Äußerung für den Empfänger optimal relevant ist.

Ein Stimulus ist genau dann *optimal relevant*, wenn er mindestens so relevant ist, dass er es wert ist, verarbeitet zu werden, und wenn er zu dem Vorwissen und den Fähigkeiten des Empfängers passt.

Als Hörer unterstellen wir demnach zunächst automatisch, dass ein absichtlich präsentierter Stimulus wie eine Äußerung für uns optimal relevant ist. Wir nehmen an, dass der Stimulus es wert ist, verarbeitet zu werden, weil er für uns bedeutsame geistige oder emotionale Effekte hat. Natürlich kann der Fortgang der Konversation uns schmerzlich bewusst machen, dass unsere Annahme falsch war.

Wenn Menschen also etwas mitteilen wollen, dann muss ihre Botschaft für das Gegenüber möglichst relevant sein, damit ihnen ihr Gegenüber Aufmerksamkeit und Energie zollt. Als Adressaten von Kommunikationsbemühungen wissen wir das. Wir unterstellen daher, dass der Sprecher versucht, seinen Beitrag für uns möglichst relevant zu gestalten. Angenommen jemand liest in einem Protokoll „Der Projektleiter war heute pünktlich und nüchtern". Wenn er annimmt, der Schreiber wollte nur das mitteilen, was durch den sprachlichen Sinn seiner Äußerung transportiert wird, müsste er dem Schreiber unterstellen, das Relevanzprinzip zu verletzen. Denn der Autor verursacht bei dem Leser Verarbeitungsaufwand für eine Botschaft, die für ihn unter normalen Umständen keinen geistigen oder emotionalen Wert hat. Ohne Erwähnung des Protokollanten hätte der Leser vorausgesetzt, dass der Projektleiter pünktlich und nüchtern zur Sitzung erschien, ebenso wie er ohne gegenteilige Hinweise voraussetzt, dass der Projektleiter nicht nackt oder im Taucheranzug auftauchte. Und hier greift das Relevanzprinzip beim Verstehen: Der Empfänger unterstellt, dass der Sprecher sich erfolgreich darum bemüht, relevant zu sein, und erschließt unter dieser Annahme die beabsichtigte Mitteilung. Und wann wäre die Äußerung „Der Projektleiter war heute pünktlich und nüchtern" relevant? Ja klar: Wenn hier eine Ausnahme beschrieben wird und der Projektleiter üblicherweise sturzbetrunken bei den Meetings erscheint, selbstverständlich nie zur vereinbarten Zeit!

---

[50] Abzugrenzen davon sind Fälle, in denen ein Sprecher durch den Akt des Sprechens bestimmte nicht-kommunikative Ziele erreichen möchte. In politischen Zusammenhängen machen Redner manchmal von ihrem unbeschränkten Rederecht Gebrauch und reden so lange, bis die für eine anschließende Abstimmung notwendige Anzahl von Teilnehmern unterschritten ist.

In keinem Wörterbuch der Welt steht, dass „heute nüchtern und pünktlich" bedeutet „normalerweise betrunken und unpünktlich". Dieser Umstand hat Sprachwissenschaftler lange verzweifeln lassen oder zu aberwitzigen Theorien inspiriert. Dabei ist die Erklärung einfach und geht auf eine uns auch noch in anderen Zusammenhängen wichtige Neigungen unseres Körpers und Gehirns zurück: Ressourcen sind schonend für das einzusetzen, was (lebens-)wichtig erscheint. In Bezug auf die Verarbeitung von Informationen tritt diese Maxime in Form des Relevanzprinzips in Erscheinung. Der Schlüssel zu dem, was Sprecher mit ihren Äußerungen meinen bzw. uns mitzuteilen beabsichtigen, liegt nicht so sehr in dem sprachlichen Sinn der Worte, sondern vielmehr in Prinzipien, wie wir unsere Wahrnehmung, unser Denken und unsere Kommunikation organisieren — und zwar effizient.

Ausgehend von den Arbeiten von Paul Grice haben Sperber und Wilson eine Relevanz-Theorie der Kommunikation entworfen, die zu erklären vermag, wie Kommunikation funktioniert: Aus einem Überangebot an Informationen wählen und speichern wir jene, die sich einerseits gut mit bestehenden Überzeugungen oder Wünschen verknüpfen lassen und viele geistige und meiner Meinung nach auch emotionale Effekte bescheren, und die uns andererseits nicht so viel Energie für die Verarbeitung abverlangen. Da Sprecher für gewöhnlich verstanden werden wollen, unterstellen wir, dass Sprecher ihre Beiträge für uns so gestalten, dass sie relevant sind, d.h. für uns bei möglichst kleinem Verarbeitungsaufwand möglichst viele geistige und emotionale Effekte haben. Und diese Unterstellung ist eine große Hilfe, wenn wir unter Lösung von der sprachlichen Bedeutung erschließen, was der Sprecher tatsächlich gemeint hat.

Angenommen Herr Schmidt fragt Frau Müller, wie sich der neue Kollege in ihrer Abteilung mache. Frau Müller antwortet: „Er erledigt alle seine Aufgaben." Herr Schmidt wird Frau Müller akustisch ebenso verstanden haben wie den sprachlichen Sinn ihrer Äußerung. Als Sachbezug von „er" wird Herr Schmidt ohne zu zögern den von ihm angesprochenen Kollegen identifizieren. Ferner scheint auch die Sprechhandlung keine Fragen aufzuwerfen: Herr Schmidt bat um eine Information, und Frau Müller verwendet einen Deklarativsatz, mit dem sie eine Feststellung trifft. Und was wollte Frau Müller mitteilen? Ist das, was der sprachliche Sinn der Äußerung nahelegt, relevant? Die Antwort muss wie für sehr viele alltägliche Äußerungen lauten: Ja und nein. Einerseits ist die Äußerung zweifellos relevant. Herr Schmidt fragte danach, wie sich der neue Kollege mache, und Frau Müller berichtet darüber, wie der neue Kollege mit seinen Aufgaben umgeht, sie liefert also eine Information, die zu der Frage passt. Andererseits ist sie zumindest nicht optimal relevant, denn die Frage lädt durchaus zu einer breiteren Antwort ein, als die, die Frau Müller gegeben hat. Wie sich der Kollege mache, ist eine Frage, die relevante Antworten nicht nur in Bezug auf die Arbeitsleistung, sondern vielleicht auch im Hinblick auf die soziale Integration in das Team zulässt. Aber selbst in Bezug auf die Arbeitsleistung, auf die Frau Müller mit ihrer Antwort eingeht, ist durchaus der Relevanzrahmen weiter als die Information, die Frau Müller mit ihrer Aussage direkt formuliert. Zur Arbeitsleistung des neuen Kollegen zählt sicherlich, dass er seine Aufgaben erledigt. Doch wäre es nicht nur hochgradig relevant, *dass* er diese erledigt, sondern zudem auch, *wie* gut er dies tut und inwieweit er eigeninitiativ den ihm zur Verfügung stehenden Freiraum nutzt. Derartige Informationen hätten vor dem Hintergrund der Frage von Herrn Schmidt hohe geistige Effekte. Frau Schmidt hätte diese mit wenigen Worten liefern können, ohne dabei den Verarbeitungsaufwand für Herrn Schmidt unverhältnismäßig ansteigen zu lassen. Da Herr Schmidt Frau Müller vermutlich unterstellt, dass sie ihre Antwort für ihn optimal relevant gestaltet, wird er schließen: In den relevanten, aber von Frau Müller nicht explizit angesprochenen Dimensionen — Güte der Leistung, Eigeninitiative, soziale Integration — gibt es nichts Positives zu berichten. Indem Herr Schmidt Frau Müller unterstellt, optimal relevant zu sein, wird er ihre Aussage als Mitteilung verstehen, dass der neue Kollege mit Ausnahme seiner Grundverpflichtungen keine positiven Akzente in der Abteilung setzt. Die Aussage von Frau Schmidt wird als negative Aussage über die Leistungen des neuen Kollegen verstanden, weil sie ohne großen Mehraufwand informativer hätte sein können, als es ihre Äußerung war.

Doch wenn dies Frau Müller mitteilen wollte, warum sagt sie es nicht einfach direkt? Dafür kann es mehrere Gründe geben. Zum einen gelten für die Interaktion von Menschen bestimmte Normen, Werte und auch Etikette-Regeln. Eine Norm besagt, dass es unhöflich ist, negativ über Menschen zu sprechen, noch dazu, wenn diese nicht zugegen sind. Frau Müller mag von dieser Norm halten, was sie will. Wenn sie bei ihrem Gesprächspartner — oder schlimmer noch vor dem neuen Kollegen, wenn nämlich ihr Gesprächspartner eine weitere Norm bricht, und das, was ihm anvertraut wurde, weitererzählt — negativ über den neuen Kollegen spricht, dann wird sie in einem negativen Licht erscheinen. Glücklicherweise braucht sie das gar nicht. Denn die Norm „Spreche nicht negativ über andere Menschen" unterstützt sie dabei, ihre Botschaft mittels des Relevanzprinzips zu transportieren, ohne ausdrücklich ein negatives Wort über den neuen Kollegen fallen lassen zu müssen. Es ist demnach kein Wunder, dass positive Formulierungen, die negative Mitteilungen überbringen, besonders häufig dort auftauchen, wo starke Normen herrschen. In der politischen Diskussion: Obama nannte im Wahlkampf seinen Herausforderer McCain „außergewöhnlich vital" und betonte sein „verdienstvolles halbes Jahrhundert in der Politik". Damit konnte er der Norm gerecht werden, dass man nicht negativ über seinen Kontrahenten redet, und gleichzeitig die negative Botschaft transportieren, dass sein Herausforderer wohl zu alt ist für die Herausforderungen, die das Präsidentenamt mit sich bringt.

In der Praxis von Arbeitszeugnissen existiert die gesetzlich gestützte Norm, wonach das Zeugnis wohlwollend ausfallen muss. Diese Norm motiviert den Arbeitgeber, negative Formulierungen zu meiden. Umgekehrt erleichtert diese Norm im Lichte des Relevanzprinzips mittels positiver Formulierungen negative Aussagen indirekt zu übermitteln. So wird die in anderen Zusammenhängen harmlose Formulierung „er hat sich stets bemüht" verstanden als „es ist ihm nie gelungen" und „sie hat ihre Aufgaben zu unserer Zufriedenheit erfüllt" als „sie hat ihre Aufgaben gerade noch ausreichend erfüllt". Allerdings hat sich in der Zeugnissprache ein weitestgehend bekannter Kode entwickelt, bei dem bestimmte positive Formulierungen einer klaren Schulnote zugeordnet werden. Ich vermute, dieser Kode ist dem Umstand geschuldet, dass auf Seiten der lesenden Personaler eine Unsicherheit darüber herrschte, inwieweit der Verfasser des Zeugnisses die Norm tatsächlich berücksichtigt hat und die eigentliche Mitteilung eher jenseits des sprachlichen Sinns angesiedelt werden muss. Ein Kode schafft Klarheit, insofern das Gegenüber eine eindeutige Schulnotenbewertung — also auch eine schlechte — vornehmen kann und weil der Kode-kundige Leser erkennen kann, ob der Schreiber den Kode verwendet hat oder nicht.

Doch es gibt weitere Gründe, warum wir oft nicht ausdrücklich das sagen, was wir mitzuteilen beabsichtigen, sondern darauf vertrauen, dass unsere Botschaft erschlossen wird. Ein ganz entscheidender liegt in der Relevanz selbst. Denn wenn ich weniger Worte und einfachere Formulierungen benutze, fällt der Verarbeitungsaufwand geringer aus. Gelingt es mir auf diese Weise, dasselbe mitzuteilen, wie durch eine längere oder umständlichere Formulierung, dann ist die einfachere Variante relevanter. Dies führt sogar zu dem auf den ersten Blick seltsamen Phänomen, dass Menschen zuweilen etwas Falsches sagen, obwohl sie es besser wüssten. Maria arbeitet in einem Unternehmen, das zwei Standorte hat: Tornesch (bei Hamburg) und Amsterdam. Maria ist nun in Tornesch tätig und wird auf die Frage einer neuen Kollegin in Amsterdam, wo sie denn wohne, wahrheitsgemäß antworten: „In Tornesch". Was wird Maria aus Tornesch nun antworten, wenn sie auf Ihrem Spanien-Trip auf José trifft, der sie fragt, wo sie denn arbeite? „Hamburg." Lügt Maria? Nein, natürlich nicht. Sie sagt zwar etwas Falsches. Doch das, was sie in diesem Zusammenhang mitzuteilen beabsichtigt, ist wahr, dass sie nämlich das Leben eines Stadtmenschen führt, dass sie im Norden von Deutschland ansässig ist usw. Die wahre und ebenso kurze Antwort, die sie ihrer Kollegin in Amsterdam gegeben hätte, hätte für José gar keine Effekte gehabt, da er aller Wahrscheinlichkeit nach niemals etwas von Tornesch gehört hat. Und die längere wahre Antwort „In Tornesch in der Nähe von Hamburg" hätte für José in der Situation kaum mehr geistige Effekte beschert, ihm aber dafür mehr Verarbeitungsaufwand abverlangt.

Einvernehmen durch Verstehen

Maria sagt also etwas Falsches, weil es die relevanteste Art ist, etwas Wahres mitzuteilen. Dieses Phänomen wird im Englischen auch „Loose Talk" genannt.[51]

Auch auf eine berühmt gewordene Aussage des Psychologen Paul Watzlawik trifft dies zu: „Man kann nicht nicht kommunizieren." Diese Aussage ist wörtlich genommen natürlich falsch.[52] Oder mit wem haben Sie letzte Nacht im Schlaf oder heute morgen unter der Dusche kommuniziert? Wenn wir allein sind, kommunizieren wir in der Regel nicht. Das heißt nicht, dass ein unbemerkter Beobachter nicht Informationen über uns gewinnen kann. Doch Informationen über eine Sache zu gewinnen schon Kommunikation zu nennen, würde den Begriff Kommunikation seines Sinns berauben: Dann würden auch Bäume und Steine kommunizieren. Kommunikation bedeutet in einem engeren Sinn, eine Handlung mit einer Mitteilungsabsicht zu vollziehen. Und Kommunikation ist in diesem engeren Sinne erfolgreich, wenn der Adressat diese Mitteilungsabsicht und damit auch die Mitteilung erkennt. Ich denke nicht, dass Paul Watzlawik wortwörtlich meinte, man könne nicht nicht kommunizieren. Denn diese Aussage ist falsch, wie einfache Gegenbeispiele zeigen. Und doch wollte Watzlawik etwas Wahres und Interessantes mitteilen. Denn wahr ist, dass wir in bestimmten Situationen zwar noch die Freiheit haben zu entscheiden, *was* wir kommunizieren, aber nicht mehr, *ob* wir kommunizieren. Dies trifft z.B. dann zu, wenn uns jemand eine Frage stellt. Wir können entscheiden, was wir darauf antworten. Wir können sogar entscheiden, ob wir antworten. Doch wir können nicht entscheiden, ob wir in dieser Situation kommunizieren. Wie sollte das auch gehen? Mit der Aussage „Darauf antworte ich nicht!" wird der Empfänger zu Recht genauso eine Mitteilungsabsicht verbinden wie mit wortlosem Schweigen. Für bestimmte Situationen gilt also Watzlawiks Feststellung, man könne nicht nicht kommunizieren, tatsächlich. Watzlawik hätte also auch direkt etwas sagen können, was wahr ist: In manchen Situationen kann man nicht nicht kommunizieren. Warum hat er sich für die wörtlich falsche Formulierung entschieden? Zum einen ist sie kürzer und leichter zu verstehen, und zum anderen hebt sie durch ihre Prägnanz den interessanten Aspekt stärker hervor. Und da jeder versucht, gleich die für die Formulierung passenden Situationen zu visualisieren, spielt es keine Rolle, dass auch Fälle existieren, auf welche die Aussage nicht zutrifft.

---

[51] Sperber und Wilson „Loose Talk"

[52] Davon abgesehen ist das Argument, welches er für seine Behauptung liefert, nicht schlüssig. Er schreibt: „Man kann nicht nicht kommunizieren, denn jede Kommunikation (nicht nur mit Worten) ist Verhalten und genauso wie man sich nicht nicht verhalten kann, kann man nicht nicht kommunizieren." (Watzlawik u.a. *Menschliche Kommunikation. Formen, Störungen, Paradoxien*) Jede Form von Bergsteigen ist auch ein Verhalten. Auch wenn man sich nicht nicht verhalten kann, folgt daraus sicher nicht, dass man nicht nicht bergsteigen kann.

Etwas streng genommen Falsches zu sagen, kann auch der relevanteste Weg sein, etwas zu begründen. Vielleicht möchte der Redner seine Zuhörer ermutigen, Fragen zu stellen. Er könnte seine Aufforderung, Fragen zu stellen, wie folgt begründen: „Stellen Sie Ihre Fragen, auch wenn Sie befürchten, dass andere Sie belächeln, auch wenn Sie sich unsicher sind, ob diese Frage nicht bereits beantwortet wurde, oder weil Sie fürchten, mich aus dem Konzept zu bringen oder mich gar zu provozieren, mich zu verteidigen oder Sie anzugreifen." Er könnte aber auch schlicht sagen: „Stellen Sie Ihre Fragen, denn es gibt keine dummen Fragen." Das ist natürlich Unsinn. Selbstverständlich gibt es dumme Fragen: Fragen nach etwas, was gerade für alle nachvollziehbar erklärt wurde, Fragen, deren Antwort für jeden auf der Hand liegt usw. Und dennoch gelingt es dem Redner — durch diese streng genommen falsche Aussage — auf prägnante Art zu übermitteln, dass die Scheu, Fragen zu stellen, unbegründet ist. Denn er signalisiert, dass er wertschätzend mit dem Fragenden umgehen wird, auch wenn dieser etwas Abwegiges oder Provokantes fragen wird, und dass er den Fragenden gegenüber etwaiger Missbilligung durch das Publikum ein Stück weit in Schutz nehmen wird. Sicher bleibt es etwas dunkel, was genau der Sprecher mit welcher Akzentuierung mitteilen wollte. Ein hohes Maß an Präzision ist für den kommunikativen Zweck des Redners an dieser Stelle jedoch entbehrlich, ja vielleicht hier sogar förderlich.

4.4 Jenseits des Gesprochenen: Den Sprecher einer Äußerung verstehen

Das Relevanzprinzip ermöglicht uns — bewusst oder unbewusst — zu erschließen, was unser Gegenüber uns beabsichtigt mitzuteilen. Und damit ist nicht nur die Kommunikation im engeren Sinne gelungen. Wir haben mit dieser Kenntnis auch eine gute Grundlage für unsere folgende Reaktion. Doch diese Grundlage ist noch löchrig, wenn das Verstehen der Äußerung nicht noch durch das Verstehen des Sprechers flankiert wird. Mehr noch: Das Verstehen der Äußerung eines Sprechers und das Verstehen des Sprechers dieser Äußerung hängen oft voneinander ab. Dazu ein weiteres Beispiel. Ein Mitarbeiter äußert gegenüber seiner Führungskraft, die um 16:30 Uhr beginnt, ihre Aktentasche zu packen: „Ach, Sie gehen schon nach Hause?" Gehen wir davon aus, dass die Führungskraft die Äußerung akustisch verstanden hat, den sprachlichen Sinn kennt und sich auch über den Sachbezug von „Sie" im Klaren ist, dass nämlich sie selber und nicht etwa der Kollege, der drei Tische weiter ebenfalls gerade im Begriff ist, das Büro zu verlassen, gemeint ist. Welche Sprechhandlung liegt hier vor, und was wollte der Mitarbeiter mitteilen? Die grammatische Form legt nahe, dass es sich um eine Frage handelt. Diese Vermutung mag durch eine zum Ende des Satz ansteigende Intonation gestützt werden. Doch wir wissen schon, dass viele Sätze, mit denen anscheinend eine Frage gestellt wird, für ganz andere Sprechhandlungen verwendet werden können. Für diesen Fall wird der Verdacht, es handelt sich hier um keine Frage, durch das Relevanzprinzip gestützt. Denn wenn der Mitarbeiter hier tatsächlich primär eine Frage gestellt hätte, wäre sein Beitrag nicht optimal relevant, da offenkundig ist, dass die Führungskraft im Begriff ist zu gehen. Er würde seine Führungskraft auffordern zu bestätigen, was offensichtlich ist, und damit Verarbeitungsaufwand bescheren, ohne wertvolle geistige Effekte hervorzurufen.

Was käme als Sprechhandlung und was als Mitteilung in Frage? Ohne weitere Informationen lässt der Rückgriff auf das Relevanzprinzip einen breiten Fächer an Optionen offen: Es könnte sich um die Bitte oder Aufforderung handeln, dazubleiben oder in Zukunft länger zu bleiben. Mit seiner Äußerung könnte der Mitarbeiter seine Führungskraft auch auffordern, sich zu rechtfertigen. Vielleicht wollte er schlicht seiner Missbilligung Ausdruck verleihen und mitteilen, dass die Führungskraft mit diesem Verhalten ihrer Vorbildfunktion nicht gerecht wird. Darüber hinaus kommt in Betracht, dass der Mitarbeiter mit seiner Äußerung an seine Führungskraft appelliert, seine eigene Leistungsbereitschaft wahrzunehmen, anzuerkennen und ggf. zu loben. Und damit sind mitnichten alle Optionen benannt. Wir sehen, dass es in diesem Beispiel ohne weitere Informationen schwer ist zu ermitteln, was der Mitarbeiter hat mitteilen wollen und welche Sprechhandlung er vollzogen hat. Und selbst wenn wir wüssten, was der Mitarbeiter hat mitteilen wollen, z.B. dass der Vorgesetzte hier seiner Vorbildfunktion nicht gerecht wird, ist dieses Wissen für die Führungskraft zu wenig, um adäquat zu reagieren und eine Strategie für die weitere Interaktion zu entwickeln. In diesem Fall greift also das Verständnis der Äußerung zu kurz. Was fehlt ist ein genauerer Blick auf den Sprecher hinter der Äußerung. Daher unterscheide ich beim Verstehen zwischen „die Äußerung eines Sprechers verstehen" und „den Sprecher einer Äußerung verstehen". Beides ist aber oft miteinander verzahnt.

Klar ist Kommunikation bereits dann erfolgreich, wenn wir die Äußerung eines Sprechers verstehen. Doch um selbst bestimmte Ziele in der Kommunikation gegenüber oder mit dem Gegenüber zu erreichen, ist ein weiteres Verständnis zumindest hilfreich. Was wir für ein umfassendes Verständnis brauchen ist also eine stärkere Einbeziehung des Sprechers. Aus meiner Sicht sind für ein Verständnis des Sprechers fünf Dimensionen wichtig, wobei ich mich bei vieren auf Aspekte der gewaltfreien Kommunikation nach Rosenberg[53] beziehe. Es ist fruchtbar, wenn wir uns in einer Kommunikationssituation fragen, wie und was der Sprecher in Bezug

---

[53]   Vgl. Rosenberg *Gewaltfreie Kommunikation. Eine Sprache des Lebens.*

auf sich selbst, auf mich, die Situation und die Welt *wahrnimmt*, *fühlt*, *wünscht*, *denkt* und *beabsichtigt*. Die fünf Hinsichten sind demnach:

- Wahrnehmung
- Gefühl
- Bedürfnis (Wünsche, Motive)
- Einstellung (Überzeugungen, Werte, Haltungen)
- Absicht (Ziele)

Betrachten wir unser aktuelles Beispiel im Hinblick auf diese Dimensionen. Starten wir mit der Wahrnehmung. Wenn der Mitarbeiter gegenüber der Führungskraft äußert „Ach, Sie gehen schon nach Hause?", so sollte sich die Führungskraft fragen bzw. vielleicht sogar in Erfahrung bringen, was der Mitarbeiter wahrnimmt und wie er seine Wahrnehmungen interpretiert. Offenbar sieht der Mitarbeiter, wie die Führungskraft ihre Tasche packt. Nimmt er etwas wahr, was ihn zu dem Schluss gelangen lässt, dass die Führungskraft nach Hause fährt und nicht etwa zu einem Kunden? Hat der Mitarbeiter wahrgenommen, dass die Führungskraft an dem Tag bzw. an anderen Tagen bereits sehr früh begonnen hat? Wie viel Zeit verbringt die Führungskraft in den Augen des Mitarbeiters generell arbeitend? Wir sehen, dass die Antwort auf diese Fragen nicht nur zum Verständnis des Sprechers beitragen, sondern auch für das Verständnis seiner Äußerung. So wird die Interpretation der Mitteilung variieren je nach dem, ob der Mitarbeiter wahrnimmt, dass sein Chef an dem Tag bereits sehr früh mit seiner Arbeit begonnen hat und generell lange arbeitet oder eher kurz.

Abgesehen davon, was der Mitarbeiter in der Situation konkret wahrnimmt, sollte die Führungskraft verstehen, wie sich der Mitarbeiter fühlt. Verspürt der Mitarbeiter Ärger (vielleicht weil der Chef trotz eines wichtigen Projekttermins früher geht oder für eine wichtige Aufgabe nicht mehr ansprechbar ist), Genugtuung (vielleicht weil er selbst länger bleibt), Stolz (vielleicht weil ihm sein Chef offenbar zutraut, den wichtigen Projekttermin eigenständig zu leiten), Erleichterung (vielleicht weil er sich Sorgen um die Gesundheit seines Chefs macht oder um eine mögliche Enthüllung von Fehlern im Rahmen des Projekttermins), Freude (vielleicht weil er seinen Chef, dessen enormer Arbeitseinsatz ihm wohl bewusst ist, necken kann) oder ein ganz anderes Gefühl? Das Wissen darum, was der Sprecher in der Kommunikationssituation fühlt, ist nicht nur hilfreich, wenn wir erfassen möchten, was er uns mitteilen möchte. Das Gefühl gibt uns einen entscheidenden Hinweis darauf, welche Wörter wir auf welche Weise und in welcher Tonlage für unsere Reaktion verwenden können und welche besser nicht.

Die Grundlage für die meisten unserer Gefühle bilden unbewusste oder bewusste Bedürfnisse, Motive und Wünsche. Empfindet der Mitarbeiter beispielsweise Ärger. Dann liegt dies wohl daran, dass ein für ihn wichtiges Bedürfnis frustriert wird (bzw. er dieses glaubt). Z.B. könnte der Mitarbeiter das Bedürfnis haben, bei dem wichtigen Projekttermin von seinem Chef unterstützt zu werden. Oder der Mitarbeiter verspürt bewusst oder unbewusst ein Bedürfnis nach Fairness. Und dieses Bedürfnis nach Fairness mag er als verletzt ansehen, wenn er wahrnimmt, dass sein Chef eher geht, obwohl ihm als Vorgesetzten mit einem Mehr an Verantwortung und Gehalt auch ein Mehr an Einsatzbereitschaft und Zeit zuzumuten wäre.[54] Sieht der Mitarbeiter die Befriedigung eines Bedürfnisses als gefährdet an, weil sein Chef aufzubrechen droht, resultiert ein negatives Gefühl, z.B. Ärger. Freilich könnten aus der Frustration eines Bedürfnisses wie dem nach Unterstützung auch andere oder zusätzliche Gefühle entstehen, wie z.B. Verzweiflung, Angst, Trotz usw. Ebenso kann die Frustration von Bedürfnissen wieder neue Bedürfnisse hervorrufen, wie z.B. das Bedürfnis nach Vergeltung. Das Wissen um die Bedürfnisse unseres Gegenübers ist elementar, um eine effektive Kommunikationsstrategie zu wählen. Denn wie geschickt ein Sprecher sich mit seinem Handeln an den Bedürfnissen seines Gegenübers zu orientieren vermag, ist maßgeblich dafür, in wie weit es ihm gelingt, zu überzeugen, zu motivieren und eine kooperative Beziehung zu etablieren.

Oft laufen Überzeugungsversuche, Verhandlungen und Aufforderungen ins Leere, weil die Bedürfnisse des Gegenübers nicht bekannt sind oder fehleingeschätzt werden. Stellen wir uns in unserem Beispiel vor, die Führungskraft wähnt beim Mitarbeiter hinter dem Ärger das enttäuschte Bedürfnis, in dem Projekttermin von ihr unterstützt zu werden. Vielleicht weist sie daher auf die Möglichkeit hin, kritische Themen zu verschieben oder ihn telefonisch zu kontaktieren. Welchen Effekt wird dieses Vorgehen zeitigen, wenn sich der Ärger des Mitarbeiters auf die Frustration eines ganz anderen Bedürfnisses gründet — nämlich dem nach Fairness? Oder wenn sogar noch zusätzlich ein Irrtum über das den Mitarbeiter prägende Gefühl vorliegt: Der Mitarbeiter ärgerte sich nicht, sondern wünschte sich, dass sein Chef seine Leistungen und seinen zeitlichen Arbeitseinsatz wahrnimmt und anerkennt?

Neben der Frage nach den hinter den Emotionen des Sprechers liegenden Bedürfnissen erscheint es mir fruchtbar, Klarheit im Hinblick auf die für die Situation relevanten Einstellungen des Sprechers zu erlangen. Einstellungen sind Überzeugungen, Wertvorstellungen oder Gefühle, die Menschen unter bestimmten Umständen dazu bringen, auf eine bestimmte Art und Weise auf Dinge, Ereignisse oder Menschen zu reagieren. Dabei sind drei Perspektiven besonders interessant: Der Sprecher selbst, der Adressat und die Beziehung. Wie sieht der Sprecher sich

---

[54] Siehe Kapitel 8 „Gerechtigkeit durch Ungleichheit"

selbst? Welches Bild hat er von mir? Wie sieht er die Beziehung? Kooperativ oder kompetitiv? Sieht er sich seinem Gegenüber überlegen, unterlegen oder gleichgestellt? Welche übergeordneten aber für die Situation relevanten Überzeugungen und Haltungen nimmt er ein?

Betrachten wir vor diesem Hintergrund noch einmal das Beispiel der aufbrechenden Führungskraft: Was zeichnet in den Augen des fragenden Mitarbeiters beispielsweise gute Führung aus? Ist er der Meinung, dass ein guter Chef stets länger bleibt als seine Mitarbeiter, dass die Arbeitsdauer und nicht bloß die Ergebnisse zählen? Welche Einstellung hat er gegenüber einer fairen Verteilung von Input (das, was ein Mensch durch seine Arbeit in eine Organisation an Wissen, Arbeitseinsatz, Erfahrung usw. einbringt) und Output (das, was ein Mensch durch seine Arbeit aus einer Organisation an Gehalt, Freude, Anerkennung, Sicherheit usw. erhält) des Vorgesetzten im Vergleich zum Mitarbeiter? Wie sieht er seine Beziehung zur Führungskraft? Und welches Bild hat der Mitarbeiter von sich selbst. Hält er sich für fähig und ist er willens, eine Führungsaufgabe oder gar die Funktion seiner Führungskraft zu übernehmen? Dies sind einige Fragen im Hinblick auf die Einstellung des Sprechers, deren Antworten der Führungskraft sicher wertvolle Hinweise für eine geeignete Kommunikationsstrategie liefern. Freilich wird nicht eine Äußerung ausreichen, um das Gegenüber verlässlich einschätzen zu können. Gerade eine Reflexion über die Einstellung des Gegenübers gewinnt erst konkretere und verlässlichere Gestalt über mehrere Äußerungen, ja viele Gespräche hinweg. In vielen Zusammenhängen sind wir in der glücklichen Situation, dass wir unsere Interaktionspartner aus vielfältigen und vor allem zahlreichen Situationen kennen. Daher konnten wir unsere Thesen über deren Einstellungen schon oft verwerfen, erweitern und modifizieren, so dass sie der Realität unseres Gegenübers gerechter werden.

Die vielleicht entscheidendste Frage in Bezug auf den Sprecher in einer Kommunikationssituation ist die Frage nach seinen Zielen und seinen Absichten. Sicher zählt dazu seine Absicht, etwas mitzuteilen, die wir schon unter „Die Äußerung eines Sprechers verstehen" behandelt haben. Doch in der Regel reichen die Absichten weit darüber hinaus. Wenn wir etwas bewusst tun — und dazu zählt auch die Formulierung einer Äußerung — dann verfolgen wir damit ein Ziel. Ein bewusstes Tun bezeichne ich hier als Handlung, um es von einem bloßen Verhalten abzugrenzen, was ein Tun ohne Absicht darstellt. Damit ist das, was wir tun, wenn wir etwas äußern, für gewöhnlich eine Handlung. Jedoch nicht notwendigerweise: Wenn mir jemand auf den Fuß tritt, so rufe ich womöglich „Aua". Dies ist sicher ein Tun. Wenn es reflexartig ohne Absicht geschieht, ist es ein bloßes Verhalten. Möglicherweise setzte ich den Ausruf jedoch bewusst ein, z. B. um den anderen dazu zu bewegen, seinen Fuß von meinem zu nehmen oder um ihm ein schlechtes Gewissen zu machen. In diesem Fall ist dasselbe Tun eine Handlung, ein bewusstes Tun mit einer Absicht. Im Fall einer Handlung darf man den *Grundsatz der zu unterstellenden Zweckrationalität*[55] anlegen: Der Handelnde verfolgt mit seiner Handlung ein Ziel und glaubt, dass seine Handlung eine zielförderliche Maßnahme ist. Wenn das Ziel darin besteht, dem anderen etwas mitzuteilen, dann und nur dann liegt ein Fall von Kommunikation vor.

Angenommen wir haben den Eindruck, dass uns der Sprecher etwas mitteilen möchte, dass er eine Kommunikationsabsicht hat. In diesem Fall gehen wir gemäß dem Grundsatz der zu unterstellenden Zweckrationalität zu Recht davon aus, dass der Sprecher seine Äußerung für ein adäquates Mittel hält. Und ein adäquates Mittel ist die Äußerung nur dann, wenn sie für uns relevant ist. Freilich wird dies dem Sprecher nicht unbedingt bewusst sein. Doch sicher wird seine Lebens- und Gesprächserfahrung dafür sprechen, dass wir nur für uns relevante Informationen aufnehmen und verarbeiten werden. Daher wird der Zuhörer davon ausgehen, dass der Sprecher versuchen wird, seine Äußerung für den Zuhörer relevant zu gestalten. Zumindest wenn der Sprecher mit seiner Äußerung tatsächlich eine Mitteilungsabsicht verfolgt. Dies ist zwar im Allgemeinen der Fall. Doch vielleicht möchte der Sprecher in einem besonderen Fall ausschließlich andere Ziele erreichen und gar nichts mitteilen, obwohl er etwas sagt. Oder der Sprecher möchte neben seiner Mitteilungsabsicht noch ganz andere Ziele erreichen. Als Empfänger sollten wir uns daher unter Anwendung des Grundsatzes der zu unterstellenden Zweckrationalität fragen: Für welches Ziel hält der Sprecher seine Äußerung für ein adäquates Mittel?

Meine Großmutter hatte die Angewohnheit, bestimmte Erlebnisse aus ihrer Biographie immer und immer wieder zu erzählen. Als sie eines Tages wieder zu einer Erzählung ansetzte, unterbrach ich — damals im einstelligen Alter — sie mit dem freundlichen Hinweis, dass ich schon wüsste, wie es weitergehen würde und lieferte als Beleg meines Wissens einige Details der darauffolgenden Story. Zu meinem Erstaunen nahm meine Oma meine Anmerkung zur Kenntnis — und fuhr dann fort, als hätte ich nichts gesagt. Offenkundig ging es meiner Oma gar nicht darum, etwas mitzuteilen, also im engen Sinne zu kommunizieren. Anderenfalls hätte sie nicht so eklatant gegen das Relevanzprinzip verstoßen. Denn sie bescherte Verarbeitungsaufwand, obwohl ich ihr signalisierte, dass dieser Aufwand zu keinerlei geistigen Effekten führen würde, die diesen Aufwand rechtfertigten. Ihr ging es um etwas anderes. Durch die Art und Weise, wie sie ihre Erlebnisse schilderte, blieb auch meinen kindlichen Augen nicht verborgen, dass sie während ihrer Ausführungen positive Gefühle hatte. Möglicherweise ließen sich diese Gefühle nur oder am besten durch die Schilderungen aktivieren. Vielleicht wäre es ihr albern vorgekom-

---

[55] Vgl. Künne *Abstrakte Gegenstände. Semantik und Ontologie*.

men, hätte sie zu sich selbst gesprochen. Oder sie hatte das Bedürfnis, dieselben Gefühle in ihrem Enkel hervorzurufen. Zusammen mit der Überzeugung, dass dies über die wiederholte Erzählung möglich sei, lässt sich ihre Handlung leicht erklären.

Auch viele juristische Belehrungen sind von der Art, dass ihr Verkünder gar keine Mitteilungsabsicht verfolgt. Möglicherweise ist es ihm sogar gleich, ob der Adressat zuhört oder sie versteht. Das Ziel des Sprechers ist in diesen Fällen oftmals, dass er einer juristischen Pflicht genüge getan hat.

Verlassen wir diese Sonderfälle und nehmen wieder typische Fälle von Kommunikation ins Visier. Auch wenn der Sprecher ganz sicher etwas mitzuteilen beabsichtigt, also kommuniziert, versucht er in der Regel, noch weitere Ziele durch seine Handlung zu erreichen. Grundlegende Fragen, die wir uns als Empfänger stellen sollten, lauten: Was möchte der Sprecher bei mir erreichen? Was soll ich denken, tun oder fühlen? Was möchte der Sprecher für sich erreichen? Was soll sich durch seine sprachliche Handlung für ihn ändern? Und welchen Beitrag gedenkt er dabei mir als Empfänger zu? In unserem Beispiel des Mitarbeiters, der gegenüber seiner Führungskraft äußert „Ach, Sie gehen schon nach Hause?" kommen ganz unterschiedliche weiterführende Absichten in Frage. Möglicherweise trachtet der Mitarbeiter danach, der Führungskraft ein schlechtes Gewissen zu bereiten. Oder er setzt darauf, sie zu einer Rechtfertigung zu zwingen. Vielleicht möchte er seinen Chef motivieren, in der Situation oder in Zukunft länger zu bleiben. Alternativ kann der Mitarbeiter das Ziel verfolgen, den Chef dazu zu bringen, die Leistung des Mitarbeiters zu loben. (Man kann zu Recht monieren, dass der Mitarbeiter in diesem Fall ein für seine Absicht zweifelhaftes Mittel gewählt hat.) Was auch immer der Mitarbeiter mit seiner Äußerung beabsichtigt hat, eine Reflexion über seine Wahrnehmung, Gefühle, Bedürfnisse und Einstellungen wird es dem Hörer leichter machen, zu einer realitätsnahen Einschätzung zu gelangen. Und je besser der Hörer die Absichten seines Gegenübers einschätzen kann, desto günstiger ist seine Ausgangsposition, um seine eigenen Ziele im Gespräch mit seinem Gegenüber zu erreichen.

Wie sollte man damit umgehen, wenn eine Äußerung scheinbar nicht relevant ist? Zunächst einmal sollte ich unterstellen, dass die Äußerung für mich relevant ist und mich fragen, welche Schlussfolgerungen dann entstehen. Diese könnten dann der Mitteilungsabsicht des Sprechers entsprechen. Was wenn sich auf diese Weise kein brauchbares Resultat ergibt? In diesem Fall ist zu erwägen, ob sich der Sprecher über meine Bedürfnisse, Interessen oder Vorkenntnisse und Verarbeitungsgewohnheiten getäuscht hat. Vielleicht hält er mich für minderbemittelt oder für hochgradig versiert auf einem Gebiet, das ich weder beherrsche noch interessant finde. Wenn diese Option — dass die Annahmen des Sprechers darüber, was seine Äußerung für mich relevant macht, falsch sind — ausscheidet, sollte man die Möglichkeit prüfen, dass der Sprecher ganz andere Ziele verfolgte als mir etwas mitzuteilen. Vielleicht wollte er einem nebenstehenden Zuhörer imponieren. Oder er beabsichtigte, dass ich mich unterlegen fühle, mich unterordne, oder er war lediglich gewillt, einer Mitteilungspflicht nachzukommen. Auch kann es sein, dass er durch lautes Sprechen für sich seine Gedanken ordnen will oder sich selbst über seine Gefühle im Klaren werden möchte. Letztes ist fast immer dann der Fall, wenn der Redner seinem schweigenden Gesprächspartner am Ende seiner langen Ausführungen für das wertvolle Gespräch dankt.

4.5 Verstehen und Fügsamkeit: Wie aus Verständnis Einverständnis wird

Verstehen schafft die Basis, um die Einstellung unseres Gegenübers zu beeinflussen und sein Verhalten in unserem Sinne zu steuern. Als *Compliance*, deutsch als Fügsamkeit oder Einwilligung bezeichnet, versteht man in der Psychologie die Verhaltensänderung, die eine Person auf eine Bitte hin vornimmt. Das Verstehen kann in doppelter Weise die Fügsamkeit unserer Gesprächspartner erhöhen: Zum einen erhalten wir wertvolle Informationen, auf deren Grundlage wir geeignete Instrumente auswählen und einsetzen können, welche die Kooperationsbereitschaft unseres Gegenübers fördern. Zum anderen erhöht das aktive Ringen um ein tiefes Verständnis selbst die Bereitschaft unseres Gegenübers, unsere Meinungen und Wünsche wohlwollend zu behandeln.

Wenn wir verstehen, welche Einstellungen unser Gegenüber hat und auf welche Quellen sie sich stützen, erhalten wir Ansatzpunkte für unsere Strategie. Erfahren wir, dass eine Haltung auf bestimmten Informationen basiert, die wir für falsch oder schlecht begründet halten, können wir mit sachlichen Argumenten oder dem Verweis auf verlässliche Quellen ansetzen. Allerdings ist hier Vorsicht geboten. Schuld ist ein in der Psychologie als *Besitztumseffekt* bezeichnetes Phänomen. Die Forschung hat gezeigt, dass wir denselben Gegenstand als wertvoller empfinden, wenn wir ihn besitzen, als wenn ihn jemand anderes besitzt.[56] Selbst das Verhältnis lässt sich berechnen, es beträgt 2:1. D. h. Ihnen wird wahrscheinlich Ihr Auto doppelt so viel wert sein wie das gleiche Auto in einem Online-Portal, das in etwa die gleichen Eigenschaften wie Alter, Ausstattung, KM-Leistung usw. aufweist. Aus diesem Grund wiegt für uns auch ein Verlust schwerer als ein entsprechender Gewinn. Es schmerzt uns mehr, 100 Euro zu verlieren, als es uns freut, wenn wir

---

[56] Kahnemann, Knetsch, Thaler „Experimental Test of Endowment Effect and the Coase-Theorem"

100 Euro gewinnen. Und es spricht viel dafür, dass der Besitztumseffekt sogar für Meinungen gilt: Eine Meinung, die wir haben, erscheint uns wertvoller als eine, die wir nicht haben. Insofern tut es uns weh, eine Meinung aufzugeben. Folglich werden wir kämpfen, wenn jemand mit sachlichen Argumenten versucht, unsere Meinung als falsch zu entlarven. Und selbst wenn unser Gesprächspartner erfolgreich sein sollte und wir seinen Argumenten nichts mehr entgegensetzen können, mögen wir dennoch trotzig an unserer Meinung festhalten — der Psychologe nennt dies Phänomen „Preseveranz".[57]

Wesentlich vielversprechender ist es, die eigene Argumentation anstatt auf missliche Überzeugungen unseres Gegenübers besser auf seine Bedürfnisse zu richten. Wenn es uns gelingt aufzuzeigen, wie unser Gegenüber mit einem bestimmten Verhalten, das unseren Zielen dient, seine Bedürfnisse befriedigen kann, werden wir kaum auf Widerstand treffen. Und dennoch beziehen wir uns im Dialog mit Freunden, Kunden, Kollegen, Vorgesetzten und Mitarbeitern meist eher auf die Bedürfnisse, die *wir* haben: „Bitte machen Sie xyz, weil mir abc wichtig ist!" Nicht dass der Verweis auf die eigenen Bedürfnisse keine positive Wirkung hat. Grundsätzlich sorgt der Ausdruck von eigenen Bedürfnissen für ein gewisses Wohlwollen. Und bereits die Begründung eines Wunsches, selbst wenn sie noch so unbedeutend ist, erhöht die Bereitschaft, bei kleineren Anliegen nachzugeben.

In einem psychologischen Experiment bittet ein Lockvogel Studenten, die gerade im Begriff sind Kopien anzufertigen, ihn vorzulassen.[58] Stets beginnt er mit „Entschuldigen Sie, ich habe 5 Seiten." Anschließend fährt er nach einer der folgenden drei Varianten fort:

- Darf ich den Kopierer benutzen?
- Darf ich den Kopierer benutzen, weil ich es eilig habe?
- Darf ich den Kopierer benutzen, weil ich Kopien machen muss?

Schon ohne Grund gewährten 60% der Gefragten den Vortritt. Die Begründung mit dem Verweis auf das eigene Bedürfnis ließ die Zustimmungsquote auf 94% hochschnellen. Doch wirklich überraschend an diesem Experiment war der Anteil der Zustimmung auf die dritte Bitte mit der trivialen und gefühlt inhaltslosen Begründung. Denn wozu sollte man einen Kopierer (in den 70er Jahren, in denen das Experiment durchgeführt wurde) denn sonst nutzen wollen, wenn nicht um zu

[57] Vgl. Shermann und Kim „Affective Preseverance: The Resistance of Affect to Cognitive Invalidation"

[58] Vgl. Langer, Blank, Chanowitz „The Mindlessness of Ostensibly Thoughtful Action: The Role of ‚Placebic' Information in Interpersonal Interaction"

kopieren? Die Zustimmung fiel mit 93% kaum niedriger aus als im nicht-trivialen zweiten Fall. Entscheidend für das Entgegenkommen ist also neben der „Bitte" die Begründung, also das „weil". Nicht so entscheidend ist der Inhalt der Begründung. Denn wir achten zumindest bei kleineren Bitten wohl nur darauf, dass die Form eingehalten wird. Ohne Begründung würde eine Bitte unhöflich wirken und daher eher abgelehnt.

Bei substanzielleren Anliegen, also Bitten, die von dem Gegenüber schmerzvolle Zugeständnisse verlangen, gewinnt der Inhalt der Begründung natürlich an Bedeutung. Und bezogen auf den Inhalt ist es weitaus effektiver, wenn sich der Sprecher bei der Begründung seiner Anliegen nicht auf seine eigenen, sondern auf die Bedürfnisse seines Gegenübers bezieht. Doch dies ist gar nicht so einfach. Und das liegt nicht bloß an unserem Hang zum Egozentrismus. Während wir zu unserem Innenleben mühelos und direkt Zugang finden, stehen wir vor der Herausforderung, Gefühle und Bedürfnisse unseres Gegenübers erst einmal zu identifizieren. Sie spüren unwillentlich, was Sie mögen und was nicht. Und es wird Ihnen im Allgemeinen nicht schwer fallen, sich in einer konkreten Situation klar darüber zu werden, was Sie sich wünschen. Doch zu den Gefühlen und Bedürfnissen unseres Gegenübers fehlt eine direkte Verbindung. Grundlegende menschliche Bedürfnisse sind etwa: Anerkennung, Macht, Sexualität, Essen, Spaß, Zugehörigkeit, Geborgenheit, Wettkampf, materielles Wachstum, Kreativität, Neugier, Ordnung, Ruhe, Harmonie, Gerechtigkeit, Selbständigkeit, Bewegung und Sicherheit. Doch weder ist diese Liste vollständig, noch sind die Bedürfnisse bei allen Menschen gleichermaßen stark ausgeprägt. Daher sollten wir wesentliche Bedürfnisse unseres konkreten Gesprächspartners ermitteln. Dazu sollten wir gut zuhören und darauf achten, wie er begründet, was er tut oder unterlässt, wie er auf bestimmte Verhaltensweisen und Umstände reagiert bzw. sie bewertet und was bei ihm positive oder negative Gefühle auslöst. Gerade beim letzten Punkt ist der Blick auf die Körpersprache, Mimik und Gestik, hilfreich. Interessant mag auch sein, was ihr Gesprächspartner erzählt, mit welchen Worten und wie ausführlich. Doch nicht nur die Äußerungen und die Körpersprache liefern wertvolle Indizien dafür, welche Bedürfnisse unser Gesprächspartner hat. Auch das übrige Verhalten, die Einrichtung des Büros, die Kleidung, die Organisation der Arbeit usw. geben Aufschluss über das, was ihm wichtig ist, über seine Einstellungen und Bedürfnisse. Wie auch immer, finden Sie heraus, was Ihrem Gesprächspartner wichtig ist. Stellt die Begründung Ihrer Anliegen die Befriedigung seiner Bedürfnisse in Aussicht, wird sie erfolgreicher sein. Weisen Sie bei der Beschreibung einer Sache darauf hin, inwieweit die genannten Eigenschaften die Bedürfnisse Ihres Gesprächspartners erfüllen, wie es die im Verkauf eingesetzte Vorteil-Nutzen-Argumentation anrät, dann wird diese Sache besonders attraktiv erscheinen. Erfolgreiche Argumentation stützt sich auf Bedürfnisse — auf die Bedürfnisse des Gegenübers.

Wenn wir uns darum bemühen, unseren Gesprächspartner und seine Äußerung zu verstehen, so erhalten wir wertvolle Informationen. Diese Informationen können wir nun nicht nur nutzen, um *kognitiv* auf seine Einstellungen einzuwirken und ihn dazu zu motivieren, in unserem Sinne zu handeln. Denn es ist auch möglich, seine Einstellungen *emotional* zu beeinflussen. Für die Fügsamkeit ganz entscheidend ist dabei die Einstellung, die unser Gesprächspartner uns gegenüber hat. Ob er uns sympathisch findet bestimmt, wie geneigt er ist, sich unseren Ansichten zu öffnen und unsere Bitten zu erfüllen.[59] Und wie sympathisch uns unser Gegenüber findet, können wir aktiv gestalten. Wir können uns auf eine Weise verhalten, die Sympathie bei unserem Gegenüber entstehen lässt. Ein solches Verhalten, das darauf aus ist, Sympathien zu gewinnen, nennt man in der Psychologie „Ingratiation"[60], böswillige Zungen sprechen im Alltag vom „Schleimen". Nun wird mit dem alltagssprachlichen Ausdruck offenkundig kein positives Verhalten bezeichnet. Daher mag man zweifeln, ob ein solches Verhalten günstig sein kann. Doch Verhaltensweisen, die Sympathie erzeugen, werden nicht immer als Schleimen empfunden, selbst dann nicht, wenn mit ihnen beabsichtigt wurde, Sympathien zu gewinnen. Ein Handeln wird als Schleimen empfunden und damit diskreditiert, wenn wir den Eindruck gewinnen, dass hinter diesem *ausschließlich* die Absicht steht, Sympathien zu erzeugen. Wirkt ein Verhalten „natürlich" oder lässt lediglich eine um generelle Sympathie und Wohlwollen bemühte Haltung erkennen, wird es weder argwöhnisch noch missbilligend wahrgenommen. Wenn Ihnen Ihr Mitarbeiter anbietet, heute länger zu arbeiten, weil er sieht, wie wichtig Ihnen ist, dass eine bestimmte Arbeit noch abgeschlossen wird, werden Sie sich freuen. Ein schaler Beigeschmack resultiert nur dann, wenn Sie spüren, dass der Mitarbeiter ausschließlich darauf abzielt, Sympathiepunkte bei Ihnen zu sammeln.

Welche Informationen helfen uns nun, Sympathien zu gewinnen und damit die Kooperationsbereitschaft zu erhöhen? Zunächst einmal können wir uns die sogenannte Affektheuristik zunutze machen. Als *Heuristiken* werden in der Psychologie Abkürzungen des Denkens genannt, die alltagssprachlich dem Begriff der Daumenregel am nächsten kommen. Unser Gehirn ist auf Effizienz aus und daher bestrebt, die sogenannte Verarbeitungsflüssigkeit so hoch wie möglich zu halten. Wenn es dabei erfolgreich ist, löst dies positive Gefühle aus.[61] Aus diesem Grund setzt unser Gehirn oft Heuristiken ein, da diese sehr leicht und mit wenig geistigem Aufwand im Allgemeinen zu guten Beurteilungen oder Entscheidungen führen. Die *Affekt-*

---

[59] Vgl. Cialdini *Die Psychologie des Überzeugens*

[60] Jones *Ingratiation: A Social Psychological Analysis*

[61] Vgl. Winkelmann und Cacioppo „Mind at Ease Puts a Smile on the Face: Psychophsysiological Evidence that Processing Facilitation Increases Positive Affect"

heuristik[62] ist eine solche Abkürzung für Entscheidungen: Wir ersetzen gerade bei komplexen Entscheidungen die Frage, was wir über eine Angelegenheit *denken*, durch die Frage, wie wir uns in Bezug auf sie *fühlen*. Ob wir eine Sache für jemanden tun wollen, beantwortet unser Gehirn ganz einfach in Abhängigkeit davon, ob wir mit dieser Sache oder der Person positive Gefühle verbinden. Oft finden wir für eine emotionale Entscheidung im Nachgang rationale Gründe, was den Auslöser für die Entscheidungsfindung verschleiert. Sind Sie bei Ihrem Gesprächspartner mit positiven Gefühlen abgespeichert, wird sein Gehirn nicht lange zögern und darauf drängen, Ihre Bitte zu erfüllen.

Wie hinterlassen Sie nun gute Gefühle bei Ihrem Gesprächspartner? Der vielleicht effektivste Weg besteht darin, ihm zu helfen, seine eigenen Bedürfnisse zu befriedigen. Doch dazu müssen Sie Ihr Gegenüber verstehen und diese erst einmal in Erfahrung bringen. Wenn Sie etwa merken, dass Ihrem Gegenüber die Anerkennung wichtig ist, und Sie ihm die Möglichkeit eröffnen, seine Leistungen im Rampenlicht zu präsentieren, wird dies positive Gefühle auslösen. Und diese positiven Gefühle assoziiert er fortan mit Ihnen. Es ist günstig, wenn Ihre Partner mit Ihnen positive Eindrücke in Verbindung bringen.

Auch um einen weiteren Effekt nutzen zu können, um Sympathien zu gewinnen, ist das Verstehen des Anderen elementar. Wir mögen alles, was uns vertraut ist. Denn alles, was wir kennen, schafft nicht nur Sicherheit, sondern hält auch den Verarbeitungsaufwand gering. Am vertrautesten sind wir mit uns und unseren Eigenschaften. Daher mögen wir alles, was uns ähnlich ist. Diesen Umstand bezeichnet man als „*Ähnlichkeitsprinzip*".[63] Um Sympathien zu gewinnen, besteht eine nicht nur von Vertrieblern genutzte erfolgreiche Strategie darin, Gemeinsamkeiten im Gespräch herauszustellen. Freilich muss man diese dazu natürlich kennen. Über unsere eigenen Eigenschaften, Bedürfnisse, Erfahrungen und Überzeugungen wissen wir meist recht gut Bescheid. Doch was den anderen auszeichnet, müssen wir in Erfahrung bringen. Einige wertvolle Informationen sind relativ offensichtlich: Alter, Geschlecht, Ausdruck, Stimme, Dialekt, Kleidung. Andere lassen sich im Gespräch ermitteln: Interessen, Hobbys, Lebensauffassungen, Erfahrungen usw. Wer sein Gegenüber umfassend versteht, erkennt Ähnlichkeiten und Gemeinsamkeiten. Stellen wir diese im Gespräch oder durch unser Verhalten — etwa indem wir uns im Dialekt, in der Stimmmodulation oder in der Körperhaltung noch deutlicher angleichen —

---

[62] Vgl. Slovic, Finucane, Peters und MacGregor „The Affect Heuristic."

[63] Äußere Ähnlichkeit scheint sogar die Stabilität von Liebesbeziehungen zu erhöhen. (Amodio und Showers „‚Similarity Breeds Liking' Revisted: The Moderation Role of Commitment.") Selbst die phonetische Ähnlichkeit des Namens erzeugt Sympathie und beeinflusst Entscheidungen (Simonsohn „Spurious? Name Similarity Effects (Implicit Egotism) in Marriage, Job, and Moving Decisions").

heraus, fördert dies die Sympathie und damit auch die Fügsamkeit. Denn wir mögen Menschen, die so sind wie wir; und wir sind eher bereit zu tun, was sie wollen.

Das Verstehen unseres Gesprächspartners unterstützt uns über die gewonnenen Informationen, uns in einer Weise zu verhalten, dass unser Gegenüber sich einvernehmlich gibt. Zudem leistet unser Bemühen darum, den anderen umfassend zu verstehen, selbst einen Beitrag, das Wohlwollen und Entgegenkommen des Gegenübers zu erhöhen. Dies liegt zum einen an dem sogenannten *Gesetz der reziproken Zuneigung*: Wir mögen jeden, von dem wir annehmen, dass er uns mag.[64] Und indem wir aufrichtig versuchen, unseren Gesprächspartner zu verstehen, zeigen wir automatisch persönliches Interesse und senden Signale, die als Zuneigung gewertet werden: Blickkontakt, Lächeln, weit geöffnete Augen, vorgebeugter Oberkörper. Und zum anderen greift ein schon angesprochenes Prinzip der Gegenseitigkeit, das uns noch im Kapitel „Überzeugung durch Akzeptanz" intensiver beschäftigen wird: Das Reziprozitätsprinzip. Indem wir Energie und Zeit investieren, um unser Gegenüber und seine Äußerung zu verstehen, leisten wir etwas für ihn: Wir schenken ihm unsere Aufmerksamkeit und bringen dadurch in einem gewissen Grad unsere Wertschätzung seiner Person zum Ausdruck. Nun wird unser Gegenüber sicher nicht einseitig Nutzen aus unserer Interaktion ziehen wollen, so dass es im Anschluss an ihm ist, etwas „zurückzugeben". Und dieses Zurückgeben kann vielfältige Formen annehmen: Er kann nun seinerseits unserer Position aufmerksam zuhören und sich bemühen, unsere Beweggründe zu verstehen. Er kann sich trotz einiger Vorbehalte unserer Position anschließen. Oder er kann etwas zurückgeben, indem er unserer Bitte nachkommt, obwohl sie für ihn mit einigen Umständen verbunden ist. Das aktive Ringen darum, unser Gegenüber und seine Beiträge ernsthaft und umfänglich zu verstehen, trägt kraft der zwei Gegenseitigkeitsmechanismen schon an sich dazu bei, dass sich unser Gegenüber für unsere Position öffnet und seine Bereitschaft wächst, etwas in unserem Sinne zu tun.

4.6   Das Kapitel kompakt

Das Verstehen ist die Basis für das Einvernehmen und damit die Voraussetzung dafür, unser Gegenüber zu überzeugen und zu bestimmten Handlungen zu motivieren. Mein Verständnis des Anderen ebnet in zweifacher Weise den Weg für das Einverständnis: Zum einen liefert das erfolgreiche Verstehen eine verlässliche Grundlage für die Entwicklung einer wirksamen kommunikativen Strategie. Zum

---

[64]   Vgl. Curtis und Miller „Believing Another Likes or Dislikes You: Behaviors Making the Beliefs Come True"

anderen signalisiert das aktive Bemühen darum, das Gegenüber zu verstehen, Interesse und Wertschätzung, was die Bereitschaft des Gegenübers fördert, seinerseits wohlwollend entgegenzukommen.

Es gibt diverse Hinsichten, in denen ein Sprecher sein Gegenüber und dessen Äußerung verstehen und missverstehen kann.

Hinsichten des Verstehens

Äußerung	Sprecher
1. Akustik	1. Wahrnehmung
2. Sinn	2. Gefühl
3. Sachbezug	3. Bedürfnis
4. Sprechhandlung	4. Einstellung
5. Mitteilung	5. Absicht

Kommunikation im engeren Sinne glückt, wenn der Hörer die Mitteilung des Sprechers erfasst. Dies bedeutet, dass der Hörer erfasst, was der Sprecher beabsichtigt mitzuteilen — seine Mitteilung. Damit dies gelingt, ist das Verstehen der sprachlichen Bedeutung hilfreich. Doch oft weicht die Mitteilung erheblich vom Gesagten ab. Um das Gesagte zu verstehen, muss man den sprachlichen Sinn der Äußerung kennen. Dazu wird die Bedeutung der Wörter dekodiert. Dagegen muss der Empfänger das, was der Sprecher mitteilen wollte, *erschließen*. Hierbei ist das Relevanzprinzip zentral. Eine Information ist relevant für jemanden, wenn sie einerseits geistige und emotionale Effekte hat und andererseits leicht zu verarbeiten ist. Da wir annehmen, dass Sprecher verstanden werden wollen, setzen wir unbewusst voraus, dass deren Äußerungen auch relevant für uns sind. Die Mitteilung ist demnach wahrscheinlich die Interpretation einer Äußerung, die für den Hörer relevant ist. Und diese Interpretation kann sich vom direkt Gesagten unterscheiden, ja sie kann sogar im Widerspruch zum Gesagten stehen wie im Fall von Ironie.

Um eine solide Grundlage für die eigene kommunikative Strategie zu erhalten, ist das Verstehen der Äußerung jedoch oft nicht genug. Auch sollte der Gesprächspartner den Sprecher hinter der Äußerung verstehen. Hierbei ist es ganz besonders wichtig, darüber zu nachzudenken, wie der Sprecher die Situation wahrnimmt, welche Gefühle er in der Situation hat, welches Bedürfnis dabei zugrunde liegt, welche Einstellung er hat und vor allem welche Ziele der Sprecher abgesehen von seiner Mitteilung verfolgt.

Das Verstehen trägt auf zwei Wegen zum Einvernehmen bei. Zum einen ist das Verständnis von Äußerung und Sprecher die Grundlage für Strategien zur Beeinflussung, welche zu einer gemeinsamen Sichtweise über Sachverhalte, Wertungen und Handlungen führen. Zum anderen wirkt das aktive Ringen darum, das Gegenüber aufrichtig zu verstehen, wertschätzend. Und wertschätzendes Verhalten fördert über Mechanismen der Gegenseitigkeit die Motivation, wohlwollend auf das Gegenüber einzugehen und damit zu einer einvernehmlichen Position zu gelangen.

Wenden wir uns abschließend dem klugen Hans vom Anfang des Kapitels zu. Nehmen wir an, Hans klopfte als Reaktion auf die Frage „Wieviel ist 24 – 9?" genau 15 Mal mit seinem Vorderhuf. Die wissenschaftliche Untersuchung hat ergeben, dass Hans nicht rechnen konnte. Immerhin gelang es Hans, die beabsichtigte Reaktion zu zeigen. Dies wäre nicht möglich, wenn er gar nichts verstanden hätte. Was also genau hat er verstanden? Hat Hans die Äußerung des Fragenden verstanden? Im Wesentlichen nicht. Zwar hat Hans die Äußerung sicher akustisch verstanden, denn ansonsten hätte er wohl gar nicht reagiert. Doch den sprachlichen Sinn hat er ebenso wenig erfasst wie die eigentliche Mitteilung, die in diesem Fall nicht stark von dem sprachlichen Sinn abweicht. Wörter, die einen Sachbezug haben, wie „ich", „heute" oder „die Kanzlerin" kamen in der Äußerung nicht vor, also gab es in dieser Hinsicht auch nichts misszuverstehen. Interessanter ist die Frage, ob Hans die Sprechhandlung erkannt hat. Es handelte sich um eine Frage, die einer Aufforderung, eine bestimmte Reaktion zu zeigen, entspricht. Hans hat mit Sicherheit den auffordernden Charakter bemerkt, andernfalls hätte er nicht begonnen, mit seinem Huf zu stampfen. Doch ob es ihm bewusst war, dass es sich um eine Frage handelte, die eine Antwort erfordert, darf bezweifelt werden. Demnach kann die Kommunikation im engeren Sinne insgesamt als erfolglos bezeichnet werden.

Und doch gelang es Hans, in einer Weise zu handeln, die zeigt, dass er etwas Wichtiges in der Kommunikationssituation verstanden hat, nämlich den Fragenden selbst, den Sprecher der Äußerung. Hans erkannte die Gefühle des Sprechers und wie diese sich während seiner Reaktion veränderten. Er konnte Zufriedenheit von Unzufriedenheit unterscheiden. Das dem Gefühl zugrunde liegende Bedürfnis, wie z.B. ein erfolgreicher Lehrer zu sein oder das Publikum zu beeindrucken, wird Hans vermutlich ebenso verborgen geblieben sein wie weitere relevante Einstellungen und Überzeugungen des Lehrers. Immerhin hat Hans erkannt, dass der Lehrer mit seiner Frage eine bestimmte Reaktion von ihm forderte, nämlich so lange zu klopfen, bis er zufrieden ist. Mithin lässt sich festhalten, dass Hans zwar die Äußerung des Sprechers praktisch nicht, den Sprecher der Äußerung jedoch in wesentlichen Hinsichten sehr wohl verstanden hat. Hans kann also mit Fug und Recht als „klug" bezeichnet werden — zwar nicht klug in Bezug auf Zahlen und die deutsche Sprache, jedoch klug in Bezug auf Menschen. Manchem Menschen wünscht man etwas mehr von der Hansschen Klugheit.

Das Kapitel in einem Satz

Einvernehmen durch Verstehen

Bemühen Sie sich, Ihr Gegenüber und seine Äußerungen in mehreren Hinsichten zu verstehen; und erleichtern Sie es ihm bereits dadurch, wohlwollend auf Ihre Position und Wünsche zu reagieren.

Sicherung und Praxistransfer

Wissen		Handeln	
Relevanz	*Was fand ich interessant?*	Ziel	*Was nehme ich mir vor?*
Speicher	*Was möchte ich mir merken?*	Umsetzung	*Wie werde ich dazu vorgehen?*
Vertiefung	*Welchen Fragen möchte ich nachgehen?*	Kontrolle	*Wann möchte ich meinen Erfolg prüfen?*

5   Macht durch Freiheit

Wie Sie sanfte Macht ausüben können, indem Sie Ihrem Gegenüber Freiraum gewähren

Auf griechischen und römischen Galeeren wurden Menschen dazu veranlasst, etwas zu tun, was sie aus eigenem Antrieb nicht getan hätten, nämlich zu rudern. Denn welcher Mensch von klarem Verstand hätte freiwillig die schweißtreibende und über längere Zeiträume gesundheitsschädliche Tätigkeit ausgeübt?[65] Eine Besonderheit der Bauweise von Galeeren bestand darin, dass die Ruderbänke versetzt und so eng angeordnet waren, dass jemand, der aufhörte zu rudern, umgehend von den sich bewegenden Riemen der umgebenden Ruderer zerquetscht wurde. Mit anderen Worten: Auf einer Galeere wurde eine Struktur geschaffen,

---

[65] Meine historischen Recherchen im Hinblick auf die Einleitung haben an meinen Vorstellungen, die ihre Wurzeln in meinem Geschichtsunterricht der Unterstufe haben, Zweifel aufkeimen lassen: Denn sowohl bei den Griechen als auch bei den Römern wurden wohl vornehmlich Söldner und erst viel später im Mittelalter vorwiegend Sklaven eingesetzt.

unter der die Führung niemanden mehr zum Rudern motivieren musste. Der Betriebswirt von heute nennt so etwas „strukturelle Führung".

Bemerkenswerterweise wurde diese strukturelle Führung, wie es auch in modernen Unternehmen üblich ist, personell unterstützt. Neben einem Kapitän befand sich auf den Galeeren noch weiteres Führungspersonal: Ein Trommler und jemand, der die Peitsche schwang. Die Funktion des Trommlers leuchtet auch dem Laien sofort ein: Er musste dafür sorgen, dass die Ruderschläger auch synchronisiert werden konnten. Dies war nötig, selbst wenn alle motiviert waren zu rudern. Doch wozu die Peitsche, wenn doch die Struktur für die Motivation ausreicht? Der Einsatz der Peitsche veranschaulicht ein wesentliches Merkmal von Motivation durch Druck in Form von positiven oder wie hier negativen Sanktionen. Wird der Druck als ausreichend hoch erlebt, was im Fall der lebensgefährlichen Quetschung wohl vorausgesetzt werden kann, ist der Mensch motiviert, exakt so viel zu tun, wie notwendig ist, um dem Druck zu entgehen oder diesen auf ein erträgliches Maß zu mindern — und kein bisschen mehr. Befindet sich die Galeere also im Stillstand, wird keiner zu rudern beginnen. Gleitet sie in ruhiger Fahrt dahin und will sie der Kapitän beschleunigen, wird kaum jemand mitziehen. Und gelingt es einem Ruderer, die Bewegungen ohne Anstrengung kraftlos zu imitieren, so würde er das tun. Die Antwort auf der Galeere war: Zusätzlicher Druck in Form von Peitschenhieben.

Glücklicherweise ist die Zeit der Galeeren vorbei. In unsere Breiten können Führungskräfte ungestraft keine direkt lebensgefährlichen und menschenverachtenden Druckmittel einsetzen. Allerdings gibt es natürlich in der Diskussion und in der Praxis abgeschwächte und weitaus feinsinnigere Apparate, mit denen über ein Netz von positiven und negativen Sanktionen versucht wird, Verhalten von Mitarbeitern zu steuern. Beispiele sind: Leistungsorientierte Vergütung, Prämien, Incentives, Auszeichnungen, Abmahnungen, Versetzungen, ein Kaffeevollautomat usw. Sicher haben solche Maßnahmen steuernden Einfluss. Ebenfalls wird weitestgehend akzeptiert, dass sie sowohl positiv als auch negativ wirken können. Und schließlich scheint ein Konsens darüber zu bestehen, dass wenn es über irgendeinen anderen Weg ohne Druck gelänge, Mitarbeiter das gewünschte Verhalten zeigen zu lassen, dieser Weg günstiger wäre. Denn kein Geflecht von Sanktionen kann so justiert werden, dass stets das bestmögliche Verhalten resultieren würde; stets ist der Good Will eines Menschen entscheidend, wenn er optimal abgestimmt auf die komplexen Herausforderungen in sich laufend wandelnden Situationen handeln soll. Bei der Idee, man könne Motivation durch Sanktion exakt so steuern, dass die Unternehmensziele bestmöglich erreicht werden, handelt es sich um eine Illusion, die ich bildlich als „Chimäre der Galeere" bezeichne. Und wenn schon Führungskräfte auf das Wohlwollen und die Eigeninitiative ihrer Mitarbeiter angewiesen sind, gilt Entsprechendes erst Recht für diejenigen, die keine Weisungsbefugnis besitzen.

In diesem Kapitel widme ich mich einem unserer grundlegendsten Bedürfnisse: Dem Bedürfnis nach Freiheit. Führung muss immer wieder Freiheiten beschneiden, was naturgemäß Widerstand auslöst. Wie die Führung diesem Widerstand vorbeugen kann, auch wenn sie lenkt, beschäftigt uns im Anschluss. Sie erfahren, wie Sie Fragen gezielt einsetzen können, um in vielen unterschiedlichen Situationen zu steuern, Verbindlichkeit zu schaffen und zu Handlungen zu motivieren. Ob Sie über disziplinarische Macht verfügen, oder nicht: Mittels Fragen können Sie steuern, ohne negative oder positive Sanktionen anzudrohen oder zu verhängen.

5.1 Freiheit oder Widerstand: Mit Fragen aus dem Dilemma

Als Menschen haben wir verschiedene grundlegende Bedürfnisse. Eines davon ist unser Bedürfnis nach Freiheit. Wir möchten unsere Handlungen frei von Druck selbst kontrollieren können. Wir favorisieren die Macht, Entscheidungen umzusetzen, die allein unserem Willen gehorchen. Wenn Handlungsoptionen eingeschränkt werden, bedeutet das einen Verlust an Freiheit. Und der Verlust von einmal besessenen Freiheiten ist etwas, was wir ganz besonders verabscheuen. Entsprechend negativ sind die Gefühle, wenn wir erfahren, dass unsere Freiheit begrenzt wird, vor allen Dingen, wenn wir dies für ungerechtfertigt halten. Dies tritt bei psychischem Druck (Drohungen, Nötigung) auf oder bei Einschränkung unserer Handlungsspielräume (Verbote, Zensur). Die aus dem negativen Gefühl entstehende Abwehrreaktion wird *Reaktanz* genannt.[66] Reaktanz ist das Bestreben, unsere angestammten Vorrechte zu bewahren. Wann immer unsere Wahlfreiheit beschnitten oder bedroht wird, wächst das Verlangen, diese Freiheit zu behalten. Reaktanz bezeichnet die psychische Einstellung oder Disposition, auf Einschränkungen unserer Freiheit mit Widerstand zu reagieren.[67]

---

[66]   Vgl. Brehm: *Theory of Psychological Reactance*

[67]   Wenn allerdings ein Mensch erfahren hat, dass die eigene Handlung zu nicht kalkulierbaren Ergebnissen führt (Non-Kontingenz), ist Passivität und Hilflosigkeit die Folge. Und diese breitet sich weiter aus. Dann formiert sich auch bei massiven Einschränkungen der Freiheit kein Widerstand mehr. Die Theorie der erlernten Hilflosigkeit entwickelten Martin Seligman und Steven Maier anhand von Experimenten mit Hunden. (Vgl. Seligman. *Helplessness. On Depression, Development and Death.*) Die Theorie der erlernten Hilflosigkeit und die Reaktanztheorie beschreiben beide Reaktionen auf die Erfahrung von Freiheitsverlust bzw. Kontrollverlust. Welche Reaktion auftritt, hängt Wortmann und Brehm (Vgl. Wortman und Brehm „Response to Uncontrollable Outcomes: An Integration of Reactance Theory and the Learned Helplessness Model.") zufolge davon ab, ob der Mensch gelernt hat und deswegen erwartet, normalerweise über seine Handlungen frei entscheiden zu können. Nach Wortmann und Brehm führen kurze Unkontrollierbarkeitserfahrungen beim gleichzeitigen Bestehen einer übergeordneten Kontrollerwartung zu Reaktanzverhalten, während andauernde Unkontrollierbarkeitserfahrungen ohne übergeordnete Kontrollerwartungen Hilflosigkeitseffekte hervorrufen.

Reaktantes Verhalten nennt man das durch Reaktanz ausgelöste Verhalten, also die Reaktion auf die Einengung unserer persönlichen Kontrollmöglichkeit. Auch wenn reaktantes Verhalten unterschiedliche Formen annehmen kann, die wir noch genauer betrachten werden, immer liegt das Motiv zugrunde, die ausgeschlossene Handlungsalternative dennoch heimlich oder offensichtlich auszuführen. Denn dies bedeutet, sich ein Stück der verlorenen Freiheit zurückzuerobern, selbst wenn dies direkt gar nicht mehr möglich scheint. Wenn beispielsweise ein Vorgesetzter seinem Mitarbeiter die von ihm erwartete Wahlfreiheit im Hinblick auf das nächste Projekt nimmt, dann könnte der Mitarbeiter eventuell versuchen, die verlorene Freiheit dadurch indirekt wieder zu erlangen, dass er das Projekt bewusst nicht im Sinne seines Vorgesetzten bearbeitet.

Eine weitere interessante Folge von Reaktanz ist die Aufwertung der *eliminierten Alternative*.[68] Gerade die Handlungsalternative, die ausgeschlossen wurde, erscheint uns ganz besonders attraktiv. Dies kann selbst dann der Fall sein, wenn uns die nun untersagte Option zuvor gleich war und wir sie, als es noch uneingeschränkt möglich gewesen wäre, niemals genutzt haben. Ein im Vertrieb daher erfolgreich eingesetztes Prinzip ist das der Knappheit sowohl in Hinblick auf die Menge („Nur solange der Vorrat reicht") oder die Zeit („Nur noch 3 Tage"). Verknappung führt zur Gegenreaktion, also Interesse und dem Streben, die raren Dinge zu erlangen. Wird etwa in einem Unternehmen, das seinen Mitarbeitern bislang freistellte, aus einem umfangreichen Weiterbildungsangebot auszuwählen, der Zugang begrenzt, werden sich auf einmal auch viele derjenigen auf entsprechende Wartelisten setzen, die zuvor nie oder selten Interesse an den Angeboten signalisierten.

Wie stark die Reaktanz ausfällt, hängt von vielen Faktoren ab: Zunächst einmal vom Umfang des empfundenen Freiheitsverlusts. Je mehr Entscheidungsoptionen bedroht oder eliminiert werden, desto stärker ist die Reaktanz. Aber auch die Stärke der Freiheitsbegrenzung spielt eine Rolle. Die Reaktanz nimmt mit dem Grad der Bedrohung für die Freiheit zu. Selbstverständlich hat auch die Wichtigkeit der begrenzten Freiheit Einfluss auf die Reaktanz. Je stärker mein Bedürfnis ist, für dessen Befriedigung ich das verbotene Verhalten einsetzen möchte, und je höher ich den Beitrag der ausgeschlossenen Handlungsalternative für diese Bedürfnisbefriedigung bewerte, desto höher ist meine Reaktanz. Angenommen, Maria verspürt das Bedürfnis Karriere zu machen, und ist überzeugt, dass Auslandstätigkeiten stark karriereförderlich sind. Dann wird sie starke Reaktanz zeigen, wenn sie erfährt, dass die bisherige Option, für ein paar Monate im Ausland arbeiten zu können, in ihrem Unternehmen gestrichen wird.

---

[68] Vgl. Brehm u. a. „The Attractiveness of an Eliminated Choice Alternative"

Ein weiterer Aspekt, der die Stärke der Reaktanz beeinflusst, sind die Freiheitserwartungen. Wo ich nicht erwarte, frei zu sein, entsteht bei Unfreiheit auch keine Reaktanz. Das heißt, wo von vornherein keine Freiheiten bestehen, oder wo aus anderen Gründen ein Mensch nicht erwartet, eine bestimmte Wahl treffen zu können, wird keine oder nur eine sehr schwache Reaktanz auftreten, sollte ihm tatsächlich unmöglich gemacht werden, diese Wahl zu treffen. Wenn ein Mitarbeiter beispielsweise bisher immer seinen Urlaub frei wählen konnte, wird Reaktanz die Folge sein, wenn diese Freiheit beschnitten wird. Wenn er jedoch von Anfang an die Möglichkeit dazu nicht hatte, wird kaum Reaktanz auftreten. Eine schwache Form von Reaktanz mag allerdings auch in diesem Fall entstehen. Beispielsweise dann, wenn sich der Mitarbeiter mit seinem Kollegen aus einer anderen Abteilung unterhält und erfährt, dass dieser die besagte Freiheit genießt.[69]

Sollte die Freiheitsbeschränkung als berechtigt erlebt werden oder als von übergeordneten nicht beeinflussbaren Kräften ausgehend, wird Reaktanz ebenfalls ausbleiben. Wenn ein Geschäftsführer es als ungerechtfertigt ansieht, dass er wegen eines Fehlers seine Position abgeben muss, wird er sich reaktant verhalten, nicht aber, wenn er dies für angemessen hält. Und wenn der Geschäftsführer infolge einer Krankheit seine Funktion nicht länger ausüben kann, dann wird er vermutlich seiner Freiheit, genau das zu tun, nachtrauern, jedoch keine Reaktanz entwickeln.

Welche Formen kann die Reaktanzreaktion nun annehmen? Brehm unterscheidet zwischen *subjektiven Effekten*, die sich nicht direkt im beobachtbaren Verhalten äußern und daher nicht durch die Umwelt kontrollierbar sind, und *Verhaltenseffekten*. Diese weisen jedoch oft eine antisoziale Ausprägung auf, die negativ sanktioniert wird. Stellt man die Freiheit direkt wieder her oder wendet man instrumentelle und unspezifische Aggression an, so wirkt das in der Regel antisozial. Sie kennen vielleicht den Fall, dass ein Mitarbeiter, dessen Freiheit, seinen Urlaub festzulegen, genommen wurde, einfach seinen Urlaub wie gewünscht bucht und mit oder ohne Krankenschein der Arbeit fernbleibt. Dieser Mitarbeiter muss negative Sanktionen fürchten, die er in der Regel schwerwiegender einschätzt als die erkämpfte Freiheit. Entsprechendes gilt für unterschiedliche Formen von Aggression.

Weil derartige Verhaltensweise von der Umwelt abgelehnt werden und für den Handelnden bittere Konsequenzen nach sich ziehen können, treten in bestimmten Situationen nur subjektive und keine bzw. keine wahrnehmbaren Verhaltenseffekte auf. Zu diesen zählt oft die indirekte Wiederherstellung der Freiheit durch Ausführung einer Verhaltensweise, die der verlorenen ähnlich ist, oder eine Anpassung der eigenen Attraktivitätsbewertung. Bezogen auf unser Beispiel könnte

---

[69] Vgl. Kapitel 8 *Gerechtigkeit durch Ungleichheit*

der Mitarbeiter seine Freiheit etwa dadurch wiederzuerlangen trachten, dass er seine Geschäftsreisen in Zukunft nicht an den Kundenanforderungen, sondern an privaten Interessen ausrichtet. Oder aber der Mitarbeiter könnte seine Einstellung zu der verloren gegangenen Option ändern und die Möglichkeit, seinen Urlaub frei zu wählen, als gar nicht so wichtig einzustufen, vielleicht weil Urlaub in seinem Leben überhaupt gar nicht so eine entscheidende Rolle (mehr) spielt. Letzteres wird verständlich, wenn wir unsere Neigung, Unstimmigkeiten in unseren Haltungen zu eliminieren, verstehen.

Wenn wir Haltungen, Überzeugungen und Wünsche haben, die nicht miteinander harmonieren, dann löst dies ein negatives Gefühl aus. Dieses negative Gefühl möchten wir loswerden. Nach der *Theorie der kognitiven Dissonanzreduktion*[70], mit der wir uns bereits in Kapitel 2 „Autorität durch Integrität" beschäftigten, haben wir die Tendenz, inkonsistente Haltungen, Überzeugungen, Einstellungen so anzupassen, dass sie harmonieren, oder die Haltungen zu rationalisieren. Schließlich möchten wir negative Gefühle minimieren. Wenn nun unsere Freiheit eingeschränkt wird und bestimmte Handlungsoptionen nicht mehr in Frage kommen, empfinden wir das negativ. Denn der Wunsch, auch diese Handlung wählen zu können, und die auferlegte Beschränkung harmonieren nicht. Das negative Dissonanzgefühl können wir in diesem Fall mildern oder beseitigen, indem wir die Attraktivität der uns nicht mehr zu Verfügung stehende Handlungsoption abwerten.

Maria erwägt, sich auf die Position ihrer Abteilungsleitung zu bewerben, die in den Ruhestand treten wird. Zwar befürchtet sie erhebliche Mehrbelastungen und gerade in der Anfangszeit Konflikte mit ein oder zwei ihrer bisherigen Kollegen. Doch das Mehr an Verantwortung, das soziale Prestige und nicht zuletzt das höhere Gehalt scheinen ihr den Preis wert zu sein. Noch bevor die Stelle offiziell ausgeschrieben wird, erfährt sie von ihrem Freund Matthias, der als Assistent der Geschäftsführung tätig ist, dass der Geschäftsführer seine Nichte, deren Unternehmen gerade Insolvenz anmelden musste, für den Posten vorgesehen hat. Maria ist frustriert, ihre Handlungsmöglichkeiten wurden beschnitten. Welche Reaktanzoptionen stehen ihr zur Verfügung? Eine direkte Wiederherstellung ihrer Freiheit ist für sie schwer möglich und vielleicht mit negativen Sanktionen verbunden, wenn sie zu forsch vorgeht. Denn sie könnte natürlich versuchen, die Freiheit zu behalten, indem sie proaktiv eine Bewerbung einreicht, dem Geschäftsführer ihr Anliegen vorträgt oder aggressiv mit ihrer Kündigung droht. Wenn ihr nun diese Optionen wenig aussichtsreich erscheint oder sie nicht bereit ist, mögliche negativen Sanktionen in Kauf zu nehmen, bleiben als Möglichkeiten eine Ersatzhandlung oder die kognitive Dissonanzreduktion. Als Ersatzhandlung wäre eine Bewerbung auf eine

---

70 Vgl. Festinger. *A Theory of Cognitive Dissonance.*

alternative interne oder externe Abteilungsleiterposition denkbar. Angenommen Maria erscheinen nach eingehender Reflexion nun auf einmal die Nachteile einer Abteilungsleiterposition viel schwerwiegender als die Vorteile. Und ihr erscheint der Verlust der verloren gegangenen Option gar nicht mehr so schmerzlich. Dann war unbewusst ein anderer Mechanismus erfolgreich, nämlich die kognitive Dissonanzreduktion.

Menschen haben das Bedürfnis nach Freiheit und Selbstbestimmung. Und sie neigen zu Reaktanz, wenn dieses Bedürfnis verletzt wird. Was ergibt sich hieraus, wenn man Menschen überzeugen möchte? Will man Menschen für sich oder bestimmte Handlungen gewinnen, muss man ihnen die Freiheit lassen. Doch dies birgt ein Problem: Nicht in jedem Fall führt das Gegenüber, dem Sie die Freiheit zu handeln gewähren, die von Ihnen favorisierte Handlung aus. Daraus resultiert eine augenscheinlich paradoxe Herausforderung: Wir müssen steuern und dabei Freiheit gewähren. Das sieht nach einem Oxymoron aus, einem Widerspruch in sich, wie ein rundes Quadrat. Glücklicherweise verlaufen kommunikative Prozesse nicht nur auf den starren Bahnen der formalen Logik. Die Art der Kommunikation macht auch scheinbar Gegensätzliches möglich. Einen Schlüssel bildet dabei die Verwendung von Fragen.

Wir haben bereits gesehen, dass Fragen mitunter eingesetzt werden, um ganz andere Sprechhandlungen als Fragen zu vollziehen. Mit „Könntest du diesen Vorgang noch heute erledigen?" wird in der Regel nicht oder zumindest nicht nur gefragt, sondern gebeten, aufgefordert oder gar befohlen. Und mit „Meinst du nicht, wir sollten erst eine genauere Analyse vornehmen, bevor wir das entscheiden?" wird für gewöhnlich nicht oder nicht nur gefragt, sondern behauptet oder empfohlen, der Entscheidung eine genauere Analyse vorzuschalten. Natürlich hätten die Sprecher ihre Sprechhandlungen auch explizit machen können: „Bitte erledige das heute noch!" und „Ich rate, vor der Entscheidung eine genauere Analyse vorzunehmen." wären wohlgeformte Äußerungen, mit denen der Sprecher genau dasselbe mitteilen könnte. Sehr oft verwenden wir Fragen, um ganz andere Sprechhandlungen aus der Gruppe der Direktive, also Sprechhandlungen, mit denen der Sprecher den Zuhörer zu einer bestimmten Handlung bringen möchte, zu vollziehen. Dies hat einen einfachen Grund: Mit Fragen kann der Sprecher erfolgreicher seine Ziele erreichen. Es gelingt ihm leichter, seine Absichten beim Gegenüber zu verwirklichen. Woran liegt das? Gemeinhin wird in diesem Zusammenhang auf die steuernde Kraft von Fragen hingewiesen: „Wer fragt, der führt", heißt es auch nicht zu unrecht. Doch die steuernde Kraft von Fragen, die uns noch beschäftigen wird, ist meines Erachtens hier nicht der Grund. Im Gegenteil: „Bitte erledige das heute noch!" wirkt klarer steuernd als „Könntest du das heute noch erledigen?" Dies ist auch der Grund, warum in praktischen Ratgebern zu Führung dazu geraten wird, direktere Formulierungen gegenüber Fragen der Form „Könntest du bitte …?" vorzuziehen. Doch warum neigen wir dann dazu, Fragen zu verwenden, und sind dabei so erfolgreich?

Der Grund ist ganz einfach: Sprechhandlungen aus der Gruppe der Direktive engen den Handlungsradius des Empfängers ein: Empfehlen, Bitten, Auffordern, Befehlen und Drohen variieren zwar in der Stärke, mit der auf den Hörer ein Handlungsdruck ausgeübt wird, grenzen aber durch diesen Druck dessen Handlungsoptionen mehr oder weniger stark ein. Und damit laufen diese Sprechhandlungen Gefahr, auf Reaktanz zu stoßen. Der Hörer könnte auf die empfundene Einengung seiner Handlungsfreiheit womöglich mit Widerstand oder Boykott reagieren. Die Sprechhandlung des Fragens nimmt in der Gruppe der Direktive eine Sonderstellung ein. Denn durch eine echte Frage versucht der Sprecher, das Gegenüber zwar zu einer Handlung zu bringen, nämlich zu antworten. Aber in der Antwort ist der Angesprochene frei. Demnach wird durch eine Frage die Gefahr von Reaktanz gemindert.

Wenn eine Führungskraft gegenüber ihrem Mitarbeiter äußert „Bitte erledige das heute noch!", dann geht diese Bitte oder Anweisung mit einer Eingrenzung der Freiheit des Mitarbeiters einher. Wenn der Mitarbeiter diese Bitte für ungerechtfertigt hält — etwa, weil er meint, dass dieser Vorgang noch warten kann, oder andere Vorgänge zu priorisieren sind — wird wahrscheinlich Reaktanz auftreten. Alle Reaktionen von offenem Widerstand bis hin zur verdeckten Sabotage sind denkbar. Stellt die Führungskraft stattdessen die Frage „Könntest du das heute noch erledigen?", hat der Mitarbeiter die Freiheit, eine Entscheidung zu fällen. Reaktanz wird unwahrscheinlicher, und das obwohl diese Frage vielleicht zugleich eine indirekte Aufforderung ist, den Vorgang heute noch zu erledigen. Die Frage räumt dem Mitarbeiter die Option ein, Nein zu sagen. Dies wird er als Respekt empfinden. Der ausgedrückte Respekt wird via Reziprozität seine Bereitschaft erhöhen, das Anliegen wohlwollend zu behandeln. Auch daher wird ein „Nein" etwas unwahrscheinlicher.

Fragen sind deswegen oft erfolgreicher, wenn es darum geht, das Gegenüber zu motivieren, etwas Bestimmtes zu tun, weil sie weniger Reaktanz provozieren, als direktive Alternativen wie Befehle, Anordnungen oder Empfehlungen. Doch die Freiheit, die Fragen lassen, variiert je nach Frageart. Und von der Frageart hängt daher ab, welche Möglichkeiten der Sprecher hat, sein Gegenüber zu steuern.

5.2   Freiheit in Fußfesseln: Die Macht von Fragen

Fragen setzen durch ihre Form einen Rahmen, der Grenzen setzt wie das Schachbrett für das Schachspiel oder der Fußballplatz für das Fußballspiel. Ist man erst
einmal in das Spiel eingestiegen, werden diese Grenzen kaum noch diskutiert oder
in Zweifel gezogen. Wir kennen Konflikte darüber, ob ein Fußballspieler mit seiner
Hand den Ball berührt hat. Aber Auseinandersetzungen darüber, ob die Regel, die
ein Handspiel ausschließt, vielleicht aufgeweicht oder aufgehoben werden sollte,
sind selten. Die Entscheidung, an einem Spiel teilzunehmen, fällen wir bewusst.
Dagegen merken wir oft nicht, dass mit dem Stellen einer Frage ein Sprachspiel
eröffnet wird, das einen Rahmen besitzt, den der Sprecher für uns gesetzt hat.
Durch die Antwort auf die Frage treten wir unbemerkt in das Spiel nach den vom
Sprecher bestimmten Regeln ein.

Ein Sprecher kann den Rahmen durch vielfältige Kniffe fixieren. Einer besteht darin,
sich der für seine Absicht geeignetsten Frageart zu bedienen. Denn die Art der
Frage hat massiven Einfluss auf die unsichtbaren Regeln und Rahmenbedingungen
für die Antwort, die das Gegenüber frei ist zu geben. Drei Grundformen möchte
ich hier unterscheiden: Geschlossene Fragen, offene Fragen und Alternativfragen.

Geschlossene Fragen oder auch Entscheidungs- oder Satzfragen beginnen mit einem Hilfsverb und lassen grammatisch nur ein „Ja" oder „Nein" als Antwort zu. Die
Frage aus unserem Beispiel „Können Sie das noch heute erledigen?" ist demnach
eine geschlossene Frage. Die geschlossene Frage verlangt als Antwort ein „Ja" oder
„Nein", doch der Gefragte ist natürlich nicht gezwungen, entsprechend zu antworten. Er kann auch etwas ganz anderes sagen. Z.B. könnte der Mitarbeiter auf
die Frage seines Vorgesetzten antworten: „Oh, das ist schwierig, weil ..." Die Form
der Frage legt jedoch eine Ja- oder Nein-Antwort nahe. Wenn der Empfänger aus
dem vorgelegten Schema ausbricht, dann ist es für ihn zumindest mit geistigem
Mehraufwand verbunden. Und weil wir Menschen geistigen Aufwand natürlich so
gering wie möglich halten wollen, erhält der Sprecher die Macht zu beeinflussen.
Wegen der Freiheit zu antworten, wird diese Macht dem Hörer selten bewusst.
Schon die alten Griechen praktizierten mit geschlossenen Fragen ein Spiel, das
den Gefragten, der nur mit „ja" oder „nein" antworten durfte, in prekäre Situationen bringen konnte. Stellen wir uns vor, der Pressesprecher eines Unternehmens
würde sich verpflichten, auf die geschlossenen Fragen eines Journalisten nur mit
„Ja" oder „Nein" zu antworten. 1. Frage: „Haben Sie Mitarbeiter?" Antwort: „Ja"
2. Frage: „Haben Sie Kunden?" Antwort: „Ja" 3. Frage: „Haben Sie endlich aufge-
hört, Ihre Mitarbeiter auszubeuten und Ihre Kunden zu betrügen?" Antwort: „Ja,
äh nein, äh ..." Und zum Abschluss 4. Frage: „Haben Sie eigentlich kein schlechtes
Gewissen, uns so dreist anzulügen?"

An diesem Beispiel lässt sich ein Manipulationsmechanismus von Fragen im Allgemeinen illustrieren: Mit Fragen kann man Voraussetzungen schaffen, die der Gefragte akzeptiert, sofern er in dem durch die Frage nahegelegten Rahmen antwortet. Die geschlossene Frage fordert eine Ja- oder Nein-Antwort. Indem der Hörer diese liefert, akzeptiert er die etwaige Annahme, die in die Frage eingeflossen ist. Im letzten Beispiel ist das die Annahme, dass das Unternehmen seine Mitarbeiter ausgebeutet und Kunden belogen hat. Dieser Mechanismus greift nicht nur bei geschlossenen Fragen, sondern auch bei anderen Fragetypen, wie z.B. den offenen Fragen.

Offene Fragen erkennt man daran, dass sie mit einem Interrogativpronomen, also einem Fragefürwort, beginnen. Da im Deutschen alle Fragewörter mit „w" beginnen — wer, wie, was, warum, weshalb, wieso — werden offene Fragen auch „W-Fragen" genannt. Offene Fragen können genauso wie geschlossene Fragen Unterstellungen integrieren, die der Befragte akzeptiert, wenn er im Sinne der Fragestellung antwortet. Der Projektleiter fragt ein Teammitglied: „Warum hören Sie mir eigentlich nicht zu?" Was immer das Teammitglied als Gründe anführt — es hat die Unterstellung, dass es nicht zuhört, akzeptiert. Eine „Warum"-Frage ist für den kommunikativen Erfolg oftmals problematisch. Ein Grund dafür liegt sicher darin, dass sie eine negative Voraussetzung präsentieren kann, die der andere akzeptieren würde, wenn er auf die Frage eingehen will.

In anderen Zusammenhängen mag das Schaffen von Voraussetzungen hingegen durchaus kommunikativ zielführend sein. Wer hat nicht schon einmal gedacht und ausgesprochen: „Sie müssen auch mal meine Lage verstehen!" Wir wissen, dass diese Aufforderung, die noch durch das Wort „müssen" an Schärfe gewinnt, die Freiheit des anderen beschneidet. Mehr noch: Sie wirft dem anderen indirekt vor, falsch gehandelt zu haben. Ersteres provoziert Reaktanz, und letzteres ruft als Kritik noch ganz eigene Abwehrmechanismen hervor, wie wir später noch sehen werden. Wenn ich stattdessen zunächst ausdrücke, wie ich die Position meines Gegenübers verstanden habe, und anschließend frage „Welche Aspekte von meiner Situation wären jetzt für unsere Diskussion nützlich?", so enge ich den Optionsradius des anderen nicht ein. Reaktanz ist daher unwahrscheinlich. Darüber hinaus werde ich mein Ziel, nämlich meine Situation als Bezugspunkt unserer Diskussion einzubringen, erreichen, wenn er auf die Frage eingeht. Denn damit akzeptiert er die Voraussetzung, *dass* Aspekte meiner Situation für unsere Diskussion nützlich sind.

Offene Fragen lassen sich nicht wie geschlossene Fragen durch „ja" oder „nein" beantworten — zumindest nicht, ohne dass es merkwürdig klingt. Zudem lassen offene Fragen mehr Spielraum für die Antwort, so dass sie in der Ratgeberliteratur als informativer charakterisiert werden. Richtig ist: Offene Fragen können, aber müssen nicht zu informativeren Antworten führen. Die Frage „War der Projektstart gut?" führt zu einer kaum informativen Antwort wie „Ja"; nicht viel informativer mag jedoch auch die Antwort auf die entsprechende offene Frage ausfallen: „Wie war der Projektstart?" — „Gut". Immerhin laden offene Fragen den Rezipienten meist zu einer ausführlicheren Antwort ein. Und da es uns bei ausführlichen Antworten schwerer fällt, unsere wahren Meinungen und Einstellungen zu verbergen, erleichtern uns offene Fragen, das Gegenüber realistischer einzuschätzen. Will ich beispielsweise erfahren, wie mein Gesprächspartner meinem Vorschlag gegenüber eingestellt ist, so kann ich natürlich abwarten, ob mein Gegenüber einen Einwand oder Zustimmung formuliert und davon unabhängig seine nonverbalen Signale bewerten. Doch nur weil mein Gegenüber von sich aus keinen Einwand vorträgt, heißt dies natürlich nicht, dass er den Vorschlag gut heißt. Entsprechend kann ich sicher nicht schlussfolgern, dass er meinen Vorschlag missbilligt, nur weil er von sich aus keine Zustimmung signalisiert. Und körpersprachliche Signale sind oft auch nicht eindeutig. Klarheit verspricht hier die Aufforderung, Stellung zu beziehen. Wir wissen schon, dass Aufforderungen die Freiheit des Anderen einschränken. Aus diesem Grund greifen wir zu diesem Zweck instinktiv zu einer Frage.

Doch welche Frage wähle ich? Ich könnte geschlossen fragen: „Stimmen Sie meinem Vorschlag zu?" oder „Finden Sie meinen Vorschlag gut?" Wenn mein Gesprächspartner in dem durch meine Frage vorgegebenen Muster bleibt, wird er mit „ja" oder „nein" antworten. Die Struktur drängt ihn dazu, eindeutig Stellung zu beziehen. Sie lässt weder einen Grau-, noch einen Buntbereich zu, sondern bietet zwei Felder an: Schwarz oder Weiß. Angenommen mein Gegenüber bleibt in diesem Muster und antwortet mit „Ja". Was verrät diese Antwort über seine Einstellung zu meinem Vorschlag? Wenn der Sprecher aufrichtig ist, wird er meinem Vorschlag positiv gegenüber stehen. Doch da Schattierungen ausgeschlossen sind, reicht das Spektrum möglicher positiver Einstellungen von „ich bin begeistert" über „ich bin eher dafür als dagegen" bis hin zu „er erscheint mir von allen schlechten Vorschlägen als der beste". Möglicherweise ist die Antwort jedoch gar nicht aufrichtig. In diesem Fall mag hinter dem „Ja" eine ablehnende oder gleichgültige Haltung gegenüber meinem Vorschlag stehen. Der Antwortende scheut bloß den Konflikt oder die Mühe, sich zu rechtfertigen. Möglicherweise glaubt er, ein Widerspruch würde unhöflich sein und unsere Beziehung unnötig belasten, oder er hält die Zeit für eine nähere Erörterung meines Vorschlags für schlecht investiert. Ein „Ja" stellt einen schnellen Themenwechsel in Aussicht. So unterschiedlich die Hintergründe auf Seiten meines Gesprächspartners auch sind: Die von meiner Frage provozierten Antworten nivellieren diese und liefern für mich keine verlässliche Information, wenn ich wirklich wissen will, wie mein Vorschlag bei meinem Gegenüber ankommt.

Anders sieht es im Fall einer offenen Frage aus: Frage ich „Wie stehen Sie zu meinem Vorschlag?" oder „Wie bewerten Sie meinen Vorschlag?", kann ich mir mittels der Antworten ein realistischeres Bild von der Auffassung meines Gegenübers machen. Zugegeben, wenn mein Gegenüber höflich sein möchte, den Konflikt scheut und schnell das Thema wechseln möchte, wird er vermutlich seine Ablehnung nicht so klar formulieren, wie er sie tatsächlich empfindet. Doch sofern seine Antwort sich nicht in einem Wort erschöpft, sondern komplexer ausfällt, wozu die offene Frage einlädt, werde ich mittels des Relevanzprinzips[71] erschließen können, wie er den Vorschlag tatsächlich bewertet, und den Grad seiner Zustimmung realistischer beurteilen können. Wenn er beispielsweise erwidert „Das ist wirklich mal ein neuer Ansatz, an dem mir gefällt, dass ... Nur fällt mir auf, dass ...", dann wird klar, dass die Zustimmung deutlich relativiert wird. Offene Fragen eignen sich also besser, wenn es darum geht, ein differenziertes Bild von unserem Gegenüber und seinen Einstellungen zu erhalten.

Geschlossene Fragen dagegen bieten sich besonders dann an, wenn Sie das Gegenüber auf eine ganz bestimmte Haltung verpflichten möchten. Warum Fragen und insbesondere geschlossene Fragen probate Mittel sind, Verbindlichkeit herzustellen, liegt daran, dass wir evolutionär bedingt danach trachten, konsistent zu handeln und für andere konsistent zu erscheinen. Das Prinzip der *Konsistenz* besagt, dass wir danach streben, dass unsere Handlungen mit unseren Werten und Überzeugungen im Einklang stehen.[72] Wir alle wollen konsistent wirken, d.h. wir wollen, dass sich in den Augen unserer Mitmenschen unsere Worte, Überzeugungen und Taten decken. Als Grund für unser Bedürfnis wird vermutet, dass gesellschaftliche Anerkennung für konsistentes Handeln und gesellschaftliche Ächtung von inkonsistentem Verhalten als positive bzw. negative Sanktionen und somit als Anreize wirken. Ein Mensch wird gesellschaftlich geächtet, wenn seine einmal artikulierten Meinungen von seinen später vertretenen Standpunkten oder vollzogenen Handlungen abweichen. Ohne Konsistenz ist ein Mensch nicht verlässlich, nicht berechenbar, wenig vertrauenswürdig und nicht angesehen.

Doch für unsere Neigung, in unseren Äußerungen und Handlung konsistent zu bleiben, gibt es auch einen ganz einfachen praktischen Grund: Konsistent zu handeln ist eine bewährte Strategie. Wenn ich glaube, dass Glücksspiel unter dem Strich unattraktive Gewinnaussichten bietet, wäre es günstig, wenn ich mich auch konsistent verhalte und dem Glücksspiel fern bleibe. Und schließlich steht unser Hang, konsistent zu bleiben, im Dienst unserer generellen Neigung, Komplexität durch Vereinfachung zu reduzieren sowie schnell entscheiden und reagieren zu

---

[71] Siehe das Kapitel 4 „Einvernehmen durch Verstehen"

[72] Vgl. Cialdini und Kahnemann

können. Eine neue Situation erfordert von uns zu entscheiden, wie wir handeln bzw. reagieren. Entscheidungen sind aufwändig und kosten Zeit. Das Konsistenzprinzip spart Energie und Zeit, weil unser Entscheidungsrahmen auf die wenigen Optionen eingegrenzt wird, die mit unseren bisherigen Handlungen und Überzeugungen harmonieren. In Übereinstimmung mit unserem früheren Verhalten oder unseren früheren Meinungen zu handeln macht es unserem Gehirn einfach und leicht.

Das Konsistenzprinzip hat einige für die Überzeugung von Menschen interessante Konsequenzen. Z.B. reagieren wir so, dass unsere vorangegangenen Entscheidungen gerechtfertigt sind. Wenn wir im Nachhinein feststellen, dass unsere Handlung vielleicht doch nicht so gute Folgen gezeitigt hat, neigen wir dazu, uns einzureden, dass wir die richtige Entscheidung getroffen haben, und fühlen uns wohler. Wir kennen dieses Phänomen der kognitiven Dissonanzreduktion bereits. Martin hat sich in der Blütezeit derivater Finanzmarktprodukte entschieden, seine sichere Position bei einem staatlichen Finanzinstitut zugunsten einer weniger sicheren, aber finanziell deutlich lukrativeren Position bei einer Bank im Ausland aufzugeben. Nach dramatischen Verlusten im Zuge der Immobilienkrise wird ihm angeboten, entweder mit sofortiger Wirkung freigestellt zu werden oder für die Hälfte des Gehalts weiterzuarbeiten. Aufgrund der allgemeinen Situation hätte er Schwierigkeiten, einen halbwegs attraktiven anderen Job zu finden. In dieser Situation fällt es Martin schwer, seine Überzeugung „Kluge Menschen treffen gute Entscheidungen" und sein positives Selbstbild „Ich bin klug" mit dem sich aufdrängendem Eindruck „Meine Entscheidung war töricht" zu vereinbaren. Um dieses Unbehagen aufzulösen, wird Martin sich und andere davon zu überzeugen versuchen, dass der neue Job andere attraktive Seiten aufweist, ihm das Gehalt primär gar nicht so wichtig war und dass sich am Horizont eine aussichtsreiche Entwicklung anbahnt. Eine einmal getroffene Entscheidung, ein einmal bezogener Standpunkt, eine einmal vertretene Ansicht bilden die sich später selbst rechtfertigende Grundlage für weiteres Verhalten oder weitere Bewertungen. Und alles, weil wir uns an unser positives Selbstbild klammern und es verabscheuen, inkonsistent zu sein.

Die Konsistenzneigung lässt sich strategisch nutzen, um unser Gegenüber willfährig zu machen und seine Bereitschaft zu erhöhen, das zu tun, was wir von ihm erwarten. Dazu versucht man, das Gegenüber dazu zu bringen, sich auf einen Standpunkt — in der Literatur wird hier der angelsächsische Ausdruck „Commitment" verwendet — festzulegen. Ist ein Mensch erst einmal ein Commitment eingegangen, d.h. hat er sich auf einen Standpunkt verpflichtet, ist er eher bereit, Bitten oder Aufforderungen nachzukommen, die mit diesem Commitment im Einklang stehen. Eine erfolgreiche Überzeugungsstrategie liegt für einen Sprecher demnach darin, seinen Gesprächspartner dazu zu bringen, einen Standpunkt einzunehmen, der mit dem Verhalten konsistent ist, das der Sprecher später von ihm erbittet.

Und die geschlossene Frage ist ein Paradebeispiel für ein Instrument, welches dem Gegenüber ein Commitment abringt. Mit einer geschlossenen Frage zwinge ich mein Gegenüber, einen klaren Standpunkt einzunehmen. Damit setzt er sich, wo er sich wie alle Menschen der Konsistenz verpflichtet fühlt, selbst unter Druck, in der Folge ausschließlich solche Handlungen zu wählen, die mit seinem zum Ausdruck gebrachten Standpunkt harmonieren. Wenn mein Gegenüber beispielsweise auf die Frage, ob er meinen Vorschlag gut findet oder ihm zustimmt, mit „ja" antwortet, würde er nicht konsistent handeln, würde er anschließend, wenn es darum geht, den Vorschlag umzusetzen, gegen diesen Vorschlag argumentieren oder ihn boykottieren. Verstärkt wird dieser Effekt der geschlossenen Frage, Verbindlichkeit zu erzeugen, dadurch, wenn im Anschluss an die Antwort der Gesprächspartner noch aufgefordert wird, seine Gründe für die Zustimmung oder Ablehnung zu nennen. Damit zementiert er seine Position. Freilich ist dieses Vorgehen ein Eigentor, steht die Zustimmung oder Ablehnung im Gegensatz zu der vom Sprecher favorisierten Haltung. Denn es steht dem Gefragten ja frei, ob er mit „ja" oder „nein" antwortet. Wenn etwa ein Chef seinen Mitarbeiter fragt „Meinen Sie nicht auch, dass der Changeprozess viele positive Effekte hat?" und dieser mit „Nein" antwortet, dann entfernen sie sich von einer gemeinsamen Position. Die Kluft kann der Vorgesetzte unbeabsichtigt durch Fragen vergrößern, etwa wenn er fragt: „Warum sehen Sie keine positiven Effekte?" Jeder Grund, den der Mitarbeiter anführt, ist ein Standpunkt, der es ihm schwerer macht, eine positive Einstellung zur Veränderung zu entwickeln.

Im Allgemeinen gehen wir mit einer Äußerung ein Commitment ein. Eine Frage fordert zu einer Äußerung auf. Der durch diese Äußerung ausgedrückte Standpunkt dient dann für die Konsistenzneigung als Orientierungspunkt. Fragen sind deshalb hervorragend für die Überzeugung und Motivation geeignet, weil sie zum einen den Inhalt des Commitments durch die Fragestellung stark beeinflussen können. Und zum anderen, weil Fragen, ihrem lenkenden Charakter zum Trotz, nicht ein ganz bestimmtes Commitment aufzwingen. Fragen lassen dem Gegenüber stets eine Wahl. Die Forschung hat gezeigt, dass die Wirksamkeit eines Commitments auf die nachfolgende Neigung, sich konsistent mit diesem Commitment zu verhalten, von verschiedenen Faktoren abhängt. Der vertretene Standpunkt wirkt stärker, wenn das Commitment aktiv und öffentlich abgegeben wird. Zudem sollte es mit Mühe verbunden sein und nicht aufgenötigt werden, sondern von innen motiviert und freiwillig erfolgen. Diese Punkte verlangen nach einer Erläuterung.

Wenn wir eine Meinung haben, verhalten wir uns in der Regel dieser Meinung entsprechend. Doch gilt auch umgekehrt, dass wir uns von unserem Handeln ausgehend eine entsprechende Meinung bilden oder eine schon bestehende Meinung stärken. Ein Commitment, das eine aktionsorientierte Handlung erfordert, wie z.B. das Aufschreiben, wirkt stärker als eines, das eine weniger aktionsorientierte Handlung bedingt. Aus diesem Grund ist ein „ja" auf eine Frage besser als ein Nicken und nicht so gut wie ein „ja" mit einer anschließenden Darlegung der Gründe für diese Antwort. Je größer die Öffentlichkeit ist, vor der ein Standpunkt bezogen wurde, und je wichtiger diese Öffentlichkeit einem Menschen erscheint, desto stärker ist der empfundene Druck, sich seinem Commitment entsprechend zu verhalten. Der Vorstand, der auf einer Pressekonferenz oder vor dem Aufsichtsrat ein bestimmtes Wachstum in Aussicht stellt oder bestimmte Entwicklungsergebnisse terminiert, wird vermutlich einen stärkeren Druck verspüren, diesen Ankündigungen gerecht zu werden, als wenn er dieselben Botschaften in seinem Golfclub kundgetan hätte.

Wie sozialpsychologische Untersuchungen zeigen, beeinflusst auch der Aufwand, welcher mit dem Abgeben eines Commitments verbunden ist, wie stark dieses Commitment sich auf das weitere Denken und Handeln auswirkt. Je größer der Aufwand ist, desto intensiver wirkt das Commitment. Aus diesem Grund pflegen viele Gruppen wie Studentenvereinigungen oder Straßengangs schmerzvolle, harte und ansonsten vollkommen sinnlose Aufnahmerituale. Eine hohe Loyalität und Achtung der Gruppe sind die Früchte solcher Praktiken.

Und schließlich ist die Freiwilligkeit maßgeblich dafür, zu welchem Grad sich ein Mensch an sein Commitment gebunden fühlt. Sind mit dem Commitment etwa große Belohnungen verbunden, oder vermeidet der Mensch umgekehrt durch ein Commitment negative Sanktionen, kann er sich anschließend weiß machen, er habe das Commitment nicht freiwillig abgegeben. Damit fühlt ein Mensch einen geringeren Grad an Verbindlichkeit gegenüber seinen Aussagen. Antwortet ein Entführungsopfer, das durch die Waffen seiner Kidnapper bedroht wird, auf die

Frage eines Journalisten, dass er sich gerne hier aufhalte und nicht zurückkehren wolle, dann wird er bestimmt nicht aus diesem Grund die sich später ergebende Möglichkeit einer Flucht ungenutzt lassen.

Fragen erzeugen demnach deswegen relativ starke Commitments, weil sie zu einer aktiven, mehr oder wenigen öffentlichen und vor allem freiwilligen Stellungnahme auffordern. Insofern verwundert es nicht, dass Commitments etwas schwächer ausfallen, wenn sie durch Fragen hervorgelockt werden, die offenkundig keine freie oder freiwillige Antwort dulden wie im Fall von Suggestivfragen oder Rhetorischen Fragen: „Sie möchten doch sicherlich auch nicht, dass unser Planet im Müll erstickt?"

Ausgesprochen effektiv kann die Kombination von verschiedenen Fragen sein, um ein Netz von Standpunkten aufzubauen, das eine gewünschte Handlung, die andernfalls abgelehnt würde, aus Gründen der Konsistenz erzwingt. Kommt Ihnen folgender Fall bekannt vor: Sie möchten, dass Ihr Kunde oder Ihr Vorgesetzter sich Ihr Konzept ansieht, damit Sie ihn von Ihrer hervorragenden Idee überzeugen können, doch bereits der erste Schritt droht zu scheitern, weil Ihr Gegenüber Sie immer wieder vertröstet? „Ich werde es mir ansehen und komme gerne wieder auf Sie zu" ist ein gebräuchlicher Satz, um sich lästige Anliegen und Nachfragen vom Leib zu halten, ohne explizit unhöflich zu werden.[73] Ob der Sprecher dieses Satzes vorhatte, seiner Ankündigung Taten folgen zu lassen, oder nicht: Schon nach kurzer Zeit wird er diese unverbindliche Ankündigung vergessen bzw. zugunsten wichtigerer Aufgaben auf eine ungewisse Zukunft verschieben. Sollte es derjenige, der das Anliegen vorgetragen hat, irgendwann einmal wagen nachzufragen, bietet es sich für den Kunden oder Vorgesetzten an, die Prozedur zu wiederholen oder genervt auf seine damalige Ankündigung zu verweisen, dass er sich melden werde, sobald er die Unterlage studiert habe. Durch den Einsatz von Fragen lässt sich dagegen ein Netz von Commitments spinnen, welches das Gegenüber zu einem gewünschten Verhalten zwingt, will er nicht inkonsistent erscheinen. So könnten Sie etwa im Anschluss an die unverbindliche Aussage Ihres Gesprächspartners fragen: „Wann ungefähr denken Sie, werden Sie Gelegenheit haben, einen Blick in mein Dokument zu werfen?" Die Frage fordert von Ihrem Gegenüber ein Commitment in zeitlicher Hinsicht, ein Commitment, vor welchem er sich bislang erfolgreich drückte. Doch wird Ihr Gegenüber Ihnen hier noch nicht den Gefallen tun, einen konkreten verbindlichen Termin zu nennen. Stattdessen wird er sein Commitment vermutlich sehr dehnbar halten und etwa folgendes erwidern: „Kann ich nicht sagen. Vielleicht in zwei oder drei Wochen." So schwach Ihnen dieses Commitment

---

[73] Gebräuchlich, aber nicht geschickt. Wie Sie effektiv Anliegen und Vorschläge ablehnen und dabei Ihrem Gegenüber ein gutes Gefühl geben, erfahren Sie im nächsten Kapitel.

auch erscheinen mag, es taugt als Steigbügelhalter für ein weitergehendes Commitment: „Sollte ich bis in vier Wochen nicht von Ihnen gehört haben: Darf ich Sie dann wieder ansprechen, damit wir uns über mein Konzept austauschen können?" Das erste Commitment, sich in zwei oder drei Wochen das Konzept ansehen zu können, zwingt den Angesprochenen zu einer positiven Antwort auf eine weitere Frage und damit zu einem weiteren Commitment. Der Befragte wäre inkonsistent, wenn er ablehnen würde, im Anschluss an den von ihm selbst angegebenen Zeitrahmen mit Ihnen zu sprechen.

Bevor wir die Funktion der Fragen weiter verfolgen, möchte ich neben der offenen und der geschlossenen Frage noch einen dritten Typ einführen, nämlich die *Alternativfrage*. Alternativfragen lassen sich schematisch auf folgende Form bringen: „Möchtest du *A* oder *B*?" In einer Alternativfrage tritt der auch in geschlossenen und offenen Fragen angewandte Effekt der Wahlfreiheit am deutlichsten zu Tage: Dem Hörer wird die Wahl gelassen, er hat Handlungsfreiheit. Und Handlungsfreiheit löst keine Reaktanz aus, sondern wird im Gegenteil positiv empfunden. Mehr noch: Der andere wird aufgefordert, von seiner Freiheit Gebrauch zu machen und die für ihn bessere Lösung zu wählen. Dem Appell, die eigene Freiheit zu nutzen, um das eigene Interesse bestmöglich zu Geltung zu bringen, kann kaum jemand widerstehen. Und so macht sich der unbedachte Empfänger an die Aufgabe und wägt ab, ob Alternative *A* oder *B* für ihn günstiger ist. Wenn er diese Abwägung vornimmt, ist er schon über eine kritische Linie hinweg gegangen, bzw. hat sich durch die Frage über eine kritische Linie führen lassen: Indem er konzentriert *A* und *B* miteinander vergleicht, sind andere Option vollends aus dem Blickfeld verschwunden: Oder wie sieht es aus mit den nicht erwähnten Alternativen *C*, *D*, *E* und *F*?

Mehr noch: Durch das *Kontrastprinzip* erscheint die bessere der beiden Optionen auch dann gut, wenn sie von außen betrachtet bloß mittelmäßig oder sogar ungünstig wirkt. Der Eindruck, sie sei gut, entsteht durch den Kontrast zu der schlechteren Option — je stärker der Kontrast ist, desto besser wird die bessere Option insgesamt bewertet. Das Kontrastprinzip besagt konkret, dass unsere Einschätzung, wie groß, teuer, laut usw. eine Sache ist, stark davon abhängt, wie groß der Unterschied zu einem Vergleichsgegenstand in dieser Hinsicht ist. Je größer der Unterschied zu dem Vergleichsgegenstand, desto übertrieben viel größer erscheint uns der Unterschied. Eine Gehaltserhöhung um 200 Euro empfindet Maria ganz nett, wenn Sie es in Relation zu ihrem Monatsgehalt in Höhe von 5.000 Euro setzt. Wenn sie daran denkt, wie viele ihrer geliebten Schokoriegel sie damit pro Monat zusätzlich kaufen könnte, fühlt sie sich reich — und bekommt Angst, anschließend durch den erzwungenen Austausch ihrer umfangreichen Garderobe in der Folge ihrer Gewichtszunahme in den finanziellen Ruin getrieben zu werden.

Schließlich kommt bei der Alternativfrage noch ein weiterer Mechanismus zum Tragen. Dieser hat etwas damit zu tun, wie wir Informationen effizient verarbeiten, speichern und abrufen. Es macht einen Unterschied für die Wahl meines Gesprächspartners, ob ich frage „Möchtest du A oder B?" oder umgekehrt „Möchtest du B oder A?". Die Reihenfolge zählt. Untersuchungen zeigen, dass der Gefragte mit einer höheren Wahrscheinlichkeit die zuletzt angegebene Alternative wählt. Selbstverständlich gilt dies nicht, wenn die zuletzt genannte Option für ihn gar nicht in Betracht kommt. Wenn man mich als jemand, der kein Fleisch isst, im Restaurant fragt, ob ich lieber den Gemüseauflauf oder das Rumpsteak möchte, werde ich nicht für das Rumpsteak votieren, auch wenn dies zuletzt genannt wurde. Doch in vielen Entscheidungen sind wir nicht so festgelegt, dass eine Option kategorisch ausgeschlossen ist. Wie haben bestimmte Präferenzen, doch diese sind uns meist nicht so klar. Und unter diesen Umständen neigen wir dazu, die zuletzt genannte Alternative zu wählen. Warum? Weil unser Gehirn auf Effizienz aus ist und die zuletzt genannte Option mit geringerem Aufwand aus dem Kurzzeitgedächtnis abrufen kann. Sie wurde noch nicht durch nachfolgende Informationen verdrängt. Dieses Phänomen wird *Rezenz-Effekt* genannt.[74] Sofern nicht intern heftiger Widerstand gegen die letzte Option mobilisiert wird, wählen wir ganz pragmatisch diese für uns leichtere, mühelose Variante. Gerade im Vertrieb verstärken Kommunikationsprofis diesen Effekt, indem sie die Hürde für die Erinnerung der ersten Option durch mehr Text vor der zweiten erhöhen: „Möchtest du A oder bla-bla-bla B?" oder im Beispiel „Möchten Sie bar zahlen oder, ohne sich um mögliche verspätete Zahlungen Gedanken machen zu müssen, ganz bequem per Lastschrift?"

5.3 Freiheit zum Zwang: Die Freiheit des anderen zu tun, was ich will

Einen anderen Menschen zu bestimmten Handlungen zu veranlassen, kann für eine Führungskraft eine große Herausforderung sein. Insbesondere dann, wenn es sich um eine Handlung handelt, die der Mitarbeiter von sich aus nicht tun würde. Noch anspruchsvoller wird es, wenn jemand eine Führungsrolle ohne disziplinarische Macht einnimmt wie etwa ein Projektleiter. Wenn wir jemanden überzeugen wollen, etwas zu tun, was in unserem Sinne ist, stehen uns glücklicherweise viele sprachliche Instrumente zur Verfügung. Auch Fragen können dafür gut geeignet sein, wenn man berücksichtigt, dass sie je nach Art sehr verschieden wirken.

---

[74] Im Zusammenhang mit dem Primär-Effekt wird der Rezenz-Effekt noch im Kapitel „Überzeugung und Akzeptanz" behandelt.

Nachfolgend wird erörtert, welchen Vorteil Fragen gegenüber alternativen Wegen bieten, Menschen zu Handlungen zu veranlassen. Zudem beleuchte ich das unterschiedliche rhetorische Potenzial der drei Fragetypen, wenn es darum geht, einen Menschen zu einem bestimmten Verhalten zu bringen.

Betrachten wir dazu noch einmal folgende Situation: Die Führungskraft möchte, dass ihr Mitarbeiter einen zusätzlichen Vorgang bis spätestens Freitag erledigt, wohl wissend, dass dieser Mitarbeiter bereits viele Aufgaben zu bewältigen hat. Sie könnten explizit eine Bitte oder Aufforderung formulieren: „Bitte erledigen Sie dies bis Freitag!"

Sie ahnen, auf welche Widerstände eine solche Aufforderung stoßen kann. Sprechhandlungen des Aufforderns, Bittens oder Befehlens engen die Freiheit des Gegenübers ein. Nun verspüren Menschen das Bedürfnis, ihre Handlung frei zu kontrollieren. Fühlen sie sich in ihrer Freiheit eingegrenzt, widersetzen sie sich. Diese Form des Widerstands nennt man, wie wir bereits an anderer Stelle erörtert haben, in der Psychologie „Reaktanz". Wenn der Mitarbeiter das Ansinnen als schwer zu realisieren ansieht, ist die Wahrscheinlichkeit recht hoch, dass er explizit Widerstand leistet „Das geht nicht!", die Erwartungen dämpft „Oh, das wird schwierig, ich kann es versuchen!" oder sich im Gegenzug für sein Zugeständnis Freiheiten erkämpft „Wenn Sie dann nicht wieder ankommen und die Qualität meiner Aufgaben bemängeln!".

Abgesehen davon, dass Bitten, Aufforderungen und Befehle offenkundig die Freiheit beschneiden und damit Widerstand provozieren, erzielen sie weniger Verbindlichkeit als Fragen. Die Mitarbeiter in einem Restaurant konnten den Prozentsatz der nicht in Anspruch genommenen Reservierungen von 30% auf 10% reduzieren. Dazu ersetzten sie ihre abschließende Bitte „Bitte rufen Sie uns an, wenn Sie nicht kommen können" durch die Frage „Können Sie uns anrufen, wenn Sie nicht kommen können?".[75] Mit der Antwort auf eine Frage verpflichtet sich der Angesprochene und fühlt sich genötigt, auch entsprechend zu handeln. Grund dafür ist die in uns tief verwurzelte Neigung, konsistent zu wirken. (Diesen Effekt kann der Sprecher noch verstärken, indem er die Antwort bestätigt und dafür sorgt, dass sie öffentlich gemacht wird. „Sehr schön. Dann kann ich ja den Kollegen sagen, dass Sie kommen oder sich melden werden.") Die Führungskraft könnte statt einer Bitte also eine Frage stellen, z.B. eine offene Frage: „Bis wann erledigen Sie das?" oder höflicher: „Bis wann können Sie das erledigen?"

Hier wird dem Mitarbeiter Freiheit zugestanden, was sich für ihn positiv anfühlen wird. Vermutlich so positiv, dass er weder darüber reflektiert, ob es überhaupt sinn-

---

[75] Vgl. Cialdini. *Die Psychologie des Überzeugens*

voll ist, *dass* die Sache erledigt wird, noch darüber, ob es sinnvoll ist, dass *er* diese Sache erledigt. Die Macht der offenen Frage liegt offenbar darin, dass die Freiheit, welche dem Gesprächspartner gewährt wird, ihn blind für die Voraussetzungen macht. Oder positiv formuliert: Eine offene Frage motiviert, ihre Voraussetzungen zu akzeptieren. In diesem Fall birgt die durch die offene Frage gewährte Freiheit für die Führungskraft allerdings die Gefahr, dass der Angesprochene einen Termin nennt, der lange nach dem anvisierten Freitag liegt. Betrachten wir, wie es sich verhält, wenn die Führungskraft anstelle einer offenen eine geschlossene Frage verwendet: „Erledigen Sie das bis Freitag?" oder höflicher: „Können Sie das bis Freitag erledigen?"

Diese geschlossene Frage räumt dem Gegenüber ebenfalls Freiheit ein, so dass sie gleichfalls eine geringere Reaktanzgefahr mit sich bringt als die ausdrückliche Bitte. Zwar empfinden viele die gewährte Freiheit bei einer offenen Frage größer als bei einer geschlossenen. Doch unterscheiden sich beide Fragearten in dieser Hinsicht nicht grundsätzlich voneinander. Gegenüber der offenen Frage hat die geschlossene allerdings den Vorteil, dass sie es dem Empfänger schwer macht, einen Termin außerhalb des vom Sprecher vorgesehenen zeitlichen Rahmens zu nennen. Und wenn der Mitarbeiter mit „ja" antwortet, hat die Führungskraft sehr gute und vermutlich bessere Chancen als mit der direkten Bitte, dass der Mitarbeiter seine Energien dafür einsetzen wird, den Auftrag bis Freitag zu erfüllen. Doch der Mitarbeiter hat durch die geschlossene Frage noch eine andere Option angeboten bekommen: Er kann „nein" sagen und damit die Führungskraft zu einem weiteren Schritt zwingen. Wenn der Mitarbeiter dagegen in dem durch die offene Frage gesetzten Rahmen bei seiner Antwort bleibt und einen Termin nennt, dann hat er bereits zwei wesentliche Voraussetzungen akzeptiert: Erstens *dass* der Vorgang erledigt werden sollte und zweitens dass *er* es erledigen sollte.

Betrachten wir abschließend noch als dritte Variante eine Alternativfrage. Die Führungskraft fragt: „Erledigen Sie dies bis Donnerstag oder doch lieber bis Freitag?" oder höflicher: „Können Sie dies bis Donnerstag erledigen oder doch lieber bis Freitag?"

Auch diese Frage lässt dem Adressaten Freiraum, so dass Reaktanz unwahrscheinlich ist. Mehr noch: Subjektiv wirkt die dem Empfänger zugebilligte Freiheit durch diese Frage noch größer als durch die geschlossene Frage „Erledigen Sie das bis Freitag?" Denn bei der Alternativfrage, so scheint es, wird dem Gefragten eine Auswahl zur Entscheidung vorgelegt. Kurioserweise trifft genau das Gegenteil des Anscheins zu: Der Empfänger hat, sofern er sich jeweils in dem durch die Frage gesetzten Rahmen bewegt, im Fall der Alternativfrage einen deutlich engeren Handlungsspielraum als im Fall der geschlossenen Frage. Bei der geschlossenen Frage kann der Mitarbeiter entscheiden, ob er es bis Freitag schafft oder nicht — durch ein „Nein" hat er sich auf gar nichts festgelegt, nicht einmal darauf, dass er die Aufgabe jemals erledigen wird. Wenn dagegen der Mitarbeiter seinen durch die Alternativfrage gewährten Freiraum voll ausschöpft, dann erledigt er spätestens Freitag den Vorgang und erfüllt das Wunschziel seines Gesprächspartners. Die Alternativfrage ist genauso eng wie die direkte Bitte, also enger als die offene und die geschlossene Frage, erweckt dabei jedoch den Anschein, das Gegenüber sei frei.

Dass der Mitarbeiter bei der Alternativfrage tatsächlich Freitag wählt und keinen Einwand formuliert oder einen Gegenvorschlag unterbreitet, wird außerdem dadurch wahrscheinlich, dass Freitag in einer angespannten Arbeitswoche immer noch besser wirkt als Donnerstag und damit als gut erscheint. Hier greift das oben beschriebene Kontrastprinzip: Wie gut, schlecht, groß, klein, leicht oder schwer eine Sache erscheint, hängt ganz entscheidend davon ab, womit wir sie vergleichen und wie groß der Kontrast dazu ausfällt.

Neben dem Kontrastprinzip leistet auch der Rezenz-Effekt seinen Beitrag: In unserem Kurzzeitgedächtnis ist die zuletzt verarbeitete Information leichter abrufbar als eine zuvor gehörte. Freitag ist die Option, die am Ende steht, so dass die Falle zuschnappt — es sei denn, es erscheint dem Mitarbeiter tatsächlich unmöglich, diese Aufgabe noch bis Freitag zu bewältigen. Und dann sollte der Gesprächsführen im eigenen Interesse über weitere Optionen sprechen.

5.4 Unangenehme Situationen auflösen: Fragen als Fluchthelfer

Unabhängig vom Typ haben Fragen gegenüber anderen Sprechhandlungen der Steuerung, den sogenannten Direktiven, den Vorteil, dass sie dem Gegenüber seine gefühlte Handlungsfreiheit zubilligen und damit Reaktanz vorbeugen. Damit sind Fragen für Situationen prädestiniert, in denen Menschen besonders sensibel auf Begrenzungen ihrer Freiheit reagieren. Dies sind z.B. Situationen, in denen nicht nur die Option auf eine zukünftige Handlung ausgeschlossen werden soll, sondern eine Handlung unterbunden werden soll, die das Gegenüber gerade dabei ist zu vollziehen.

Kommt Ihnen das bekannt vor? Sie sind im Gespräch mit einem Mitarbeiter oder Kunden. Es beginnt sachlich, driftet dann aber über zu Themen aus dem privaten Bereich. Sie haben überhaupt nichts gegen ein Gespräch mit privaten Inhalten, zumal Sie wissen, dass eine gute private Beziehung auch im beruflichen Zusammenhang günstig ist. Allerdings hat dieser private Austausch jetzt schon eine nicht unwesentliche Zeitspanne in Anspruch genommen, und Sie würden sich jetzt gerne Ihren beruflichen Prioritäten widmen. Wenn Sie in dieser Phase ein Signal senden, dass dazu führt, das Gespräch zu beenden oder auf einer sachlichen Ebene fortzusetzen, grenzen Sie nicht bloß den Optionsspielraum Ihres Gegenübers ein — Sie untersagen ihm zudem, die bereits gewählte Option — sich privat zu unterhalten — beizubehalten. Kein Wunder, dass auch vom Grundsatz her höfliche Direktiven wie „Oh, es ist schon spät. Ich würde mich gerne mit Ihnen weiter unterhalten. Doch muss ich noch einen wichtigen Termin vorbereiten. Lassen Sie uns daher unser Gespräch ein anderes Mal fortsetzen." negative Gefühle oder sogar Reaktanz auslösen können. Solange Sie derjenige sind, der den Aktionsraum des anderen beschneidet, bleibt dieser negative Effekt bestehen.

Eine gute Strategie besteht daher darin, den anderen dazu zu bringen, von sich aus das Gespräch zu beenden oder auf ein sachliches Anliegen zu lenken. Und für diese Zwecke sind Fragen ein probates Mittel. So könnten Sie nach einer kurzen Überleitung mit anschließender Zusammenfassung mit einer geschlossenen Frage dem Gegenüber das Freiheitszepter überreichen: „Ah ja die Kinder, wie sind wir darauf gekommen? Wir haben über *A* gesprochen und als Lösung *B* vorgesehen. Kann ich Ihnen zum jetzigen Zeitpunkt eine weitere Frage beantworten?" Vielleicht mögen Sie einwenden, dass der Gesprächspartner auf die geschlossene Frage durchaus mit „ja" antworten kann, wodurch sich das Gespräch fortsetzen würde. Das ist richtig. Nur wird die Fortsetzung sicher nicht auf der privaten Ebene ansetzen, etwa „Ja, denn wir haben noch gar nicht über meinen vorherigen Urlaub gesprochen ..." Auch im Falle einer Bejahung haben Sie etwas gewonnen: Das Gespräch wird sachlich fortgesetzt und das zweite Anliegen würde nicht erst eine halbe Stunde später formuliert. Und im Fall eines Neins? Wenn Ihnen Ihr Gegenüber signalisiert, dass Sie nichts mehr für ihn tun können, dann wären Sie sehr unhöflich, wenn Sie seine Freiheit und Zeit raubten. Der Gesprächspartner hat das Gespräch für beendet erklärt, und Sie können sich abwenden, ohne negative Gefühle auszulösen. Mehr noch: Sie müssen sich abwenden, um nicht unhöflich zu sein. Es sei denn, Sie haben Interesse, das Gespräch zu einem Thema Ihrer Wahl fortzusetzen. Dann könnten Sie jetzt eine Flanke schießen, natürlich mittels einer Frage — gegenüber dem Mitarbeiter „Mir sind noch die folgenden drei Punkte wichtig. In welcher Reihenfolge sollten wir diese erörtern?" oder gegenüber dem Kunden „Wenn Sie das Produkt jetzt als Ganzes sehen. Welche Eigenschaft erscheint Ihnen bisher besonders attraktiv?"

Ein weiteres Beispiel betrifft die leidvolle Situation in vielen Meetings. Die Zeit schreitet voran, wird strapaziert von unsäglich langen und unproduktiven Beiträgen Einzelner. Und der Moderator, wenn es ihn denn gibt, vernachlässigt seine

Rolle in bemitleidenswerter Deutlichkeit. Was können Sie tun? Wenn Sie direkt fordern, inhaltlich fokussiert fortzufahren, begrenzen Sie den Aktionsspielraum der Vielredner und weisen das Verhalten der Vielredner und des Moderators als nicht zielführend zurück. Damit motivieren Sie im schlimmsten Fall Ihre Gegenüber, sich zu revanchieren und gegen Sie zu arbeiten. Ein Eigentor! Auch hier helfen Fragen, weil sie den Adressaten ihre Freiheit lassen und zudem deren Gesicht wahren. Denn Fragen erlauben es, Verhaltensänderungen anzustoßen, ohne dass der andere Fehler eingestehen müsste. Unzählige Möglichkeiten stehen bereit: „Wie lautet der nächste Punkt auf der Agenda?", „Mir fällt auf, dass eine halbe Stunde vergangen ist. Wie wollen wir die verbleibende halbe Stunde nutzen, um die drei weiteren Punkte auf der Agenda zu bearbeiten?", „45 Minuten sind vergangen. Wie liegen wir in der Zeit, Herr Moderator?", „Das ist eine spannende Diskussion. Doch wir haben noch weitere 3 Tagesordnungspunkte. Wer von Ihnen ist dafür, dass wir jetzt weiter voranschreiten?"

5.5 Früchte sammeln und schützen: Verständnis, Akzeptanz, Verbindlichkeit

Wenn wir Sprache einsetzen, dann wollen wir beim Gegenüber etwas erreichen. Denn wir möchten, dass er sich in einer Weise verhält, die unseren Wünschen dienlich ist. Typischerweise beabsichtigen wir ihn zu motivieren, in einer bestimmten Weise zu handeln, und das oft nicht nur in einem Moment, sondern nachhaltig über viele Situationen und eine längere Zeit hinweg. Wir sagen etwas, um unser Gegenüber dazu zu bringen, in Zukunft auf eine bestimmte Art und Weise zu handeln. Wenn wir dabei scheitern, kann dies ganz unterschiedliche Gründe haben. Frei nach Konrad Lorenz lässt sich eine Kette möglicher Bruchstellen konstruieren:

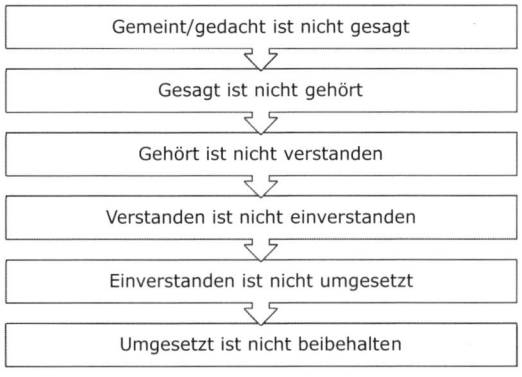

Abb. 4: Mögliche Bruchstellen in der Kommunikation

An jedem Glied dieser Kette kann etwas schief gehen. Und Fragen helfen, die Bruchstellen zu schützen, bevor Schäden entstehen. Betrachten wir die möglichen Brüche und deren Prävention oder Heilung auf den folgenden drei Ebenen:

1. Denken und Verstanden werden
2. Akzeptanz und Verbindlichkeit
3. Motivation und Umsetzung

1. Denken und Verstanden werden

Nur weil wir einen Gedanken fassen oder zu einer Einsicht gelangen, die auch für unsere Gesprächspartner relevant ist, haben wir unseren Partnern noch keine Gelegenheit gegeben, diese Information aufzunehmen, geschweige denn dies bereits kommuniziert. *Gedacht ist noch nicht gesagt.* Dieser Umstand ist trivial, doch ignorieren wir ihn im Alltag oft unwissentlich. Haben Sie schon einmal anhand der Reaktion Ihres Gegenübers verblüfft festgestellt, dass das, was Sie dachten, umfassender war, als das, was Sie *de facto* sagten? „Wie möchten Sie anreisen?", ist eine Frage, die ich häufiger höre. Ich denke, ich fahre mit der Bahn, da ich dort besser arbeiten kann und wenig Gepäck habe, und antworte „Ich reise mit der Bahn". Mein Gegenüber reagiert mit: „Und wie machen Sie das mit dem Gepäck?" Ich denke mir: „Habe ich nicht gerade gesagt, dass ich nicht viel mitnehme?" Wir setzen zuweilen voraus, dass andere auf mysteriöse Weise an unseren mentalen Prozessen teilhaben, freilich nur an denen, die wir für sie vorsehen, und nicht etwa an denen, die wir lieber vor ihnen verbergen möchten. Diesem Bruch zwischen Denken und Sagen lässt sich leicht vorbeugen. Wir sollten unsere Aufmerksamkeit darauf lenken, was wir von unseren inneren Prozessen tatsächlich verbalisieren. Insbesondere sollten wir uns merken, was wir unseren jeweiligen Gesprächspartner gegenüber bislang alles geäußert haben und was nicht. Unsere Erwartungen und weiteren Handlungen dem Betreffenden gegenüber sollten wir exakt auf das stützen, was wir unserem Gegenüber mitgeteilt haben, und nicht auf das, was alles in unserem Kopf ist.

Vor vielen Jahren berichtete mir eine Führungskraft von einem Mitarbeitergespräch und erklärte mir mit einer Erleichterung und Stolz versprühenden Miene, dass es ein gelungenes Gespräch gewesen sei. Ich frage, woran sie dies festmache, und erhielt als Antwort: „Ich konnte alle mir wichtigen Punkte äußern, und mein Mitarbeiter hat nicht widersprochen." Sicher, wenn es mir nicht gelingt zu sagen, was ich mitteilen will, werde ich kommunikativ nicht erfolgreich sein. Dies bedeutet natürlich jedoch nicht umgekehrt, dass ich kommunikativ erfolgreich bin, wenn ich dazu komme zu sagen, was ich mitteilen möchte! Streng genommen kann ich bereits sehr banal scheitern. Ich habe gesagt, was ich mitteilen wollte, doch wurde ich nicht gehört. *Gesagt bedeutet nicht gehört.* Äußere Nebengeräusche und innere Ablenkung sind nur zwei Möglichkeiten, warum meine akustischen Signale nicht oder nur unvollständig zu anderen vordringen und nicht oder unzureichend verarbeitet werden. Und nur weil mein Gegenüber mich akustisch verstanden hat, meine Botschaft also korrekt gehört hat, bedeutet das noch nicht, dass er auch den sprachlichen Sinn verstanden hat: *Gehört bedeutet nicht verstanden.* Bezogen auf die Aussage der Führungskraft bedeutet dies, nur weil der Mitarbeiter nicht widersprochen hat, weiß sie nicht, ob das Gesagte bei ihm akustisch angekommen ist, und wenn ja, ob er die Äußerung sprachlich verstanden hat. Vielleicht hat er einzelne Fachtermini oder Fremdwörter nicht verstanden oder war gar der deutschen Sprache nicht ausreichend mächtig.

Wie kann ich nun sicherstellen, dass mein Gegenüber meine Äußerung überhaupt akustische und sprachlich verstanden hat? Das Mittel der Frage liegt nahe. Doch nicht jeder Fragetyp ist dafür gleichermaßen gut geeignet. Die geschlossene Frage erzielt nur vordergründig Erfolge. Ein Seminarteilnehmer berichtete mir, dass in seinem Unternehmen über zweieinhalb Jahre nicht auffiel, dass ein gewerblicher Mitarbeiter die deutsche Sprache nicht verstand, obgleich nach Arbeitsanweisungen stets gefragt wurde: „Haben Sie das verstanden?" Auf die Frage antwortete der Betreffende mit „Ja, Chef!" Entdeckt wurde das Defizit schließlich auf indirektem Weg, nämlich als auffiel, dass der Mitarbeiter immer an den Tagen, an denen sein französisch sprechender Kollege anwesend war, Arbeitsaufträge korrekt ausführte, und an den Tagen, an denen sein Kollege fehlte, auch einfache Arbeitsaufträge nicht oder inkorrekt erledigte. Der Weg, das Verständnis durch Beobachtung der folgenden Handlungen zu überprüfen, ist wie in diesem Fall jedoch oft umständlich und langwierig. Prävention ist besser als Revision.

Und um das sprachliche Verständnis bereits im Vorfeld abzusichern, eignen sich offene Fragen besser als geschlossene Fragen. Ein „Ja" kann man auch bei Unverständnis leicht hervorbringen, eine Zusammenfassung in eigenen Worten ist unmöglich, wenn man die Äußerungen sprachlich nicht verstanden hat. Eine offene Frage wie „Wie haben Sie das verstanden?" oder „Wie ließe sich das zusammenfassen?" würden eine Reaktion fordern, die Klarheit darüber schafft, ob der Gesprächspartner das Gesagte sprachlich verstanden hat. Allerdings wirken Fragen, die einen auffordern, etwas zusammenzufassen, in vielen Zusammenhängen dominant und wecken Assoziationen an die Schulzeit und eine Prüfungssituation. Stellen Sie sich vor Frau Schmidt, Bereichsleiterin Controlling, möchte sicherstellen, dass der Vorstand Herr Müller ihre finanzmathematisch anspruchsvolle Schilderung verstanden hat, und fragt: „Herr Dr. Müller, wie könnten Sie meine Ausführungen zusammenfassen?"

Doch je konkreter eine offene Frage fokussiert wird, desto geringer wird der provokante Oberlehrer-Effekt. Z.B. könnte Frau Schmidt fragen: „Welche der genannten Perspektiven erscheint Ihnen die interessanteste, kritischste, vielseitigste?" Auch offene Fragen, die das sprachliche Verständnis des Gesagten voraussetzen, leisten gute Dienste. Frau Schmidt könnte fragen: „Was denken Sie Herr Dr. Müller, würde das geschilderte Vorgehen an positiven und negativen Auswirkungen auf die im nächsten Monat anstehende Situation haben?" Antworten des Gegenübers vermitteln einen meist zuverlässigen Eindruck davon, inwieweit das ursprünglich Gesagte verstanden wurde.

2. Akzeptanz und Verbindlichkeit

Zeigt mein Gegenüber, dass er meine Ausführungen zusammenfasst oder das von mir Gesagte in seinen Antworten inhaltlich aufzunehmen vermag, dann gehe ich zu Recht davon aus, dass er meine Äußerung sprachlich verstanden hat. Diese bedeutet jedoch noch lange nicht, dass er ihr zustimmt und die von mir angepeilte Haltung hat, z.B. ein Problembewusstsein aufweist. Wenn Herr Müller äußert: „Ich verstehe, dass Sie in dem Verfahren V, die Stärken A, B und C sehen, und dafür plädieren, das alte Verfahren abzulösen." Dann mag seine Äußerung zeigen, dass er Frau Schmidt sprachlich verstanden hat, jedoch ohne dass deutlich wird, wie Herr Müller zu diesem Verfahren und dem Vorschlag steht. *Verstanden bedeutet nicht einverstanden*. Um zu ermitteln, inwieweit der Gesprächspartner die eigene Haltung gegenüber dem Sachverhalt teilt und ob er einsichtig ist, sind ebenfalls offene Fragen geeignet: „Welche Chance sehen Sie?", „Welche Gefahren?" und „Wie bewerten Sie das Verhältnis von Chancen und Risiken?" können verwendet werden, um Antworten zu provozieren, die einzuschätzen helfen, welche Haltung das Gegenüber einnimmt.

Manchmal signalisiert uns unser Gesprächspartner lediglich indirekt, dass er uns in einem Aspekt zustimmt. Angenommen Frau Schmidt weist auf die Gefahr steigender Kosten hin, würde der Status quo beibehalten. Sofern ihr Gesprächspartner Herr Müller darauf reagiert mit: „Ja aber denken Sie doch einmal an die Sicherheit, welche uns das bisherige Verfahren bietet ...", relativiert er zwar ihre negative Bewertung der Kosten. Doch immerhin gesteht er damit zu, dass die Kosten steigen werden und dass dieser Umstand, wenn er nicht durch einen größeren Vorteil wie die Sicherheit kompensiert würde, für eine Veränderung spricht.

Es ist für Frau Schmidt allzu verführerisch, sich auf Herr Müllers direkte Aussage über die Sicherheit des bisherigen Verfahrens zu konzentrieren und sich in ihrer Antwort genau darauf zu beziehen. Doch selbst wenn Frau Schmidt erfolgreich ist und bei Herrn Müller Zweifel an der Sicherheit wecken kann, hat sie für ihr Ziel, sich auf einen Veränderungsprozess zu einigen, der dem Anspruch gerecht wird, niedrige Kosten zu erzeugen, viel verschenkt. Denn daran, dass Herr Müller ihr indirekt bereits sehr viel zugestanden hat, wird sich dann niemand mehr erinnern. Aus diesem Grunde ist es für den Sprecher sinnvoll abzusichern, was das Gegenüber bereits indirekt zugestanden hat, bevor er sich auf den direkten Gesprächsbeitrag bezieht. Und auch dafür sind Fragen, genauer geschlossene Fragen, ein optimales Instrument. Frau Schmidt könnten z.B. fragen: „Verstehe ich Sie richtig, Sie sehen die Gefahr, dass sich ohne Veränderung hohe Kosten ergeben?" und „Stimmen Sie mir zu, dass wir aufgrund der hohen Kosten etwas ändern sollten, sofern es keinen so guten Grund wie die Sicherheit gibt, der die hohen Kosten aufwiegt?" Ein ausdrückliches „Ja" auf diese Fragen verschafft Frau Müller ein Fundament, auf dem sie Herrn Müller leicht zum Einlenken bewegen kann, wenn es ihr gelingt, die von ihm angesprochene Sicherheit des bisherigen Verfahrens zu relativieren.

Geschlossene Fragen eignen sich also hervorragend, um implizite Zugeständnisse explizit zu machen. Sie ringen unserem Gegenüber ein Commitment ab, wodurch Verbindlichkeit entsteht. Denn wir wollen konsistent wirken, und eine Handlung, die unseren explizit getroffenen Aussagen widerspricht, wäre inkonsistent. Also sichern wir durch geschlossene Fragen ab, dass sich unser Gegenüber auch konsequent im Sinne seiner indirekten Zugeständnisse oder stillschweigend akzeptierten Annahmen verhält.

Auch wenn unser Gegenüber bereits explizit Zusagen macht, wir jedoch an der entsprechenden Umsetzung zweifeln, lässt sich durch geschlossene Fragen das Commitment und damit der Druck, konsistent zu handeln, verstärken: „Kann ich mich darauf verlassen, dass ...?" ist z.B. eine Frage, die im Anschluss an eine Zusage, die Chance auf die Einhaltung drastisch erhöht. Sie bietet insbesondere auch Gelegenheit, unscharfe und damit schwache Zusagen in präzise und verbindliche zu verwandeln. Angenommen Ihr Gegenüber äußert: „Ich schicke dir das im Laufe der nächsten Woche zu." Verlassen Sie sich besser nicht auf dieses vage positive Willensbekundung, die ihre Kraft sofort einbüßt, wenn in der kommenden Woche unvorhergesehene oder unbedachte Ereignisse eintreten. Fragen Sie präzisierend nach: „Kann ich mich darauf verlassen, dass die Unterlage bis spätestens Freitag 14 Uhr in meinem Postfach liegt?" Ein „Ja" erhöht die Verbindlichkeit und damit die Umsetzungschance. Und jede andere Antwort zeigt Ihnen, dass Ihr Gegenüber bereits zu diesem Zeitpunkt selbst nicht mit einer Erfüllung seiner Zusage rechnet!

3. Motivation und Umsetzung

Angenommen Frau Schmidt aus unserem Beispiel erfährt, dass Herr Müller tatsächlich ihre positive Haltung gegenüber dem neuen Verfahren teilt, oder es gelingt ihr, Herrn Müller argumentativ eine positive Haltung gegenüber dem Verfahren abzuringen. Dann bleibt natürlich immer noch die Frage, ob Herr Müller auch dementsprechend handelt, z.B. ein Budget freigibt, Arbeitspakete schnürt usw. Nur weil jemand etwas als richtig oder sinnvoll ansieht, bedeutet es noch nicht, dass er auch entsprechend handelt: *Einverstanden bedeutet nicht umgesetzt.* Sobald Einsicht oder ein Problembewusstsein vorliegt bzw. sobald der Gesprächspartner signalisiert, dass er die Position des Sprechers oder Aspekte davon akzeptiert, sind offene Fragen geeignet, den Umsetzungsprozess anzustoßen und abzusichern. Offene Fragen wie „Was schlagen Sie vor?", „Wie wollen Sie konkret vorgehen?", „Wo sehen Sie die größten Hürden?" und „Was können wir schon jetzt gegen diese Hürden tun?" steuern das Gegenüber, ohne es direkt in seiner Handlungsfreiheit zu begrenzen und Reaktanz auszulösen. Das Gegenüber wird durch offene Fragen eingeladen, sich selbst ein Ziel zu setzen, die Umsetzung zu planen und Schwierigkeiten zu reflektieren und deren Lösung vorzubereiten. Kurz: Der Sprecher liefert Impulse dafür, dass sich der Gesprächspartner einen realistischen Umsetzungsplan erstellt. Da der Partner dies in Eigenregie leistet und sich zudem öffentlich vor dem Sprecher auf ein bestimmtes Vorgehen festlegt, ist er motiviert, auch entsprechend zu handeln. Gelingt es dem Sprecher, einen gemeinsamen Reflexionstermin zu vereinbaren, steigt das Commitment noch einmal. Die offene Frage „Wann können wir uns zusammensetzen und einmal über die Umsetzung und weitere Schritte sprechen?" verspricht hierfür Erfolg. Und zwar nicht bloß für eine einmalige, sondern eine mehrfache oder längerfristige Umsetzung, denn: *Umgesetzt bedeutet nicht beibehalten.*

5.6 Das Kapitel kompakt

Ein grundlegendes Bedürfnis von uns Menschen ist es, freie Entscheidungen zu treffen. Auf Begrenzungen unserer Handlungsfreiheit reagieren wird daher empfindlich und oft mit Gegenwehr. Reaktanz nennt man unsere Neigung, auf Einschränkungen unserer Freiheit, mit Widerstand zu reagieren. Reaktanz stellt Sprecher vor große Herausforderungen, wollen sie ihren Gesprächspartner zu bestimmten Handlungen veranlassen. Denn dadurch droht ihnen direkter oder indirekter Gegenwind.

Macht durch Freiheit

Fragen sind ein mächtiges kommunikatives Instrument, welches das scheinbar Unmögliche schafft: Freiräume zu eröffnen und dabei zu steuern. Durch Fragen erlangt der Sprecher Macht durch das Einräumen von Freiheit. Anders als etwa Bitten, Aufforderungen oder Anweisungen gewähren Fragen dem Gegenüber die Freiheit zu wählen: Zustimmen, Ablehnen, Vorschläge zu geben, eine Alternative hervorzuheben usw. Dabei setzen Fragen durch ihre Form einen Rahmen, der wie das Schachbrett für das Schachspiel oder der Fußballplatz für das Fußballspiel Grenzen markiert, die das Gegenüber kaum spürt und, ist es erst einmal in das Spiel eingestiegen, selten in Frage stellt.

Die Macht des Sprechers liegt nun darin, dass er die Art und den Umfang des freiheitsgewährenden Rahmens festlegen kann. Alle Fragen erlauben es z.B., Voraussetzungen zu schaffen, die der Antwortende allein dadurch akzeptiert, dass er antwortet. Aber auch die Auswahl der Art der Frage spielt eine bedeutende Rolle. Denn die Art der Frage setzt die Rahmenbedingungen für die Antwort, die das Gegenüber frei ist zu geben. Geschlossene Fragen, die ein einfaches „Ja" oder „Nein" als Antwort vorsehen, eignen sich besonders gut, Verbindlichkeit über ganz konkrete Anliegen des Sprechers zu schaffen. Offene Frage liefern ein aussagekräftiges Bild von der Denk- und Gefühlswelt unseres Gegenübers. Bei keiner Frageform ist die Kluft zwischen der gewährten und gefühlten Freiheit so groß wie bei Alternativfragen. Diese suggerieren eine Wahlfreiheit, die auf subtile Weise die vom Sprecher favorisierte Option wahrscheinlich macht.

Fragen bieten sich nicht nur an, wenn es darum geht, das Feld von Handlungsoptionen unbemerkt einzugrenzen. Sie sind ebenfalls günstig, wenn der Sprecher seinen Gesprächspartner dazu bringen möchte, eine aktuelle Handlung einzustellen oder zu ändern, ohne negative Gefühle hervorzurufen. Ein ins private abgeglittene Gespräch kann ebenso höflich und wohlwollend beendet werden wie ein disziplinloses Gesprächsverhalten in Meetings gebannt werden kann, ohne dabei Vielrednern vor den Kopf zu stoßen. So unterschiedlich die Weise ist, auf die Fragen hier zum Einsatz kommen können, die Strategie ist stets die gleiche: Der Sprecher ist nicht derjenige, der eine Veränderung vom Gegenüber einfordert. Der Sprecher inspiriert das Gegenüber stattdessen, sein Verhalten von sich aus entsprechend ändern zu wollen.

Der kommunikative Erfolg hängt davon ab, dass der Sprecher verstanden, dass seine Position zumindest in wesentlichen Aspekten akzeptiert, dass Verbindlichkeit über die zu ergreifenden Maßnahmen erzielt wird und diese auch konsequent umgesetzt werden. Mit dem Instrument der Fragen kann der Sprecher bereits im Gespräch jeden dieser Aspekte, an denen er bei seinem Gesprächspartner scheitern kann, absichern. Mittels offener Fragen lässt sich das sprachliche und inhaltliche Verständnis überprüfen. Geschlossene Fragen sichern Verbindlichkeit und Akzeptanz. Problembewusstsein und Einsicht zeigen sich am leichtesten in der Reaktion auf offene Fragen. Und auch die Wahrscheinlichkeit, dass ein festgelegtes Verhalten auch tatsächlich umgesetzt und beibehalten wird, kann durch eine Reihe von Fragen im Vorfeld signifikant gesteigert werden, und zwar ohne dass sich der Gesprächspartner eingeengt fühlt und mit Widerstand reagiert. Fragen sind wahrlich ein Schlüssel zur Macht — zur Macht durch Freiheit.

Das Kapitel in einem Satz

Macht durch Freiheit
Räumen Sie Ihren Mitarbeitern mittels Fragen die Freiheit ein zu tun, was Sie wünschen.

Sicherung und Praxistransfer

Wissen		Handeln	
Relevanz	*Was fand ich interessant?*	Ziel	*Was nehme ich mir vor?*
Speicher	*Was möchte ich mir merken?*	Umsetzung	*Wie werde ich dazu vorgehen?*
Vertiefung	*Welchen Fragen möchte ich nachgehen?*	Kontrolle	*Wann möchte ich meinen Erfolg prüfen?*

6 Überzeugung durch Akzeptanz

Wie Sie Ihr Gegenüber überzeugen, indem Sie seine Haltung wertschätzen

Mit großer Wahrscheinlichkeit wurden Sie kürzlich, vielleicht sogar gerade eben Zielscheibe eines Anliegens. Wir kennen es alle: Ein Mitarbeiter, Kollege, Vorgesetzter, Bekannter oder möglicherweise eine Ihnen unbekannte Person wendet sich an Sie mit einer Bitte, einem Auftrag oder einem Vorschlag. Missfällt Ihnen dieses Anliegen, spüren Sie Widerstand. Nun stehen Sie vor einer unschönen Wahl: Pest oder Cholera. Entweder Sie erfüllen den Wunsch Ihres Gesprächspartners und ärgern sich — oder Sie widersetzen sich, und Ihr Gesprächspartner ist motiviert, zukünftig gegen Ihre Interessen zu handeln. Oder gibt es womöglich eine elegante Lösung für dieses Dilemma? In diesem Kapitel erfahren Sie, wie Sie Ihre Ziele auch gegen die Interessen Ihrer Gesprächspartner durchsetzen können und dabei Wohlwollen ernten.

6.1 Der Heilige Gral der Kommunikation: Wertschätzung und Lenkung

Eine einfache und erfolgreiche Anleitung für die Kommunikation mit Mitarbeitern wünschen sich nicht nur unerfahrene oder unsichere Führungskräfte. Die enorme Nachfrage nach einfachen Rezepten spiegelt sich in den meterlangen Bücherregalen bei Buchhändlern und den Bestsellerrängen der Online-Buchhändler wider. Dennoch bleibt das Bedürfnis nach dem Heiligen Gral der Kommunikation in der Führung von Mitarbeitern vielfach unerfüllt. Dies liegt nicht allein daran, dass wir alle unterschiedlich verstehen, empfinden und agieren. Es scheint schlicht kein einfaches Rezept zu geben, das der immensen Vielzahl an Umständen und Situationen gerecht wird.

Und doch gibt es ein simples Modell, das strategische Weichenstellungen erlaubt, die unserem Bedürfnis nach einem einfachen, auf eine Vielzahl von unterschiedlichen Situationen anwendbaren Rezept erfüllt. Dieses Modell unterscheidet vier Führungs- oder Kommunikationsstrategien anhand von zwei Merkmalen: Dem Grad der Lenkung und dem Grad an Wertschätzung, die der Sprecher seinem Gesprächspartner angedeihen lässt. Der Grad der Lenkung ist gering, wenn ein Sprecher seinem Gegenüber freistellt, wie er sich verhalten mag; und er ist hoch, wenn der Sprecher sich anschickt, seinem Gegenüber eine bestimmte Verhaltensweise direkt oder indirekt zu empfehlen oder zu befehlen. Der Grad an Wertschätzung ist hoch, wenn der Sprecher seinem Gesprächspartner signalisiert, dass er dessen Wünsche und Bedürfnisse wahrgenommen und bei seinen Überlegungen berücksichtigt hat. Und gering ist der Grad an Wertschätzung, wenn der Sprecher die augenscheinlichen Interessen oder Bedürfnisse seines Gesprächspartners ignoriert oder sogar mit Füßen tritt. Ironische oder sarkastische Äußerungen sind prädestiniert, echte Geringschätzung zu transportieren.

Kombiniert man die möglichen Ausprägungen der beiden Dimensionen Lenkung und Wertschätzung, erhält man vier Führungs- oder Kommunikationsstile, die in nachfolgender Vierfeldermatrix abgebildet sind.

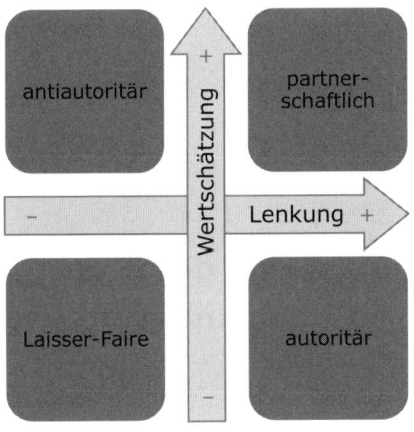

Abb. 5: Kommunikationsstile

Beim autoritären Kommunikationsstil lenkt der Sprecher, ohne auf die Bedürfnisse seines Gegenübers einzugehen. Klassische Befehle sind in dieser Hinsicht autoritär: „Schließ das Fenster!" Beim antiautoritären Stil verhält es sich exakt entgegengesetzt: Der Sprecher drückt Wertschätzung für die Bedürfnisse des Gegenübers aus und lässt ihm zudem die Entscheidungsfreiheit: „Ich sehe Ihnen ist kalt, wenn Sie mögen, können Sie das Fenster schließen." Wie beim antiautoritären Stil überlässt der Sprecher beim Laisser-Faire-Stil seinem Gesprächspartner die Entscheidungsmacht — jetzt allerdings ohne dessen Bedürfnisse zu verbalisieren oder mit einem Ausdruck von Gleichgültigkeit oder Geringschätzung gegenüber diesen. Bezogen auf unser Beispiel würde ein Sprecher gemäß dem Laisser-Faire-Stil von sich aus gar nicht aktiv werden, jedoch auf die Frage eines Anwesenden, ob er das Fenster öffnen könne, z.B. wie folgt reagieren: „Machen Sie doch, was Sie wollen!" Bei der partnerschaftlichen Führung schließlich lenkt der Sprecher und drückt zudem Wertschätzung für die Bedürfnisse des Gegenübers aus: „Ich sehe Ihnen ist kalt, dennoch bitte ich Sie wegen der schlechten Luft das Fenster zu öffnen!"

Welcher dieser vier Kommunikationsstile ist nun der günstigste, wenn man Mitarbeiter führt? Dazu gilt es, sich darüber zu verständigen, welche Bedeutung Freiheit und Wertschätzung für die Interaktion von Menschen haben. Beginnen wir mit der Dimension Freiheit und Lenkung. Wir haben bereits darüber reflektiert, dass wir als Menschen das Bedürfnis haben, unsere Handlungen frei zu wählen. Deswegen neigen wir dazu, auf Druck von anderen, der unsere Freiheit einzuschränken droht, mit Widerstand zu reagieren. Die Stärke dieser sogenannten *Reaktanz* hängt von der Stärke des Drucks und unseren Erwartungen ab, in der fraglichen Situation frei handeln zu können. Wenn wir den Umstand ernst nehmen, dass Menschen danach streben, frei handeln zu können, ist klar, dass es kommunikativ leichter und günstiger sein wird, wenn wir unser Gegenüber wenig direkt lenken, sondern ihm Freiheiten einräumen. Unter diesem Gesichtspunkt ist der optimale Kommunikationsstil auf der linken Seite des Modells zu suchen. Unglücklicherweise kommen wir oftmals nicht umhin, das Verhalten unseres Gegenübers zu beeinflussen, damit wir unsere Ziele erreichen. Eine Führungskraft würde entweder eine ihrer zentralen Aufgaben verfehlen, wenn sie darauf verzichtete, Mitarbeiter zu steuern, oder aber überflüssig sein, wenn nämlich die Mitarbeiter unbeeinflusst von sich aus die für das Unternehmen besten Handlungsalternativen wählen. Wir stehen hier vor einem Dilemma: Freiheit ist psychologisch für die Akzeptanz günstiger, Lenkung ist das, was wir vornehmen müssen, wenn sich unser Gegenüber nicht von sich aus mit unseren Zielen konform verhält.

Betrachten wir die Achse Wertschätzung und Geringschätzung. Wertschätzung auszudrücken soll hier bedeuten, dass der Sprecher beschreibt, welche Gefühle oder Bedürfnisse er bei seinem Gegenüber wahrnimmt, und hierzu eine positive Haltung wie Verständnis oder Akzeptanz zum Ausdruck bringt. Beispielformulierungen sind „Ich sehe, dass dir das und das wichtig ist" oder „Ich verstehe, dass dich das ärgert". Dieser wertschätzende Akt wird vom Gegenüber aus zwei Gründen positiv als Entgegenkommen empfunden: Zum einen durch die direkt ausgedrückte Wertschätzung und zum anderen aufgrund des Aufwandes, den der Sprecher für den Empfänger aufbringt. So musste der Sprecher für die wertschätzende Äußerung seine Wahrnehmungen ordnen, für seine Gedanken passende Worte auswählen und eine Formulierung vortragen. Der Empfänger erfährt, dass der Sprecher für ihn und seine Bedürfnisse Energie aufgebracht hat, und wertet dies als Indiz dafür, dass seine Bedürfnisse auch tatsächlich berücksichtigt werden. Damit wird die inhaltliche Wertschätzung durch die Geste glaubhaft unterstützt. Ein Entgegenkommen erhöht die Bereitschaft des Empfängers, seinerseits entgegenzukommen. Der Sprecher ist quasi positiv in Vorleistung getreten und hat dem Gegenüber ein „Geschenk" überbracht. Dies wiederum wird beim Gegenüber Druck auslösen, nun seinerseits wohlwollend zu reagieren und ein „Geschenk" zurück zu geben. Das *Prinzip der Reziprozität*, der Wechselseitigkeit, besagt, dass Menschen, denen ein Gefallen getan wird, sich verpflichtet fühlen, sich zu revanchieren. Und dies gilt unabhängig davon, ob das Gegenüber ihnen sympathisch ist, ob sie um diesen Gefallen gebeten haben und ob ihnen der Gefallen viel bedeutet, wie Dennis Regan in einer berühmten Studie zeigen konnte.[76] In einem Experiment kauften Menschen von einem Fremden doppelt so viele Lose, wenn sie zuvor von ihm eine Cola-Dose geschenkt bekommen hatten. Und dies galt völlig unabhängig davon, ob diese Menschen den Fremden sympathisch fanden oder nicht.

Die Macht der Reziprozität erklärt, warum die ausgedrückte Wertschätzung das Gegenüber motiviert, seinerseits wohlwollend auf den Standpunkt des Sprechers einzugehen. Abgesehen davon wird eine Spiegelung auf der emotionalen Ebene wahrscheinlich. Die durch den wertschätzenden Akt ausgedrückte Anteilnahme, das Mitgefühl, die Sympathie, erzeugt auf der anderen Seite ebenfalls Sympathie. Mit negativem Vorzeichen gilt Entsprechendes für Geringschätzung. Der Ausdruck von Geringschätzung senkt via Reziprozität die Bereitschaft des Gegenübers, dem Sprecher entgegenzukommen. Der Ausdruck von Antipathie oder Missbilligung fördert beim Gegenüber ebenfalls Antipathie und Missbilligung. Das bedeutet, dass der Sprecher klar auf Wertschätzung setzen sollte, sofern er an der Kooperationsbereitschaft seines Gegenübers interessiert ist.

Kann man vor dem Hintergrund einen der vier Kommunikationsstile als ideal identifizieren? Das hängt sicher ein Stück weit von den Rahmenbedingungen ab. Wenn der Sprecher mit allen denkbaren Entscheidungen seines Gegenübers leben kann, sei es, weil sie seine Interessen nicht tangieren, oder sei es, weil er die Gewissheit hat, dass diese konform mit seinen eigenen Interessen gehen, dann kann er Freiheit gefahrlos gewähren. Damit hat er den Vorteil auf seiner Seite, dass Reaktanz, die durch Eingrenzung von Freiheit auftreten kann, vermieden wird. Allerdings sollte der Sprecher auch in diesem Fall nicht gänzlich auf Wertschätzung verzichten. Jemandem Freiheiten zu gewähren und ihm gleichzeitig das Gefühl zu geben, dass er einem mit seinen Gefühlen und Interessen gleich ist, hinterlässt bei diesem keinen positiven Eindruck, drückt auf die Motivation und wird die Beziehung erst recht nicht stärken.[77] Man stelle sich die Konsequenzen vor, antwortete eine Führungskraft auf die Frage ihres Mitarbeiters, ob er ein bestimmtes neues Thema vorbereiten dürfe, mit „Machen Sie doch, was sie wollen!" Nimmt man diese

---

[76] Vgl. Regan „Effects of a Favour and Liking on Compliance"

[77] Siehe das Kapitel 3 „Vertrauen durch Zutrauen"

Überlegungen ernst, scheidet der Laisser-Faire-Stil grundsätzlich aus. Es gibt nur ganz seltene Fälle, in denen eine Laisser-Faire-Kommunikation sinnvoll sein mag. Vielleicht ist eine Laisser-Faire-Kommunikation zielführend, wenn der Sprecher sein Gegenüber dazu bringen will, eine für beide fruchtlose Beziehung zu beenden, weil dies für ihn selbst unmöglich oder mit zu hohem Aufwand verbunden ist. Kann der Sprecher dem Gegenüber Freiheit gewähren, ist also im Allgemeinen die antiautoritäre Variante günstig. Bezogen auf das Beispiel von eben könnte die Führungskraft dem Mitarbeiter antworten mit: „Ich finde es Klasse, dass Sie trotz des aufreibenden Tagesgeschäfts noch an die Vorbereitung neuer wichtiger Themen denken. Ich halte Ihren Vorschlag für eine gute Sache, zumal ich sicher bin, dass Sie den Überblick behalten werden. Bitte halten Sie mich auf dem Laufenden!"

Doch was, wenn wir eine ganz bestimmte Handlung von unserem Gegenüber wünschen? Dann kommen wir schwerlich umhin, lenkend und d.h. freiheits-raubend einzugreifen. Manche versuchen ein zweistufiges Vorgehen: Sie beginnen antiautoritär und eröffnen dem Gegenüber wertschätzend den Freiraum, nach eigenem Gusto zu entscheiden. Wählt dieser die vom Sprecher favorisierte Option, dann hat der Sprecher gewonnen: Freiheit, Wertschätzung und der von ihm gewünschte Weg. Mehr geht nicht. Was aber, wenn das Gegenüber eine für den Sprecher missliche Handlungsalternative wählt? Könnte der Sprecher dann nicht immer noch steuernd eingreifen? Mir erscheint ein solches Vorgehen gefährlich, insofern die eigene Glaubwürdigkeit und Integrität leidet. Wenn ich meinem Gegenüber zubillige, frei zu wählen, und sobald er dies tut, interveniere, agiere ich inkonsistent und offenbare zudem eigennützige und manipulative Absichten. Ein verdammt hoher Preis für die Chance, unentdeckt erfolgreich zu sein.

In meinen Augen ist es nicht nur sympathischer, sondern auch unter dem Strich erfolgreicher, wenn der Sprecher seine lenkende Absicht offenlegt. Freilich muss er in diesem Fall mit Reaktanz rechnen, doch diese Gefahr wird gemindert, wenn der Sprecher seine Lenkung mit Wertschätzung koppelt. Das tut der autoritäre Stil nicht, was in Situationen, in denen die Lenkung mit den Interessen des Gegenübers harmoniert und erwartet wird oder konventionell festgelegt ist, kein Problem darstellen muss. Man denke etwa an die Kommunikation von Feuerwehrleuten im Einsatz. In den allermeisten Situationen ist jedoch der partnerschaftliche Kommunikationsstil optimal, insbesondere in Führungszusammenhängen. Das Eingehen auf die Bedürfnisse, das die partnerschaftliche von der autoritären Kommunikation unterscheidet, wird als Zeichen von Wertschätzung empfunden. Unsere Motivation, etwas zu tun, das von den unmittelbaren Bedürfnissen abweicht, ist naturgemäß gering. Sie sinkt noch weiter, wenn wir spüren, dass diese weder wahrgenommen noch berücksichtigt werden. Partnerschaftliche Kommunikation signalisiert solch eine Wertschätzung und trägt so dazu bei, dass auch unangenehme Entscheidungen von der Gegenseite akzeptiert werden und dass das Gegenüber auch ungeliebte Handlungen vollzieht.

Partnerschaftliche Kommunikation verzahnt Wertschätzung und Lenkung. Oft findet man in der Alltagskommunikation Formulierungen, die das Bemühen zu lenken und wertzuschätzen nicht bloß verzahnen, sondern miteinander verschmelzen, z. B. „Vielleicht könntest du eventuell versuchen, ein bisschen mehr …". So adäquat das zugrundeliegende Motiv ist, so inadäquat ist der Einsatz von abschwächenden Ausdrücken, den sogenannten Weakenern oder Weichmachern wie „vielleicht", „etwas", „könnte" in lenkenden Formulierungen. Zwar reduzieren die Weichmacher die Chance, dass der Sprecher mit Abwehr reagiert. Doch weil sie dies durch eine Lockerung der Lenkung erreichen, büßt die Steuerung an Klarheit und Effektivität ein. In der partnerschaftlichen Führung werden Lenkung und Wertschätzung ebenfalls verbunden, nur eben nicht simultan, sondern sequenziell. Durch die vorausgehende Würdigung der Position des Gesprächspartners kann die Lenkung unmissverständlich klar bleiben, ohne massive Gegenwehr zu provozieren.

Muss in jedem Fall eine wertschätzende Kommunikation gegenüber weniger wertschätzenden Formen bevorzugt werden? Nein, doch je ausgeprägter die folgenden Umstände sind, desto höher sollte der Grad der Wertschätzung in der Kommunikation sein, damit der Sprecher erfolgreich ist. Wertschätzung ist besonders zweckdienlich, wenn

1. eine ausgeprägte Kultur von Anweisung und Ausführung fehlt,
2. der Sprecher durch seine Äußerung dem Gegenüber etwas mitteilen will oder sein Gegenüber zu einer Handlung veranlassen möchte, die dessen Interessen und Wünschen widerspricht,
3. der Sprecher kaum über Druckmittel in Form von positiven oder negativen Sanktionen verfügt (oder er diese nicht einsetzen möchte),
4. der Sprecher in hohem Maße auf das Wohlwollen und die Kooperationsbereitschaft seines Gegenübers in der Zukunft angewiesen ist.

Je mehr und je ausgeprägter diese Faktoren auf eine Kommunikationssituation zutreffen, desto mehr Gewicht sollte der Sprecher der Wertschätzung beimessen. Er sollte in diesem Fall deutlich signalisieren, dass er die Bedürfnisse und Interessen des Gegenübers wahrgenommen und bei seiner Entscheidung so weit wie möglich berücksichtigt hat.

Bemerkenswerterweise deutet eine Studie darauf hin, dass es uns umso schwerer fällt, empathisch auf unser Gegenüber einzugehen, für je einflussreicher wir uns halten. [78] Sich in den anderen hineinzuversetzen, darüber nachzudenken, was er denkt, sieht und fühlt, und sich in der Kommunikation darauf zu beziehen, kostet Energie. Mit dem zunehmenden subjektiven Machtgefühl schwinden die empathischen Fähigkeiten. Soziale Überlegenheit mindert das Einfühlungsvermögen, sogar wenn diese nur eingebildet ist. Die Forscher erklären dies mit dem Energieaufwand, den ein Perspektivwechsel kostet. Aufmerksamkeit strengt an. Und wenn wir uns überlegen wähnen, scheinen wir uns diese zusätzliche Energie sparen zu können. Nun mag dies tatsächlich in vergangenen Jahrtausenden in vielen Situationen überschaubarer Stämme schadlos möglich gewesen sein. Schließlich konnte ein Anführer in überschaubaren Gruppen unmittelbar Druck ausüben oder korrigierend eingreifen. In modernen Gesellschaften und in komplexen Unternehmen sieht diese Situation jedoch häufig ganz anders aus. Es notwendig, mit Menschen zu kooperieren, denen wir oft nicht vollumfänglich weisungsbefugt sind. Und selbst wenn: Wir sind auf deren Goodwill, auf deren Kreativität und deren freiwillige Unterstützung des von uns favorisierten Weges angewiesen. Und von daher steht der Energiegewinn, den wir durch einen Verzicht auf Empathie und Wertschätzung erzielen, in keinem Verhältnis zu dem Motivationsverlust auf der anderen Seite, unser Ansinnen zu unterstützen, oder schlimmer noch zu einem Motivationsanstieg, unser Ansinnen aktiv zu boykottieren.

6.2 Lähmung oder Ausgrenzung: Die Macht von Anliegen

Kennen Sie das? Sie werden um etwas gebeten, wozu Sie nicht verpflichtet sind. Angenommen ich wende mich an Sie mit folgendem Anliegen: „Ich habe Sie als engagiert und um das Wohl anderer besorgt erlebt. Ich sammle jetzt an Ihrem Wohnort auf dem Marktplatz jeden Sonntag von 8 bis 18 Uhr für Tiere in Not und dachte daran, dass Sie mich dabei unterstützen könnten. Würden Sie mir dabei helfen?" Sie sind mir in keiner Weise verpflichtet, erst Recht nicht im Hinblick auf das konkrete Anliegen. Insofern können Sie natürlich ablehnen: „Nein, ich gestalte meine Freizeit lieber anders." Ich weiß natürlich, dass Sie mir nichts schuldig sind und dass Sie womöglich auch, ohne meinem Anliegen nachzukommen, wissen, wie Sie Ihren Sonntag erfüllend gestalten können. Insofern werde ich mit einer Absage rechnen. Doch wie groß wird jetzt meinerseits die Bereitschaft sein, auf ein Anliegen von Ihnen wohlwollend zu reagieren? Erschreckend gering. Es greift das *Prinzip der Reziprozität*: Kommt mir jemand entgegen, empfinde ich einen Druck,

---

[78] Vgl. Galinsky u. a. „Power and Perspectives not taken"

auch ihm entgegenzukommen. Lehnt jemand mein Anliegen ab, so empfinde ich keinen Druck, positiv auf ein Anliegen meines Gegenübers einzugehen. Erst recht nicht, wenn es mir Umstände bereiten würde. Schlimmer für ihn: Ich bin womöglich motiviert, das Anliegen abzulehnen, selbst wenn es für mich mit verhältnismäßig geringem Aufwand verbunden wäre.

Aus diesem Grund zögern viele, ihre Ablehnung eines Anliegens unverblümt auszusprechen. Wer ein Anliegen direkt ablehnt, wirkt zudem unhöflich, selbst dann, wenn er keinerlei Verpflichtung hat, dem Anliegen zu entsprechen. So wirkt meine Beispielantwort „Nein, ich gestalte meine Freizeit lieber anders" nicht nur unhöflich, sondern auch etwas unrealistisch. Realistischer wirken Absagen wie „Ich habe am Wochenende leider keine Zeit" oder „Ich würde gerne, doch leider ..." Diese Reaktion klingen in der Tat freundlicher, doch sie wirken wie das, was sie vermutlich sind, nämlich wie Ausreden. Oft gewählt wird auch die Strategie des Auflösens in Unverbindlichkeit. Wenn Sie diesen Schachzug verwenden, könnten Sie z. B. erwidern: „Das ist eine gute Sache. Ich werde mal in den nächsten Wochen schauen, ob ich das mit meinen übrigen Aktivitäten vereinbaren kann." Oder „Ich werde das mal mit meinem Partner besprechen und wieder auf Sie zukommen." Wie eine Ausrede untergräbt das Auflösen in Unverbindlichkeit, insbesondere wenn es regelmäßig eingesetzt wird, die eigene Autorität und hinterlässt beim Gegenüber einen schalen Eindruck.

Vielleicht fühlen Sie sich durch mein Anliegen auch ein wenig in die Ecke gedrängt und machen unter dem Druck ein Teilzugeständnis: „Äh, jeden Sonntag und dann auch noch von morgens bis abends. Ich könnte vielleicht mal ein oder zwei Sonntage für ein paar Stunden." Mit diesem Zugeständnis stehen Sie zumindest zeitweise auf dem Marktplatz. Aber bin ich Ihnen dafür dankbar? Natürlich bewerte ich Ihre Reaktion positiver, als wenn Sie rigoros abgelehnt hätten. Doch richtig dankbar bin ich Ihnen auch dann nicht. Sie vermitteln mir das Gefühl, dass ich mich habe abmühen müssen, um lediglich einen Teilerfolg zu erzielen. Damit habe ich mir das Erreichte auch verdient. Ein großes Entgegenkommen von Ihnen, das via Reziprozität meine Dankbarkeit erfordern würde, nehme ich nicht wahr.

Möglicherweise sagen Sie auch einfach zu. Sei es, weil Ihnen spontan kein guter Grund einfällt, warum Sie es nicht tun sollten, oder weil Sie sich wirklich für diese gute Sache einsetzen wollen. Kommt Ihnen Folgendes bekannt vor? Sie sagen zu, einer Bitte nachzukommen. Und schon kurze Zeit später fallen Ihnen Gründe ein, warum Sie diese Zusage hätten besser nicht machen sollen. Am fraglichen Tag bin ich ja eingeladen, habe ich bereits meiner Tochter zugesagt, ins Kino zu gehen usw. Beachten Sie, wie sich dann das Machtverhältnis verkehrt: Ursprünglich war derjenige mit dem Anliegen in der schwächeren Position. Und Sie hatten die Macht, das, was er wünschte, zu erfüllen oder abzulehnen. Jetzt sind Sie in die schwächere Position geraten. Denn wenn Sie Ihre Zusage nicht einfach brechen möchten, müssen Sie Ihr Gegenüber bitten, die Verbindlichkeit, die Sie freiwillig eingegangen sind, aufzulösen. Er befindet sich nun in der Machtposition, die er genüsslich auskosten kann: „Das ist aber schlecht! Ich habe mich auf Sie verlassen und Sie fest eingeplant. Wenn Sie jetzt zurücktreten, entsteht ein gewaltiger Schaden!"

Interessiert werfe ich ein Auge auf Führungskräfte in den unterschiedlichsten Unternehmen, die erfolgreicher als andere sind, d.h. bessere Ergebnisse erzielen, bei ihrem Team auf höhere Akzeptanz und wohlwollende Anerkennung stoßen und überproportional häufig Karriereoptionen erhalten und nutzen. Dabei reflektiere ich gerne über Gemeinsamkeiten. Ich weiß wohl um den Fehlschluss, von den gemeinsamen Eigenschaften erfolgreicher Führungskräfte darauf zu schließen, dass diese Eigenschaften für ihren Erfolg verantwortlich sind. Denn eventuell teilen diese Eigenschaften ja auch die weniger erfolgreichen Führungskräfte.[79] Und selbst wenn nicht, muss die Gemeinsamkeit nicht zu ihrem Erfolg geführt haben: Eine Korrelation verbürgt keine Kausalität. Anderenfalls müsste das Abschmelzen der Pole für den Rückgang der Pferdefuhrwerke verantwortlich sein. Doch wie bei vielen Menschen, wird meine intellektuelle Einsicht durch meinen Drang besiegt, Muster zu erkennen. Und so suche ich immer wieder nach Gemeinsamkeiten erfolgreicher Führungskräfte. Auf den ersten Blick fallen aber vor allem die enormen Unterschiede auf, die sich abhängig von der Branche, den jeweiligen Umständen und vor allem den sozialen Zusammenhängern positiv auswirken. Nur wenige Parallelen stechen ins Auge. Eine der auffälligsten Gemeinsamkeiten liegt in der Art und Weise, wie diese erfolgreichen Führungskräfte auf Anliegen reagieren: Sie haben die Fähigkeit erworben und perfektioniert, Anliegen abzulehnen und dabei dem Gegenüber ein positives Gefühl zu geben.

Anliegen abzulehnen stellt grundsätzlich eine Herausforderung für menschliche Beziehungen dar. Weil der Bitte um Kooperation nicht entsprochen wird, steigt die Motivation, ebenfalls nicht zu kooperieren bzw. eine bestehende Kooperation zu schwächen. Wenn mein Anliegen bei meinem Gegenüber auf Ablehnung stößt, mag ich es zudem als ungerechtfertigte Einschränkung meiner Freiheit, meine Ziele zu erreichen, empfinden. Damit ist der Grundstein für meine Gegenwehr, die uns schon als Reaktanz begegnet ist, gelegt.

Warum also sollten wir Anliegen überhaupt ablehnen? Das ist eine vom Grundsatz her berechtigte Frage. Denn das Erfüllen von Anliegen sorgt dafür, dass die

---

[79] Wie ist es z. B. um die offensichtlich gemeinsame Eigenschaft, eine Führungskraft zu sein, bestellt?

Bereitschaft zu kooperieren auch auf der Gegenseite steigt. Und jemand, der sich hartnäckig weigert, Anliegen anderer zu erfüllen, wird sehr schnell isoliert werden. Allerdings ist das Erfüllen von Anliegen sowohl in einer offensichtlichen als auch in einer weniger offensichtlichen Hinsicht problematisch. Offenkundig verlangt das Erfüllen von Anliegen nach unseren Ressourcen. Und diese sind begrenzt. Dies bedeutet, dass das Erfüllen anderer Anliegen uns zugleich daran hindert, unsere eigenen Ziele zu verfolgen. Freilich kann das Erfüllen fremder Anliegen durchaus auch für die eigenen Ziele vorteilhaft sein. Unser Gegenüber mag ja seinerseits unmittelbar oder später einen für uns wertvollen Beitrag zur Erreichung unserer Ziele leisten. Doch dies ist weder sicher, noch können alle für unsere Ziele notwendigen Beiträge durch andere erbracht werden.

Denken wir z.B. an die Ressource „Zeit". Wenn Sie Ihre Zeit vollständig für Anliegen von Mitarbeitern oder Kunden verwenden, dann nützt Ihnen deren Gunst recht wenig, was Ihr Ziel betrifft, ein harmonisches Familienleben zu gestalten. Anliegen zu erfüllen bedeutet immer, dass wir Ressourcen aufwenden, die uns für unsere eigenen Ziele zunächst einmal fehlen. Dieser Effekt verschärft sich, je weiter ein Mensch in hierarchischen Zusammenhängen aufsteigt und je größer sein Handlungsspielraum aufgrund von Wissen, Kapital oder Zugang zu anderen Ressourcen wird. Denn je größer der Handlungsspielraum ist, desto interessanter wird dieser Mensch für Anliegen Anderer. Ein Bettler wird selten selbst angebettelt. Der Pförtner ist nur für einen kleinen Kreis von Anliegen interessant, die Unternehmensleitung normalerweise für einen größeren. (Allerdings lassen sich nicht alle Anliegen bei der Unternehmensleitung erfolgreicher platzieren als beim Pförtner: Wenn Sie einen Platz für Ihr Auto trotz des heillos überfüllten Parkplatzes auf dem Firmengelände erhalten möchten, ist vermutlich der Pförtner ein vielversprechenderer Ansprechpartner, auch wenn die Geschäftsführung Ihnen hier nicht weniger gewogen ist.) Und so überrascht es nicht, dass Führungskräfte in ihrem Aufstieg rasch ausgebremst werden, wenn sie nicht stringent genug die mit ihrem Erfolg zunehmende Zahl von Anliegen ablehnen.

Und es gibt noch einen weiteren, diesmal weniger offensichtlichen Grund, warum man vorsichtig sein sollte, Anliegen unreflektiert zu erfüllen. Diesen Grund nenne ich den *Undankbarkeits-Bumerang der Erwartungsspirale*. Um diesen zu verstehen gilt es darüber nachzudenken, wodurch Zufriedenheit und Unzufriedenheit bei uns Menschen bedingt sind. Unter gleichen Umständen können unterschiedliche Menschen, aber auch ein und derselbe Mensch, zufrieden oder unzufrieden sein. Zufriedenheit ist subjektiv und hängt von unseren Erwartungen ab. Einfach gesagt sind wir zufrieden, wenn unsere Erwartungen erfüllt werden, und unzufrieden, wenn diese enttäuscht werden. Aber ganz so einfach ist es nicht, wie ich an einem Beispiel illustrieren will.

6.3 Erwartungsspirale und Undankbarkeitsbumerang: Wie Erwartungen unser Handeln entwerten

Nehmen wir an, Sie besuchen ein neues Café und bestellen einen Cappuccino. Vermutlich werden Sie nicht in Begeisterungsstürme ausbrechen, wenn Ihre Erwartung erfüllt und Ihnen ein Cappuccino gebracht wird. Es handelt sich um eine Muss-Erwartung. Wird eine Muss-Erwartung erfüllt, so wird dies vom Erwartenden gar nicht wahrgenommen. Wird sie hingegen nicht erfüllt, löst dies eine starke negative Reaktion aus. Würde Ihnen im fraglichen Fall auch nach längerer Wartezeit kein Cappuccino gebracht werden, würden Sie sich beschweren, wortlos das Café verlassen oder die Bedienung freundlich darauf hinweisen, dass diese Ihre Bestellung vergessen hat.

Nehmen wir nun an, Ihnen würde nicht bloß ein Cappuccino gebracht, was Sie relativ unberührt ließe, sondern auch ein Keks, der neben dem Cappuccino auf der Untertasse liegt. Letzterer Umstand wird von Ihnen, wenn Sie das erste Mal in diesem Café sind, nun vermutlich positiv wahrgenommen. Er löst ein Gefühl von Zufriedenheit aus. Wenn kein Keks gereicht worden wäre, hätte Sie als Neuling in diesem Café jedoch nichts vermisst und wären kaum unzufrieden gewesen. Diese Art von Erwartung wird, auch wenn hier der Ausdruck „Erwartung" alltagssprachlich etwas übertrieben anmutet, in der Wissenschaft „Kann-Erwartung" genannt. Für Kann-Erwartungen ist es charakteristisch, dass sie bei Erfüllung positive Gefühle hervorrufen und bei Nichterfüllung neutrale oder keine Gefühle entstehen lassen.

Man kann unsere Erwartungen demnach auf einer Verbindlichkeitsachse anordnen: Auf der einen Seite stehen die Muss-Erwartung, auf der anderen die Kann-Erwartungen und in der Mitte werden oft noch die Soll-Erwartungen einsortiert. In unserem Beispiel könnte eine Soll-Erwartung sein, dass der Cappuccino gut schmeckt. Wird diese Erwartung erfüllt, freuen Sie sich, jedoch vielleicht nicht so stark, wie wenn Ihnen noch ein Keks oder kleines Stück Kuchen gereicht würde. Und wenn die Erwartung unerfüllt bleibt, ärgern Sie sich, jedoch nicht so stark, wie wenn gar kein Cappuccino gebracht worden wäre. Je nach dem Grad an Verbindlichkeit unterscheiden sich die Erwartungen im Hinblick darauf, welche Reaktion eine Erfüllung bzw. Nichterfüllung auslöst.

Erwartung	Erfüllung	Enttäuschung
Muss	Ø	− −
Soll	+	−
Kann	+ +	Ø

Zufriedenheit bei Erfüllung oder Enttäuschung von Erwartungen

Komplex wird dieser relativ einfache Zusammenhang, wenn wir berücksichtigen, dass Erwartungen nicht bloß zwischen Personen variieren, sondern sich über den Prozess des Gewöhnens auch bei ein und demselben Menschen verändern. Erwartungen sind nicht stabil. Bleiben wir bei unserem Beispiel und nehmen an, Sie suchten aufgrund Ihrer guten Erfahrungen ein zweites Mal das besagte Café auf. Auch dieses Mal wird nicht bloß der bestellte Cappuccino, sondern auch der unbestellte Keks gereicht. Ihre positive Reaktion über den Keks fiele vermutlich schon etwas milder aus als bei Ihrem ersten Besuch — aus einer Kann-Erwartung ist bereits eine Soll-Erwartung geworden. Dieser Trend würde sich bei Ihrem dritten Besuch fortsetzten. Jetzt würden Sie schon fest davon ausgehen, dass Ihnen bei der Bestellung eines Cappuccinos nicht bloß ein Kaffeegetränk, sondern auch ein Keks gereicht werden würde. Wenn nun bei Ihrem dritten Besuch jedoch ein Cappuccino ohne Keks gebracht werden würde, dann wären Sie unzufrieden — und das obwohl Sie ihn nicht bestellt hätten und nicht unzufrieden wären, wenn Ihnen niemals ein Keks gereicht worden wäre! Die anfängliche Kann-Erwartung ist zu einer Muss-Erwartung mutiert. Und Sie sind zu einem Kunden geworden, der anspruchsvoller und schwieriger zufrieden zu stellen ist als bei Ihrem ersten Besuch.

An diesem Beispiel tritt das Dilemma für die Erfüllung von Anliegen deutlich zu Tage. Handelt es sich bei dem Anliegen um eine Muss-Erwartung, können Sie durch die Erfüllung lediglich Unzufriedenheit vermeiden. Handelt es sich um eine Kann-Erwartung, haben Sie die Chance, Ihr Gegenüber zu begeistern, nehmen aber damit zugleich eine schwere Hypothek auf. Denn bei Ihrem Gegenüber wird sich diese Erwartung tendenziell zu einer Muss-Erwartung entwickeln. Die Erfüllung von Anliegen kann sich als Undankbarkeits-Bumerang in einer Erwartungsspirale entpuppen. Der Undankbarkeits-Bumerang der Erwartungsspirale verweist also auf folgendes Problem: Wirkliche Begeisterung lässt sich nur durch die Erfüllung von Kann-Erwartungen erzielen, die Erfüllung von Muss-Erwartungen verhindern lediglich Unzufriedenheit. Indem jedoch Kann-Erwartungen erfüllt werden, neigen diese dazu, zu Muss-Erwartungen zu werden. Die Folge ist: Begeisterung lässt sich immer schwieriger und nur mit wachsendem Aufwand erzeugen, und Unzufriedenheit kann zunehmend leichter entstehen.

Über welche kommunikativen Strategien und Techniken sollte man verfügen, um den Fallstricken von Anliegen zu entgehen? Meines Erachtens benötigt man drei: Eine Strategie, Anliegen abzulehnen, ohne die Kooperationsbereitschaft des Gegenübers negativ zu beeinträchtigen. Eine Strategie, Zeit zu gewinnen, um nicht voreilig abzulehnen oder zuzusagen. Und eine Strategie, Anliegen zu erfüllen und das Gegenüber zu begeistern, ohne den Undankbarkeits-Bumerang auf den Plan zu rufen.

6.4   Gunst trotz Ablehnung: „Nein" sagen und dabei ein gutes Gefühl hervorrufen

Kommen wir zu meinem eingangs geschilderten Anliegen zurück. Ich frage Sie: „Ich habe Sie als engagiert und um das Wohl anderer Menschen besorgt erlebt. Ich sammle jetzt an Ihrem Wohnort auf dem Marktplatz jeden Sonntag von 8 bis 18 Uhr für Tiere in Not und dachte daran, dass Sie mich dabei unterstützen könnten. Würden Sie mir dabei helfen?" Wie lehnen Sie wertschätzend ab? „Ich finde es großartig, dass Sie sich für dieses wichtige Projekt engagieren — und das bei Ihrer knappen Freizeit. Da ich in der Woche immer unterwegs bin, habe ich mit meiner Familie vereinbart, dass die Wochenenden allein ihr gehören, so dass ich Ihnen nicht helfen kann. Was ich Ihnen anbieten kann ist, dass Sie mir Informationsmaterial geben, das ich gerne im Rahmen meiner Veranstaltungen auslege. Denn ich halte „Tiere in Not" für ein wichtiges Projekt." Klar bin ich von Ihrer Reaktion nicht begeistert. Eine Zusage wäre mir lieber. Und eine Absage klingt nie so gut wie eine

Zusage. Doch kann eine gute Absage immerhin besser klingen als eine schlechte Zusage. Eine schlechte Zusage beinhaltet ein widerwillig gegebenes partielles Zugeständnis. „Jeden Sonntag von früh bis spät! Nee. Vielleicht kann ich mal einen Sonntag für zwei oder drei Stunden mitkommen." Eine schlechte Zusage ruft weniger Dankbarkeit hervor als eine gute Absage. Denn mit Ihrer Absage kann ich leben, ohne sie Ihnen übel zu nehmen. Meine Bereitschaft, zukünftig auf Ihre Anliegen wohlwollend zu reagieren, wird nicht oder kaum negativ beeinträchtigt.

Wie lässt sich die Technik der wertschätzenden Absage verallgemeinern? Mit dem partnerschaftlichen Kommunikationsstil haben wir das grundsätzliche Instrumentarium bereits in der Hand. Wenn unser Gegenüber ein Anliegen vorträgt, dann erwartet er, dass wir uns in einem bestimmten Handlungsrahmen bewegen, nämlich Zu- oder Absage, und hat bereits eine Vermutung darüber, welchen Schritt wir in diesem Handlungsrahmen unternehmen werden. Vielleicht halte ich es in dem Beispiel für wahrscheinlicher, dass Sie ablehnen. Doch anstatt auf das Anliegen des Gegenübers direkt einzugehen und sich in dem gesetzten Handlungsrahmen zu bewegen, vollziehen Sie eine Handlung außerhalb dieses Rahmens. Denn Sie drücken Wertschätzung für die Bedürfnisse oder Gefühle Ihres Gegenübers aus. Damit lösen Sie die starre Entweder-Oder-Fixierung Ihres Gegenübers und öffnen ihn für Ihre negative Botschaft, die Sie im zweiten Schritt unverblümt verkünden. Die Ablehnung im zweiten Schritt entspricht der Lenkung des partnerschaftlichen Kommunikationsstils. Nur bleiben Sie an dieser Stelle nicht stehen, sondern bieten nunmehr einen Kompromiss an oder zeigen eine Alternative auf. Die drei Schritte lassen sich schematisch wie folgt skizzieren:

1. Wertschätzung: „Ich verstehen ..."
2. Ablehnung: „Bedauerlicherweise ..."
3. Alternative: „Was ich anbieten kann ..."

Diese drei Komponenten in genau dieser Reihenfolge zu arrangieren, ist psychologisch äußerst geschickt. Der Sprecher wird so drei psychologischen Prinzipien gerecht:

1. Dem Primär-Rezenz-Effekt
2. Dem Kontrastprinzip
3. Dem Reziprozitätsprinzip

1. Der Primär-Rezenz-Effekt

Der Primär-Rezenz-Effekt setzt sich aus dem Primär-Effekt und dem Rezenz-Effekt zusammen. Der Primär-Effekt besteht zunächst darin, dass Informationen, die wir als erstes wahrnehmen, besser erinnern können als Informationen, die nachfolgen. Der Grund dafür liegt darin, dass das Langzeitgedächtnis die neue Information besser aufnehmen kann, wenn es nicht noch damit beschäftigt ist, weitere Informationen abzuspeichern. In einem weiteren Sinn zählt zum Primär-Effekt auch, dass die zuerst verarbeiteten Informationen einen stärkeren Einfluss auf die entstehende Einstellung haben als spätere Informationen. Eine durch einen ersten Reiz erzeugte Stimmung oder Emotion bestimmt oder überlagert eine durch einen zweiten Reiz erzeugte Stimmung oder Emotion.[80] Deswegen wird zu Recht von der Macht des ersten Eindrucks gesprochen.[81] Eine einmal aufgrund der ersten Information gebildete Einstellung wirft man nicht so schnell wieder über Bord.

Verstärkt wird diese Tendenz noch durch die Mechanismen der *kognitiven Dissonanzreduktion* und der *selektiven Wahrnehmung*. Wir neigen dazu, selektiv wahrzunehmen. Wir ziehen Wahrnehmungen, die mit unseren Einstellungen konform gehen oder sie bestätigen, falsifizierenden Wahrnehmungen vor. Trotzdem mag sich eine Wahrnehmung ins Bewusstsein drängen, die unseren bisherigen Eindrücken und Überzeugungen widerspricht. Dann streben wir danach, die entstandene kognitive Dissonanz zu reduzieren, z.B. indem wir die neue Wahrnehmung abschwächend oder anders interpretieren. In unserem Beispiel sorgt Ihre Wertschätzung meines Engagements für Tiere in Not dafür, dass ich Ihre nachfolgende Ablehnung nicht als solche wahrnehme oder abschwäche — z.B. indem sich mein Eindruck bildet, Sie unterstützen mich oder wollen mich unterstützen, nur eben ohne Zeit.

Beim Rezenz-Effekt erhalten die zuletzt eingehenden Informationen stärkeres Gewicht, so dass diese leichter erinnert werden. Die zuletzt wahrgenommenen Informationen sind noch länger im Kurzzeitgedächtnis verfügbar, weil sie nicht sofort durch anschließende Informationen überschrieben werden. Da wir uns mit den zuletzt wahrgenommenen Informationen intensiver auseinandersetzen können, bleiben sie länger im Gedächtnis haften und haben einen stärkeren Einfluss auf unsere Einstellungen. Bleiben die zuletzt aufgenommenen Informationen mehr als 30 Sekunden ungenutzt, z.B. weil wir sie nicht weiter verarbeiten oder wir nicht aufgefordert werden, diese in einer Antwort zu reproduzieren, dann verschwindet

---

[80] Vgl. Anderson und Barrios „Primacy Effects in Personality Impression Formation"

[81] Autoren wie Dobelli (*Die Kunst des klugen Handelns*) nennen den Primär-Effekt deshalb auch den der Erste-Eindruck-zählt-Effekt.

der Rezenz-Effekt. Denn das Kurzzeitgedächtnis behält Informationen zum aktuellen Arbeiten für maximal 20 Sekunden.[82]

Werden wir also mit einer Kette von Informationen konfrontiert, so bleiben uns gemäß dem Primär-Rezenz-Effekt die ersten und die letzten besonders gut im Gedächtnis.[83] Welcher der beiden Effekte ist stärker? Hier ist die Forschungslage nicht einheitlich. Für manche dominiert der Primär-Effekt, wenn nach einer Folge von Informationen sofort gehandelt werden muss. Liegen die Eindrücke hingegen einige Zeit zurück, dominiert der Rezenz-Effekt. In den Experimenten von Ebbinghaus zur Gedächtnisforschung zeigte sich ein umgekehrter Effekt:[84] Der Rezenz-Effekt sei stärker, wenn sofort gehandelt werden muss. Erklärt haben dies die Forscher damit, dass Erlebtes noch frischer im Gedächtnis vorhanden ist und deswegen der Rezenz-Effekt stärker wirkt. Der Primär-Effekt tritt vor allem nach dem Abrufen der Informationen nach einer längeren Zeit ein, weil das Gehirn dann mehr Zeit zum Proben hatte. In jedem Fall wirken Eindrücke aus der Mitte am schwächsten.

Hält man sich dies vor Augen, so wird verständlich, warum es ungünstig ist, eine Bitte schlicht abzulehnen. Denn in diesem Fall liefert der Sprecher genau eine Information, die perfekt im Gedächtnis bleibt und hervorragend abgerufen werden kann. Besser ist es schon, wenn er mit Wertschätzung beginnt. Damit hat er den Primär-Effekt auf seiner Seite. Wenn er jedoch mit der Ablehnung endet, dann arbeitet der Rezenz-Effekt gegen ihn. Der Hörer behält die negative Botschaft der Ablehnung im Gedächtnis und wird über sie intensiver verarbeiten. Das Ergebnis sind negative Gefühle wie Reaktanz und eventuell die Motivation, die Ablehnung rückgängig zu machen oder einzudämmen. Insofern lädt ein für den Zuhörer negativer Schluss geradezu ein, einen Einwand zu formulieren. Perfekt ist es also, die negative Botschaft der Ablehnung in zwei positive Aussagen einzubetten. Die für den Gesprächspartner negative Botschaft wird durch für ihn positive Nachrichten flankiert. Da es dem Gehirn deutlich leichter fällt, das zuerst Gehörte und das zuletzt Gehörte zu erinnern und zu verarbeiten als die eingebettete negative Botschaft, wird diese negative Botschaft auch schwächere negative Reaktionen beim Hörer auslösen als wenn sie isoliert vortragen würde. Da durch die zu Beginn geäußerte positive Nachricht zudem eine positive Grundstimmung erzeugt wird, wird die negative Gefühlsreaktion durch die folgende negative Botschaft positiv überlagert oder minimiert. Ich nenne den mit der Positiv-Negativ-Positiv-Reihung angestrebten Effekt die „Zuckerwattestrategie". Die Zuckerwattestrategie liegt

---

82   Vgl. Baddely und Hitch. „The Recency Effect: Implicit Leraning with Explict Retrieval?", Bourne und Ekstrand *Einführung in die Psychologie*, 179

83   Vgl. Atkinson und Shiffrin. „Human Memory: A Proposed System and Its Control Processes"

84   Vgl. Ebbinghaus *Über das Gedächtnis: Untersuchungen zur experimentellen Psychologie*

der sogenannten Sandwich-Technik zugrunde, die in unterschiedlichsten Zusammenhängen angewandt wird, z.B. bei Kritik, die uns im nächsten Kapitel beschäftigen wird, bei der Nennung von Verkaufspreisen, bei der Reaktion auf Einwände oder Vorschläge oder generell bei der Übermittlung negativer Nachrichten.

2. Das Kontrastprinzip

Das Kontrastprinzip hat uns bereits im Zusammenhang mit der Alternativfrage beschäftigt.[85] Es besagt, dass unsere Einschätzung, wie groß, teuer, laut usw. eine Sache ist, stark davon abhängt, wie groß der Unterschied zu einem Vergleichsgegenstand in dieser Hinsicht ist. Je größer der Unterschied ist, desto extremer scheint die Eigenschaft einer Sache für uns ausgeprägt zu sein. In einem Schulexperiment werden zwei Eimer nebeneinander angeordnet. In einem befindet sich lauwarmes, in dem anderen eiskaltes Wasser. Wenn Sie nun eine Hand eine Minute in das Eiswasser halten und dann beide Hände in den Eimer mit dem lauwarmen Wasser tauchen, tritt ein verblüffender Effekt auf: Sie haben das Gefühl, dass die Temperatur an beiden Händen unterschiedlich ist. Wie ein Umstand oder eine Sache wirkt, hängt stark davon ab, womit man sie vergleicht und wie stark sie sich von dem Vergleichsobjekt unterscheidet. Ist dieser Mercedes günstig? Das hängt davon ab. Vergleicht man den Mercedes mit einem Rolls Royce oder gar mit den Kosten für ein Schloss oder ein Kreuzfahrtschiff, dann lautet die Antwort „ja". Vergleicht man ihn jedoch mit dem durchschnittlichen Auto, einem gebrauchten Peugeot 205 oder einem Eis, dann muss die Antwort sicher „nein" lauten. Erfahren Sie, dass Ihre Kollege Müller bei einem Zugunglück schwer verletzt wurde und sein Bein verloren hat, ist Ihre spontane Reaktion vielleicht „Oh, der Arme!". Wird Ihnen gesagt, dass er als einziger das Zugunglück überlebt hat, sehen Sie ihn vielleicht eher als Glückspilz.

---

[85] Siehe das Kapitel 5 „Macht durch Freiheit"

Zurück zu unserer Ablehnung. Drei Kontraste treten auf und zwar zwischen den Elementen Anliegen, Ablehnung und Alternative. Der Kontrast zwischen dem Anliegen, jeden Sonntag mit der Sammelbüchse auf dem Marktplatz zu stehen, und der Ablehnung, ist sehr stark. Gut dass er durch die Anordnung mittels der Zuckerwattestrategie untergeht: Erstens steht zwischen dem Anliegen und der Ablehnung noch die Wertschätzung, und zweitens verblasst die Ablehnung beim Gegenüber durch die positive Einbettung. Der Kontrast zwischen der Alternative und dem ursprünglichen Anliegen ist zwar besser, jedoch auch nicht besonders positiv. Das Auslegen von Info-Material wirkt nicht besonders attraktiv, vergleicht man es mit dem ursprünglichen Anliegen, jeden Sonntag Geld zu sammeln. Allerdings fällt dieser Kontrast auch nicht so stark ins Auge wie der Kontrast zwischen Ablehnung und Alternative, weil zwischen Anliegen und Alternative viele andere Informationen fließen. Weil der Sprecher ganz am Ende seiner Ablehnungsäußerung die Alternative gleich im Anschluss an die Ablehnung ausspricht, betont er diesen Kontrast im Gegensatz zu den anderen. Und gegenüber der Option, gar nicht zu helfen, erscheint doch das Auslegen von Info-Material gar nicht so schlecht, nicht wahr?

3. Das Reziprozitätsprinzip

Schließlich greift auch das Reziprozitätsprinzip. Denn mit der Wertschätzung kommt der Sprecher dem anderen gleichsam entgegen. Er signalisiert Akzeptanz und schenkt ihm seine Aufmerksamkeit. Wenn anschließend seine eigene negative Botschaft folgt, dass er das Anliegen ablehnt, darf er von seinem Gegenüber erwarten, dass dieser reziprok handelt und nun seinerseits Verständnis und Akzeptanz für die Ablehnung aufbringt — und das erst Recht, wenn der Sprecher noch eine Alternative aufgezeigt hat.

Freilich kann ein Sprecher auch die gesamten psychologischen Strategien zu seinen Gunsten einsetzen. Eine der wirksamsten Strategien ist „Annehmen nach Zurückweisen" oder auch „Tür ins Gesicht"[86]. Dazu formuliert der Sprecher im ersten Schritt eine überzogene Form seines eigentlichen Anliegens. Wie zu erwarten wird das Gegenüber ablehnen, vielleicht geschickt in den eben beschriebenen drei Schritten. Anschließend signalisiert unser Sprecher, dass er die Ablehnung akzeptiert und äußert sein wahres und deutlich schwächeres Anliegen. In unserem Beispiel könnte ich im Anschluss an Ihre Ablehnung etwa fortfahren mit: „Oh, ihre Familie hat selbstverständlich Anspruch auf Sie, das kann ich verstehen. Können Sie mich denn wenigstens bei der Sammlung auf der Weihnachtsveranstaltung unterstützen?" Die Chance ist groß, dass Sie als mein Gegenüber nun einlenken oder zumindest Zugeständnisse machen. Woran liegt das? Meine Akzeptanz ihrer Ablehnung erhöht via Reziprozität auf Sie den Druck, nun Ihrerseits mir ein Zugeständnis zu machen. Welches Zugeständnis liegt näher, als auf meine zweite Bitte einzugehen, die nun auch noch kleiner ausfällt? Hier greifen zusätzlich das Anker- und das Kontrastprinzip. Denn die Bitte, mir bei einem Fest zu helfen, erscheint gering, verglichen mit meiner ursprünglichen, jeden Sonntag zu helfen. Als Anker wirkt die erste Bitte, mit der eine Art Referenz- oder Vergleichsstandard geschaffen wird. Unbewusst geht der Zuhörer von diesem Vergleichspunkt aus, wenn er die zweite Bitte beurteilt. Da diese kleiner ist als der Vergleichsanker, erscheint sie ihm klein, obgleich sie im Hinblick auf einen anderen inhaltlich passenderen Vergleichsstandard, nämlich was man von einem Unbekannten an Entgegenkommen erwarten darf, groß wirkt.

Aber auch ein bewusster Verstoß gegen das Reziprozitätsprinzip kann genutzt werden, um seinem Gegenüber einen großen Gefallen abzuringen. In der psycho-

---

[86] Vgl. Cialdini *Die Psychologie des Überzeugens*, Cialdini, Vincent, Lewis, Catalan, Wheller, Darby „Reciprocal Concessions Procedure for Inducing Compliance: The Door-in-the-Face Technique", Dolinsky „A Rock or a Hard Place: The Foot-in-the-Face Technique for Inducing Compliance Without Pressure", Ebster und Neumayer „Applying the Door-in-the-Face Compliance Technique to Retailing"

logischen Forschung konnte damit eine Lebensüberzeugung von Benjamin Franklin bestätigt werden.[87] Benjamin Franklin beobachtete, dass ihm einer seiner schärfsten Widersacher, nachdem er ihn erfolgreich darum gebeten hatte, ein seltenes Buch zu leihen, fortan kooperativ und wohlwollend entgegentrat. Er gelangte zu der Überzeugung: „Wer dir einen Gefallen getan hat, wird dir eher einen weiteren Gefallen tun als jemand, dem du einmal einen Gefallen getan hast." Es lässt sich zeigen, dass Menschen, denen wir direkt einen persönlichen Gefallen getan haben, uns sympathischer werden. Dies liegt an unserem effizienzorientierten Gehirn: Es möchte kognitive Dissonanzen vermeiden und drängt auf Konsistenz. Und unsere Überzeugung, dass man Menschen nur dann einen Gefallen erweist, wenn man sie mag, führt dazu, dass sich unsere Einstellung gegenüber Person verbessert, denen wir helfen. Damit Denken und Handeln auch weiterhin im Einklang bleiben, wird unser Gehirn auch in Zukunft darauf bestehen, diesen Menschen einen Gefallen zu erweisen. Indem man jemanden um einen Gefallen bittet, öffnet sich die Tür für den nächsten. Die sogenannte *Fuß-in-die-Tür-Technik* erfolgt konkret in drei Schritten: Zunächst bietet der Sprecher sein Opfer um einen kleinen Gefallen, den er nicht leicht ausschlagen kann, ohne unhöflich zu erscheinen. Zum Beispiel könnte Frau Müller den ihr nicht besonders gewogenen Herrn Schmidt bitten, ihr die auf der morgigen Sitzung, an der sie leider nicht teilnehmen kann, verteilten Unterlagen mitzubringen. Anschließend achtet Frau Müller darauf, dass sie den Gefallen nicht erwidert. Herr Schmidt kann sich also nicht sagen, dass er die Unterlagen für Frau Müller mitgenommen und dafür etwas im Gegenzug erhalten habe. Wenn kein Austausch vorliegt, er nicht inkonsistent sein möchte, muss er sich sagen, dass er ihr hilft, weil sie ja doch ganz nett ist. Und schließlich bittet Frau Müller Herrn Schmidt um das, was sie eigentlich von ihm wollte. Dies muss er erfüllen, um mit seinem bisherigen Verhalten nicht in Widerspruch zu geraten. So könnte Frau Müller Herrn Schmidt bei der Übergabe der Unterlage bitten, eine kurze Zusammenfassung der Sitzung zu liefern oder Sie auf der nächsten Sitzung zu vertreten.

Ein wesentlicher Unterschied zwischen der *Tür-ins-Gesicht-Technik* (Annehmen nach Zurückweisung) und dem *Fuß-in-die-Tür-Technik* (Benjamin-Franklin Effekt) liegt in dem psychologischen Mechanismus, welcher dem Gegenüber ein „Ja" abringt. Ist es bei der *Tür-ins-Gesicht-Technik* die Reziprozität, welche greift, weil das „Nein" auf das erste Anliegen so verständnisvoll aufgenommen wird, so dass der Gefragte beim kleineren wirklichen Ansinnen gerne zusagt, so ist es bei der *Fuß-in-die-Tür-Technik* gerade der Verzicht auf Reziprozität, der das Konsistenz-Prinzip auf den Plan ruft. Indem der Gefragte einen kleinen Gefallen erbringt und dieser nicht erwidert wird, kann er sein Verhalten nicht als einen Fall von Tausch, Reziprozität,

---

[87] Vgl. Freedman und Fraser „Compliance Without Pressure: The Foot-in-the-Door Technique", Jecker und Landy „Liking a Person as a Function of Doing Him a Favor"

sehen: Um nicht inkonsistent zu sein, muss er sein Verhalten also anders erklären: Er mag den Bittenden eben so sehr, dass er ihm gerne diesen Gefallen tut. Und warum dann auch nicht den nächsten?

Egal ob ihr Gegenüber sein Anliegen unvermittelt oder im Zusammenhang mit der *Tür-ins-Gesicht-Technik* oder der *Fuß-in-die-Tür-Technik* an Sie heranträgt: Das Trio aus Wertschätzung, Ablehnung und Alternative wird Ihnen aus der Bredouille helfen — auch wenn Sie das Trio gleich mehrmals hintereinander einsetzen müssen.

6.5 Freiheit durch Reaktionsverschiebung: Der Erwartungsspirale entkommen

Freiheit und Sicherheit durch Reaktionsverschiebung

Manche Anliegen zu erfüllen und andere abzulehnen ist natürlich und richtig. Doch sollten Sie sicherstellen, dass Sie nicht voreilig Zusagen treffen oder Absagen formulieren. Denn das könnten Sie später bereuen, wenn Ihnen nicht alle relevanten Informationen präsent waren. Daher erscheint es sinnvoll, die Reaktion auf ein Anliegen in manchen Fällen zu verschieben. Dies gilt insbesondere dann, wenn das Gegenüber das Anliegen bewusst zu einem Zeitpunkt vorträgt, zu dem der Angesprochene unter Zeitdruck steht oder gedanklich mit anderen Dingen beschäftigt ist. Eine Verschiebung der Antwort ist noch keine Absage, insofern ist hierbei nicht so viel psychologisches Feingefühl nötig. Allerdings macht es Sinn, ähnlich wertschätzend vorzugehen wie im Fall einer Ablehnung, wenn das Anliegen des Gesprächspartners extrem dringend ist oder für ihn das hierarchische Gefälle zum Sprecher zählt. In diesem Fall bietet es sich z.B. in einem ersten Schritt an, wertschätzend auf die Dringlichkeit des Anliegens einzugehen: „Ich sehe, dass *A* sehr dringend ist." In einem zweiten Schritt begründen Sie die Verschiebung: „Da ich Ihnen gerne eine verlässliche Auskunft geben möchte, möchte ich meine Aktivitäten und Termine prüfen." Abschließend kündigen Sie an oder stellen noch besser eine Frage, wann Sie eine Rückmeldung geben werden: „Reicht Ihnen meine Antwort am Montag oder doch besser am Freitag?"

Auch bei der Verschiebung wirkt das Kontrastprinzip in einer Weise, dass die Erwartungen an den Empfänger günstig aus Richtung „muss" in Richtung „kann" reduziert werden. Angenommen der Sprecher erwartet eine schnelle positive Zusage und der Empfänger verschiebt seine Antwort. In diesem Fall wird die Erwartung des

Sprechers ein Stück weit frustriert und damit reduziert. Noch bevor der Sprecher im nächsten Schritt erfährt, ob der Gebetene seinem Anliegen nachkommt oder nicht, dämpft er von sich aus seine Hoffnungen auf eine positive Antwort. Im Fall einer Absage wird er die Ablehnung also weniger negativ empfinden, als hätte der Gesprächspartner gleich abgesagt. Und im Fall einer Zusage wird der Sprecher dankbarer sein, als hätte der Gesprächspartner sofort zugesagt.

Entgegenkommen ohne Erwartungsspirale

Wenn wir das zu tun gedenken, was unser Gegenüber von uns wünscht, dann brauchen wir keine besondere Finesse, um diese Botschaft so zu formulieren, dass sie vom Gegenüber akzeptiert wird. Das Erfüllen von Anliegen ist rhetorisch einfach. Allerdings gilt es den Undankbarkeits-Bumerang zu vermeiden.

Nun droht diese Gefahr nicht bei jedem Anliegen. Ein Anliegen, das Muss-Erwartungen zum Ausdruck bringt, wird keinen Undankbarkeits-Bumerang ins Leben rufen, nur weil der Angesprochene dem Anliegen nachkommt. Wenn ich zu einem Vortrag eingeladen werde und gebeten werde, um 14 Uhr zu beginnen, wird weder besondere Dankbarkeit noch im späteren Verlauf eine undankbare Erwartungssteigerung die Folge sein, wenn ich das Anliegen erfülle und um 14 Uhr starte.

Die Gefahr eines Undankbarkeits-Bumerangs besteht nur bei Anliegen, in denen Kann-Erwartungen zum Ausdruck kommen, also Erwartungen, bei denen der Sprecher es nicht für selbstverständlich hält, dass sein Gegenüber ihnen nachkommt. In diesem Fall neigt die Erfüllung dazu, dass sich die Kann-Erwartung zu einer Muss-Erwartung wandelt. Beispielsweise wenn Herr Müller Frau Schmidt aus einer anderen Abteilung fragt, ob Sie ihm die Folien für eine neue Präsentation erstellen könne, und diese die Bitte schlicht bejaht und anstandslos umsetzt. Dann könnte Herr Müller dieses Tun, gerade wenn es mehrmals erfolgt, über kurz oder lang als angemessen oder gar selbstverständlich anzusehen beginnen. Dies würde sich darin zeigen, dass die anfängliche Dankbarkeit einer relativen Gleichgültigkeit bei der Erfüllung weicht und Herr Müller verärgert reagiert, sollte sich Frau Schmidt einmal weigern.

Ein Weg, dieser Entwicklung vorzubeugen, besteht darin, niemals Kann-Erwartungen zu erfüllen. Doch auf diese Weise wird man auch niemals Begeisterung bei seinen Partnern erzeugen und bei Ihnen via Reziprozität das Bedürfnis aktivieren, etwas zurückgeben zu wollen. Ein weiterer Weg, dem Undankbarkeits-Bumerang zu entgehen, besteht darin, ein Anliegen niemals zu erfüllen, ohne nicht explizit eine Gegenleistung auszuhandeln. Z.B. könnte Frau Schmidt antworten: „Gerne erstelle ich Ihnen die Folien, wenn Sie mir Ihrerseits helfen, das Konzept für den Vorstand zu erarbeiten." Eine Gegenforderung nimmt der Erfüllung des Anliegens sofort den Kann-Charakter. Denn wenn der Sprecher die Gegenforderung akzeptiert, dann ist die Erfüllung seines ursprünglichen Anliegens keine Kann-, sondern eine Muss-Erwartung. In dem Grade wie die Gegenforderung den Kann-Charakter auflöst, in dem Grade verliert die Erfüllung des Anliegens allerdings auch ihren begeisternden Effekt, Dankbarkeit bleibt aus.

Will man Menschen begeistern, dann sollte man auch echte Kann-Erwartungen erfüllen. Aufgrund des Reziprozitätsprinzips darf man davon ausgehen, dass dadurch der andere sich sanft gedrängt fühlt, seinerseits in Zukunft auch wohlwollend mit den eigenen Anliegen umzugehen. Allerdings gilt dies nur, sofern der andere die Erfüllung seines Anliegens weiterhin als Kann-Erwartung ansieht. Und hier wird der Undankbarkeits-Bumerang gefährlich. Wie kann man diesem nun entgehen? Indem der Gebetene verhindert, dass eine Muss-Erwartung entsteht. Und dies kann er verbal dadurch leisten, dass er zum einen den Wert der Leistung herausstellt und zum anderen den Ausnahmecharakter der Erfüllung hervorhebt.

Den Wert herauszustellen ist deswegen so wichtig, weil eine Leistung ohne Gegenleistung den Eindruck entstehen lässt, diese Leistung sei nichts oder nicht viel wert. Die Sozialwissenschaftlerin Priya Raghubir hat ihre These, dass Kunden ein Gratisgeschenk zu einer erhaltenen Leistung oder einem Produkt als minderwertig oder als Ladenhüter ansehen, mit einem Experiment positiv getestet.[88] Und mit dem Eindruck, dass die erbrachte Leistung nicht besonders wertvoll ist, könnte der Eindruck entstehen, dass sie selbstverständlich ist, schließlich kann das Gegenüber letztendlich dankbar sein, dass ich die Leistung überhaupt ab- bzw. annehme. Vielleicht gewinnt Herr Müller sonst den Eindruck, dass er in letzter Konsequenz Frau Schmidt etwas Gutes tut, wenn er ihr die Möglichkeit gibt, die Folien für eine Präsentation zu erstellen. Vielleicht weiß sie sonst gar nichts Sinnvolles mit ihrer Freizeit anzufangen! Um den Wert herauszustellen, könnte Frau Schmidt betonen, dass sie sieht, wie wichtig Herrn Müller das Anliegen ist, und dass sie ihm helfen wird, weil er in einer solchen Bredouille stecke.

Abgesehen von dem Wert ihrer Leistung sollte Frau Schmidt auch die Ausnahmesituation betonen. Frau Schmidt könnte, nachdem sie den Wert ihrer Leistung herausgestellt hat, z.B. fortfahren mit: „Normalerweise müsste ich jetzt das Sitzungsprotokoll anfertigen, doch da die Sitzung verschoben wurde, kann ich Ihnen dabei ausnahmsweise helfen." Herr Müller wird dankbar sein und wohl nicht zu der Meinung gelangen, dass er es beim nächsten Mal leichter haben wird. Aller-

---

88 Vgl. Raghubi „Free gift with purchase: promoting or discounting the brand?"

dings reicht der verbale Verweis auf den Ausnahmecharakter nicht aus. Als meine Nichte etwa vier Jahre alt war, fiel mir auf, mit welchem Wort sie sich konsequent und immer wieder an Erwachsene wandte, um Süßigkeiten zu erhalten: Es handelte sich um das Wort „Ausnahme"! Ihre soziale Umwelt hatte offenbar die erste Lektion berücksichtigt und Anliegen nie ohne den Hinweis auf die Ausnahme erfüllt. Doch liefen diese Bemühungen ins Leere. Meine Nichte hat nicht bloß eine Muss-Erwartung entwickelt, was ihre Wünsche nach Süßigkeiten anbelangt. Sie hat offenbar auch noch eine eigenwillige Bedeutung des Wortes „Ausnahme" gelernt, nämlich „Regel".

Was hier passiert ist, lässt sich verallgemeinern: Wann immer das Handeln und das Sagen eines Menschen auseinanderklafft, leiden seine Autorität und Glaubwürdigkeit einerseits[89] und orientieren sich die Menschen aus seiner Umwelt an seinem Handeln andererseits. Dies bedeutet für das Erfüllen von Anliegen, dass ein verbaler Hinweis auf den Ausnahmecharakter nicht ausreicht. Man muss auch entsprechend handeln. Dies tut man, wenn man dafür sorgt, dass die Erfüllung dieses Anliegens tatsächlich die Ausnahme bleibt. Dazu lehnt man dasselbe Anliegen bei den nächsten Gelegenheiten wertschätzend ab und erfüllt nur stets wechselnd verschiedene Kann-Erwartungen und zwar am besten unregelmäßig. Frau Schmidt kann gerne Ihrem Kollegen mit den Folien unter Hinweis auf die Ausnahme helfen, wenn sie in Zukunft auf andere Art und Weise und in anderen Zusammenhängen und vor allem nicht zu zeitlich kalkulierbaren Anlässen hilft.

Was aber können wir tun, wenn wir bereits durch unser Verhalten dafür gesorgt haben, dass sich die Kann-Erwartung unseres Gegenübers in eine Muss-Erwartung verwandelt hat? Freilich können wir wertschätzend in den drei im vorherigen Abschnitt beschriebenen Schritten ablehnen. Jedoch wird die Zurückweisung einen negativen Beigeschmack behalten. Schließlich lässt eine enttäuschte Muss-Erwartung in jedem Fall ein Frustgefühl zurück. Eine Chance liegt in dem Umstand, dass wir in diesem Fall meist nicht darauf angewiesen sind, das Anliegen sofort abzulehnen — sonst hätten wir es ja in der Vergangenheit nicht so oft bereitwillig erfüllt. Denn dann können wir uns einen Effekt zunutze machen, der in der Forschung „Hyperbolic Discounting" genannt wird.

Unter *Hyperbolic Discounting* versteht man das Phänomen, dass wir Positives und Negatives umso stärker gewichten, d.h. mit einem emotionalen Zinssatz versehen, je näher es an der Gegenwart liegt. Was wäre Ihnen lieber: Wenn ich Ihnen in einem Jahr 1.000 Euro gebe oder in einem Jahr und einem Monat 1.100 Euro? Na klar, die

---

[89] Wir haben im Kapitel „Autorität durch Integrität" über die Folgen gesprochen, wenn Handlungen inkonsistent sind oder so wahrgenommen werden.

1.100 Euro, denn wo erhält man schon monatlich 10% Zinsen. Aber was wäre Ihnen von folgenden zwei Optionen lieber: Sie erhalten von mir jetzt 1.000 Euro oder in einem Monat 1.100 Euro? Wenn Sie so wie die Mehrheit wählen, entscheiden Sie sich in diesem Fall für die 1.000 Euro sofort. Uns ist der Spatz in der Hand lieber als die Taube auf dem Dach. Und dies liegt nicht allein daran, dass wir, wie das Sprichwort nahelegt, unsicher sind, ob die Belohnung in der Zukunft unsicherer ist. Wir belegen die Gegenwart mit einem stärkeren Zinssatz als die Zukunft. Deshalb sind Ratenkauf-Modelle so erfolgreich.

Und darin liegt die Chance, Ihrem Gegenüber ein Zugeständnis abzuringen, Sie in Zukunft in Ruhe zu lassen, wenn Sie ihm im Gegenzug jetzt noch einmal helfen. Sie könnten beispielsweise auf das Anliegen erwidern: „Ich verstehe, dass Sie denken, dass ich Ihnen hier wieder helfe. Denn in der Vergangenheit habe ich dies öfter gemacht, obgleich ich dafür nicht zuständig bin. Ich würde es jetzt noch einmal tun, wenn wir vereinbaren können, dass Sie sich beim nächsten Mal an jemand anderen wenden. Kann ich mich darauf verlassen, dass, wenn ich Ihnen jetzt noch einmal den Gefallen tue, Sie in Zukunft nicht mehr zu mir kommen?" Die Aussicht auf die unmittelbare Hilfe wird es Ihrem Gegenüber leicht machen, für die noch so weit entfernte Zukunft eine Verzichtserklärung abzugeben. Wenn er hier ein Commitment abgibt, wird er in Zukunft, um konsistent bleiben zu können, wohl oder übel auf Ihre Hilfe verzichten. Und sollte er es doch noch einmal wagen, wird es Ihnen leicht fallen, Ihr Gegenüber höflich auf Ihre Vereinbarung aufmerksam zu machen.

6.6 Das Kapitel kompakt

Menschen lieben es, frei zu sein. Will man Wohlwollen und Harmonie, gewährt man seinen Mitmenschen diese Freiheit, soweit es geht. Doch oft kommen wir nicht umhin, gegen die Interessen unserer Mitmenschen zu handeln und deren aktuelle oder gewünschte Freiheit zu beschneiden, um unsere Ziele zu erreichen. Reaktanz ist die drohende Folge. Widerstand in Form von aktiver Gegenwehr oder passivem Boykotts scheinen der Preis für Führung und Steuerung anderer Menschen zu sein. Glücklicherweise lässt sich die unerwünschte Nebenwirkung signifikant mindern, wenn sich der Sprecher an eine einfache Maxime hält: Kombiniere deine verbale Steuerung mit einer Würdigung des Standpunkts deines Gegenübers. Partnerschaftliche Führung und Kommunikation verzahnt Lenkung und Wertschätzung miteinander: „Ich verstehe, dass dir wichtig ist ... doch erwarte ich ..." Die ausgedrückte Wertschätzung motiviert das Gegenüber, seinerseits wohlwollend auf den Standpunkt des Sprechers einzugehen. Zudem ruft die durch den wertschätzenden Akt ausgedrückte Anteilnahme auf der anderen Seite ebenfalls Sympathie hervor.

Anliegen stellen uns vor große Herausforderungen. Am besten sind wir auf drei grundlegende Reaktionen vorbereitet: Verschieben, Ablehnen und Erfüllen. In den ersten beiden Fällen, agieren wir den Interessen unseres Gesprächspartners zuwider. Um Reaktanz zu vermeiden, ist eine Orientierung an den Eckpfeilern partnerschaftlicher Kommunikation sinnvoll: Sowohl beim Verschieben als auch beim Ablehnen sollten wir im ersten Schritt zunächst das Bedürfnis oder das Anliegen des Partners würdigen, bevor wir im zweiten Schritt steuern. Im Fall der Verschiebung stellen wir unsere Entscheidung für einen späteren Zeitpunkt in Aussicht. Bei der Ablehnung erfolgt im zweiten Schritt die Absage. Jedoch empfiehlt es sich gerade bei einer Ablehnung nicht mit der negativen Nachricht zu enden, sondern einen positiven Abschluss zu finden, z.B. indem wir dem Gesprächspartner eine Alternative oder einen Kompromiss anbieten. Die Zuckerwattestrategie, nach der eine negative Botschaft zwischen zwei positiven eingebettet wird, profitiert von grundlegenden psychologischen Prinzipien wie dem Reziprozitätsprinzip, dem Primär-Rezenz-Effekt sowie dem Kontrast-Effekt.

Die Problematik beim Erfüllen eines Anliegens ist ganz anders gelagert. Uns drohen keinesfalls Ablehnung oder Widerstand, so dass von daher auch keine besonderen psychologischen Kniffe nötig scheinen. Allerdings droht als Spätfolge unserer Zugeständnisse bei Anliegen ein Undankbarkeitsbumerang in einer Erwartungsspirale zurückzuschlagen. Denn die augenblickliche positive Reaktion unseres Gegenübers neigt bei Wiederholung abzunehmen, seine Erwartungen an unser Entgegenkommen hingegen zuzunehmen. Wenn Sie allerdings grundsätzlich alle Anliegen ablehnen, zur deren Erfüllung Sie nicht verpflichtet sind, machen Sie sich nicht bloß unbeliebt, sondern verschenken soziales Kapital. Dieses entsteht unter anderem dadurch, dass sich andere Ihnen gegenüber positiv verbunden fühlen. Ein Ausweg aus dem Dilemma besteht darin, bei Anliegen, denen bloß Kann-Erwartungen zugrunde liegen, den Ausnahmecharakter zu betonen und sich in der Folge vor regelmäßigen Wiederholungen zu hüten.

Wir haben am Anfang des Kapitels festgestellt, dass Sie akut bedroht sind, wenn Sie jemand, dessen Gunst für Sie vorteilhaft ist, um etwas bittet, was Sie partout nicht geben möchten. Pest droht, wenn Sie Ihr eigenes Interesse mit Füßen treten und nachgeben. Cholera zwinkert Ihnen zu: Wenn Sie sich weigern, rafft Sie die resultierende Kooperationsunwilligkeit ihres Gegenübers dahin. Mit diesem Kapitel haben Sie ein wirksames Medikament gegen Cholera erhalten: Es trägt die Aufschrift „Wertschätzung". — Cholera zwinkert nicht mehr. Sie wurde selbst dahingerafft.

Das Kapitel in einem Satz

Überzeugung durch Akzeptanz

Schützen Sie die Bereitschaft Ihres Gegenübers, mit Ihnen zu kooperieren; und begrenzen Sie seine Interessen nicht, ohne dabei Wertschätzung auszudrücken.

Sicherung und Praxistransfer

Wissen		Handeln	
Relevanz	*Was fand ich interessant?*	Ziel	*Was nehme ich mir vor?*
Speicher	*Was möchte ich mir merken?*	Umsetzung	*Wie werde ich dazu vorgehen?*
Vertiefung	*Welchen Fragen möchte ich nachgehen?*	Kontrolle	*Wann möchte ich meinen Erfolg prüfen?*

Teil 3: Aktion

7 Motivation durch Kritik

Wie Sie durch Kritik Ihr Gegenüber zu Handlungen motivieren, die es von sich aus nicht vollziehen würde

Sie treiben im eisigen Meer. Um Sie herum Wasser, so weit Ihr Auge reicht. Von Ihrem Schiff fehlt jede Spur. Es ist gesunken. Auch von den anderen Passagieren ist niemand zu sehen. Ihre Beine werden schwach. Nichts, woran Sie sich klammern könnten. Doch da treibt eine Planke. Gerade breit genug, dass sie einen Menschen tragen könnte. Mit schwindenden Kräften schwimmen Sie auf die Planke zu und sehen, als Sie näher kommen, dass noch ein Mensch im Wasser treibt. Ein Mensch, der offensichtlich das gleiche und zugleich das einzig rettende Ziel vor Augen hat: Es ist Ihr Lebenspartner, der das Schiffsunglück wie Sie überlebt hat. Bis jetzt. Denn die Planke trägt nur einen von Ihnen. Würden Sie Ihren Partner herunterstoßen? — „Nein, auf keinen Fall!" werden Sie vermutlich erwidern. Das dachte auch ein mit einem meiner Seminarteilnehmer befreundeter Kapitän bis — bis er Schiffbruch im offenen Meer erlitt. Er war über seine eigenen Gedanken und Gefühle überrascht und im Nachhinein entsetzt: Er hätte seine eigene Frau von der Planke gestoßen! Glücklicherweise trieb die Arme damals nicht mit ihm im Wasser. Und dank Filmen wie „Titanic" wissen wir, dass Menschen in Notsituationen auch altruistisch ihr Leben für andere opfern können. Doch dies täuscht nicht darüber hinweg, dass wir uns in Notsituationen zuweilen extrem unsolidarisch verhalten, wenn sich dadurch eine Lebensgefahr abwenden lässt (oder wir dieses vermuten). Im Alltag sprechen wir hier von einem *Selbsterhaltungstrieb*, in der Psychoanalyse spricht man vom *Eros*, dem Lebenstrieb, der in als lebensbedrohlich empfundenen Situationen das Kommando über unseren Muskelapparat übernehmen kann. Ob triebhaft oder nicht: Ist unser eigenes Überleben bedroht, fällt die Scheu, sich auf eine für unsere Mitmenschen schädliche Weise zu verhalten, und etwas zu tun, was wir unter gefahrlosen Umständen niemals täten.

Und darin liegt eine große Herausforderung von Kritik. Denn Kritik mag, wie das den Schiffbrüchigen umgebende Wasser, durchaus als ernste Bedrohung wahrgenommen werden. Ist sie doch ein Angriff auf unser positives Selbstbild. Unser Selbstbild wird maßgeblich geprägt durch das Bild, das andere sich von uns machen und uns direkt oder indirekt zurückspiegeln. Kritik ist eine Form von Rückmeldung, wie wir mit unserem Verhalten von unserer Umwelt wahrgenommen werden. Und diese Rückmeldung ist nicht neutral — Kritik ist eine Rückmeldung darüber, dass wir mit unserem Verhalten negativ wahrgenommen werden. Hängt unser Selbstbild auch von dem Bild ab, das andere von uns haben, dann erschwert Kritik offenkundig ein positives Selbstbild.

Warum ist aber ein positives Selbstbild so wichtig? Und warum sollte ein Angriff auf unser positives Selbstbild bedrohlich sein? Ein schwaches Selbstwertgefühl und ein negatives Selbstbild sind für uns nicht nur belastend. Die psychologische Forschung deutet darauf hin, dass hierin eine Wurzel für viele ernste psychische Erkrankungen liegt. Mehr noch: Unterschreitet das Selbstwertgefühl eine kritische Schwelle, fehlt die Grundlage, das Leben insgesamt zu wollen, was im Extremfall in den Suizid münden kann. Kritik stellt demnach in letzter Konsequenz eine Bedrohung für das eigene Leben dar — eine Bedrohung, die umso ernster ist, je schwächer das Selbstwertgefühl und je vernichtender die Kritik ausgeprägt ist. Nimmt man unseren Hang, uns in lebensbedrohlich empfundenen Situationen radikal zu schützen, auf der einen Seite und die lebensbedrohliche Aura von Kritik auf der anderen Seite, so ergibt sich ein explosives Gemisch. Kein Wunder also, dass wir auf Kritik oft barsch und ablehnend reagieren.

Doch neben dem Schutz des positiven Selbstbildes gibt es noch zwei weitere gewichtige Gründe für Widerstand. Unsere Bedürfnisse nach Freiheit und Konsistenz. Nach dem *Prinzip der Konsistenz* möchten wir, dass unsere Handlungen mit unseren Werten und Überzeugungen im Einklang stehen. Die Kritik richtet sich gegen eine Handlung, die der Kritisierte bereits vollzogen hat, und damit allenfalls in der Zukunft geändert werden könnte. Die Kritik anzunehmen bedeutet eine Inkonsistenz zu akzeptieren. Denn Überzeugungen des Kritisierten wie „Ich handle aus guten Gründen", „Meine Handlungen sind richtig und zweckdienlich" und „Ich tue mein Bestes, ich bin fähig und wissend" harmonieren nicht mit der Ansicht des Kritikers, dass eine seiner Handlungen fehlerhaft oder mangelhaft sei. Diese Ansicht zu akzeptieren, bedeutet zu akzeptieren, dass diese Handlung falsch ist und der Kritisierte inkonsistent ist. Das unbehagliche Gefühl von Inkonsistenz ließe sich leicht vermeiden. Zwar nicht dadurch, dass die Handlung rückgängig gemacht wird, denn die Vergangenheit ist unveränderlich. Doch warum sollte sich der Kritisierte die Sicht des Kritisierenden zu eigen machen?

Abgesehen von unserer Neigung konsistent zu sein, legt auch unsere Neigung, in unseren Handlungen frei zu sein, dem Kritisierenden Steine in den Weg. Denn wenn der Kritisierte die Kritik akzeptiert, wird sein Handlungsfeld zukünftig beschränkt. Um wenigstens in Zukunft konsistent zu bleiben, scheidet seine in der Vergangenheit gewählte Handlungsoption aus. Kritik engt Handlungsfreiheiten ein. *Reaktanz*, also Widerstand mit dem Ziel, eine bedrohte Freiheit zu verteidigen oder zurückzuerlangen, ist die Folge, insbesondere dann, wenn der Kritisierte meint, dass diese Freiheitsbegrenzung ungerechtfertigt ist — oder er sich dies weißmachen kann.

Ein positives Selbstbild, Konsistenz und unsere Handlungsfreiheit zu verteidigen sind ausgesprochen starke Motive für Widerstand gegen Kritik, der ganz unterschiedliche Formen annehmen kann. Folgende Widerstandsstrategien werden bei Kritik tagtäglich angewandt:

1. Gegenkritik: „Dass gerade du das sagst, wundert mich ..."
2. Leugnen : „Das war ich nicht ..."
3. Rechtfertigen: „Das ging nicht anders, weil ..."
4. Schuld ablenken: „Dann schau doch erst einmal den an ..."
5. Meditative Gelassenheit: „Da hast du Recht..." (Lass ihn reden: Hier rein — da raus)
6. Beschwichtigen: „Immer mache ich alles falsch!" (Los: Verteidige mich! Im Wesentlichen ist doch alles in Ordnung!)

So unterschiedlich dieses Strategien auch sind, sie haben dreierlei gemein: Erstens schützen sie das positive Selbstbild vor einer Konfrontation mit einer negativen Fremdeinschätzung. Zweitens ermöglichen sie unsere Handlung weiterhin als konsistent mit unseren Ansichten zu betrachten. Und drittens sorgen sie dafür, dass der Kritisierte die Kritik nicht als Anstoß für eine Veränderung auffasst. Seine Handlungsfreiheit bleibt gewahrt.

Und gerade in dem letzten Punkt liegt der Haken: Kritik ist nämlich ein kommunikatives Instrument, welches das Gegenüber motivieren soll, sein Verhalten im Sinne des Kritisierenden zu verändern. Im Unterschied zu rhetorischen und verdeckt manipulativen Strategien ist Kritik offen: Der Kritisierende gibt seinem Gegenüber zu erkennen, dass ihm sein Verhalten missfällt. Gelingt die Kritik, so ändert der Kritisierte sein Verhalten auf der Grundlage der Kritik. Wird der Kritik durch die oben beschriebenen Abwehrmaßnahmen der Boden entzogen, führt sie jedoch zu keiner Verhaltensänderung.

Im Folgenden werde ich erörtern, wie Sie ein Kritikgespräch so aufbauen, dass Ihr Gesprächspartner die Kritik an sich heranlässt, zur Einsicht gelangt und auf dieser Grundlage motiviert ist, sein Verhalten zu ändern. Sie erfahren, warum dies immer noch nicht genug ist. Für den nachhaltigen Erfolg eines Kritikgesprächs ist es entscheidend, das positive Gesprächsergebnis psychologisch abzusichern, damit Ihr Gegenüber nicht anschließend wieder Opfer seiner Gewohnheiten wird, die seiner Verhaltensänderung anfangs entgegenwirken. Kurz: Sie erfahren, wie Sie wirksam Ihren Gesprächspartner motivieren, konsequent das zu tun, was er von sich aus nicht tun würde.

7.1   Das Spielfeld anlegen: Die Vorbereitung

Wir haben gesehen, dass wir aufgrund unseres Lebenswillens dazu neigen, uns gegen Verletzungen unseres positiven Selbstbildes zu schützen. Darüber hinaus streben wir nach Konsistenz unserer Handlungen und Überzeugungen und widersetzen uns Einschränkungen unserer Freiheiten. Eine große Herausforderung für Kritik liegt darin, sie so vorzutragen, dass der andere diese überhaupt an sich heranlassen kann. Zweifelsohne kommt hier dem Einstieg in das Gespräch eine bedeutende Rolle zu: Wie sollten wir in ein Kritikgespräch einsteigen, damit sich unser Gegenüber bereitwilliger für die Kritik öffnet?

Stellen Sie sich vor: Sie sind gerade auf dem Weg in ein Meeting. In Ihrem Kopf kreisen Gedanken darüber, wie Sie Ihren Präsentationsteil einleiten werden. Auf dem Flur begegnet Ihnen Ihre Arbeitskollegin Frau Schmidt, an der Sie nach einem grüßenden „Hallo" gerade vorüber gehen wollen, als diese Sie mit den Worten anraunzt: „Das war letzte Woche im Meeting von Ihnen nicht in Ordnung!" Verdutzt bleiben Sie stehen und fragen: „Was war nicht in Ordnung?" Lassen wir an dieser Stelle offen, was Frau Schmidt an Ihnen kritisiert. Wie hoch ist die Wahrscheinlichkeit, dass Sie auf eine der im ersten Abschnitt genannten Verteidigungsstrategien wie Gegenkritik oder Rechtfertigung zurückgreifen und damit einem sich anbahnenden Konflikt neue Nahrung geben? Vermutlich relativ hoch. Insbesondere wenn wir uns über-raschend und unerwartet Kritik gegenüber sehen und uns gerade in einer Druck-situation befinden, neigen wir zu einer instinktiven Schutzreaktion, die unser posi-tives Selbstbild, die Konsistenz unserer Einstellungen und unsere Handlungsfreiheit in der Situation wahrt — und bezahlen dies mit einer gravierenden Belastung der Beziehung. Und wer Kritik übt, in diesem Fall Frau Schmidt, wird es schwer haben, den Gesprächspartner dazu zu bringen, einzulenken und sein Verhalten zu ändern.

Wie könnte Frau Schmidt ihre Kritik einleiten und die Chance, gleich zu Beginn zu scheitern, minimieren? Stellen Sie sich vor, Frau Schmidt hätte zwar deutlich ge-macht, dass es ihr darum gehe, Sie zu kritisieren, Ihnen aber nicht in der Situation ein Kritikgespräch aufgenötigt und Sie gezwungen zu reagieren. So hätte Frau Schmidt Sie vielleicht mit den Worten ansprechen können. „Ich sehe, Sie sind ge-rade unterwegs in ein Meeting. Gerne würde ich mich mit Ihnen über Ihr Verhalten mir gegenüber im Meeting der letzten Woche einmal in Ruhe unterhalten. Wann können wir uns diesbezüglich einmal in Ruhe zusammensetzen?" In diesem Fall wären Sie eventuell nicht weniger verblüfft, doch da Frau Schmidt Sie nicht nötigt, sofort zu reagieren, würden Sie vermutlich mit ihr einen Termin ausmachen und erst einmal in Ihr Meeting gehen. Vielleicht denken Sie dann am Abend, was denn Frau Schmidt überhaupt wolle, sie, die selbst kaum Hemmungen habe, das, was ihr an der Position anderer nicht passe, bissig zu kommentieren und damit den Ande-ren in Verlegenheit zu bringen. Doch mit etwas Abstand können Sie wahrschein-lich unbefangener das Meeting der letzten Woche und Ihr Verhalten gegenüber Frau Schmidt Revue passieren lassen. Und möglicherweise drängt sich dann die eine oder andere Bemerkung in Ihr Bewusstsein, die Frau Schmidt verletzt haben könnte. Auch wenn Sie spontan den Impuls verspüren, Frau Schmidts Reaktion als empfindlich abzutun, spüren Sie in sich die Bereitschaft, sich konstruktiv mit ihr auszutauschen. Denn im Grunde genommen wollten Sie Frau Schmidt nicht verlet-zen und sind an einer fruchtbaren Zusammenarbeit mit ihr weiterhin interessiert. Alles in allem sind Sie ab jetzt in einer für ein konstruktives Gespräch günstigeren Stimmung und werden eher nicht so leicht eine der destruktiven Verteidigungs-strategien ergreifen. Strategisch lässt sich daraus ableiten, dass es vorteilhaft ist, ein Kritikgespräch vorher seinem Gegenüber *anzukündigen*. Und dies gilt umso mehr, je stärker das Gegenüber durch die Kritik überrascht ist, je fundamentaler sein positives Selbstbild von der Kritik getroffen wird und je mehr er sich unter Druck gesetzt fühlt, sich Inkonsistenz einzugestehen und ein für ihn bedeutsames Verhalten in Zukunft zu unterlassen.

Doch damit die Ankündigung sich positiv auf das Gespräch auswirkt, ist das „Wie" entscheidend. Eine Niederlassungsleiterin berichtete mir davon, wie ihr der Ge-schäftsführer nach einem Meeting am Freitag ein Vieraugengespräch ankündigte:

Motivation durch Kritik

„Frau Meier (Name geändert), haben Sie am Montag nach dem Termin mit dem Kunden Müller noch eine halbe Stunde Zeit für mich? Ich würde mich gerne einmal mit Ihnen in Ruhe unterhalten." Sie können sich ausmalen, wie wohl die arme Frau Meier am Wochenende litt. Doch nicht nur, dass Frau Meier ihr Wochenende nicht so recht genießen konnte, weil sie nicht wusste, welcher Stein des Anstoßes vorlag. Diese Art der Ankündigung war auch dem eigentlichen Ziel abträglich, den anderen konstruktiv für die Kritik zu öffnen. Denn was tut eine solche Frau Meier am Wochenende? Da sie nicht weiß, woher welche Kritik kommt und wie schwer diese wiegt, wird sie sich eine generelle Verteidigungsstrategie zurecht legen, die eher gesichtswahrend als lösungsorientiert ausfallen wird. Nebenbei bemerkt erlebte die erstaunte Frau Meier, die sich für dieses Gespräch entsprechend verbal gewappnet hatte, dass es dem Geschäftsführer um ein völlig harmloses Thema ging, das sie gar nicht direkt betraf.

Wir können aus dieser Episode hervorragend lernen, dass eine Ankündigung des Gesprächs nur dann einen Vorteil mit sich bringt, wenn zugleich auch das *Gesprächsthema* benannt wird. Und bei der Nennung des Themas gilt es wiederum Fingerspitzengefühl zu wahren: Denn das Thema darf nicht so allgemein angeführt werden, dass das Gegenüber sich keinen Reim machen kann, welches konkrete Vorkommnis sich dahinter verbirgt. Es darf jedoch auch nicht so präzise dargelegt werden, dass der Kritisierende Gefahr läuft, das eigentliche Kritikgespräch schon gleich im Rahmen der Ankündigung zu führen. Aufforderungen des Gegenübers wie „Das musst du mir näher erläutern!", Nachfragen oder Einwände provozieren den Kritisierenden, sofort in das eigentliche Kritikgespräch einzusteigen. Er sollte jedoch nur insoweit auf die Anmerkungen eingehen, wie es nötig ist, dass sich das Gegenüber ein hinreichend klares Bild über das Thema machen kann, welches es ihm erlaubt, sich vorzubereiten.

Und was machen Sie, wenn Sie Opfer einer überraschenden Kritik werden, auf welche der Kritisierende ohne Vorankündigung von Ihnen eine Reaktion erwartet? Nehmen Sie Ihre Gefühle wahr: Ist es ein Thema, das bei Ihnen starke negative Emotionen hervorruft? Ist es ein Thema, mit dem Sie sich bis dahin noch überhaupt nicht gedanklich beschäftigt haben? Ist die Situation von der Art, dass Sie mit ganz anderen Dingen beschäftigt sind oder wenig Zeit haben? Je mehr Fragen dieser Art Sie mit „ja" beantworten würden, desto eher empfiehlt es sich, das Kritikgespräch zu verschieben: „Ich sehe, dass Sie das sehr geärgert hat. Im Moment bin ich mit meinen Gedanken woanders, so dass ich Gefahr laufe, unüberlegt zu reagieren. Dafür sind mir unsere Zusammenarbeit und die Sache jedoch zu wichtig. Wann können wir uns in Ruhe zusammensetzen, um über das Thema zu sprechen?" In den seltensten Fällen wird es der Kritisierende übel nehmen, wenn Sie wertschätzend das Kritikgespräch verschieben. In vielen Fällen, insbesondere in den von mindestens einer Partei als ernster empfundenen Fällen, ist es also sinnvoll, ein Kritikgespräch unter Klarstellung des Themas zu *terminieren*.

Wir haben erörtert, dass es günstig ist, wenn der Kritisierte Zeit hat, sich auf das Kritikgespräch vorzubereiten. Selbstverständlich sollte der Kritisierende seinerseits die Zeit vor dem eigentlichen Gespräch nutzen, um sich für das Kritikgespräch zu präparieren. Offenkundig sollte er wie stets bei substanzielleren Gesprächen für geeignete Rahmenbedingungen sorgen: Dazu zählt die Organisation eines angenehmen Raumes, eine partnerschaftliche Sitzordnung (nicht gegenüber, idealerweise nicht auf dem Territorium des Chefs, erst Recht nicht am Schreibtisch), ein ausreichend großes Zeitfenster, der Schutz vor Störungen durch Personen, E-Mails, Anrufe usw. Darüber hinaus empfehle ich, klare Ziele zu definieren. Insbesondere das Wunsch- und das Etappenziel sollte festgelegt werden, damit diese gleichsam als Fixsterne dem Gesprächsführer während des Gesprächs Orientierung geben. Das Wunschziel ist der Zustand, der vom Gesprächsführer angestrebt wird. Das Etappenziel ist ein Zwischenziel, das unbedingt auf dem Weg zum Wunschziel erreicht werden muss, und das, sollte es verfehlt werden, dazu anhält, das Gespräch abzubrechen. Das Wunschziel besteht bei Kritikgesprächen in der Regel darin, dass der Kritisierte sein Verhalten ändert. Da letzteres durch das Gespräch nur vorbereitet werden kann, sollte man genauer sagen: Das Kritikgespräch hat das Maximalziel erreicht, wenn der Kritisierte nachhaltig motiviert ist, das kritisierte Verhalten zu ändern. Und welches Etappenziel muss erreicht werden, um dieses gewünschte Ergebnis hervorzubringen, das Gegenüber also zu motivieren, etwas zu tun, was es zuvor nicht oder von sich aus anders tun würde? Es ist die Einsicht.

Wenn es dem Kritisierenden nicht gelingt, beim Gegenüber einen Funken von Problembewusstsein oder Einsicht zu erzielen, dann wird er ihn auch nicht motivieren, sein Verhalten zu ändern. Er mag ihn freilich, noch durch andere Mittel — sprich Zuckerbrot oder, viel häufiger, Peitsche — dazu bringen, sein Verhalten zu ändern. Aber diese anderen Mittel widersprechen dem Geist des Kritikgesprächs, mehr noch, sie machen das Kritikgespräch überflüssig und werden durch das Kritikgespräch auch nicht unterstützt. Wenn es jemandem nicht gelingt, bei mir die Einsicht zu erzeugen, dass ich die Verantwortung an einem entstandenen Schaden trage, dann werde ich auch nicht motiviert sein, für den Schaden finanziell aufzukommen. Wenn er mir eine Pistole an den Kopf hält, mag meine Einsicht entbehrlich sein, und ich werde zahlen. Aber in einem anspruchsvollen Sinn von motiviert — man spricht hier von einer inneren oder *intrinsischen* Motivation — werde ich nicht sein. Zwang oder Anreize wie materielle Belohnungen lösen eine rein äußerliche oder *extrinsische* Motivation aus. Diese setzt zum einen geeignete Mittel voraus und hat zum anderen den Nachteil, dass, sobald der extrinsisch Motivierte die Möglichkeit hat, dem Zwang auszuweichen — d.h. den Anreiz auf anderem

Wege erlangen kann oder nicht mehr attraktiv empfindet — sein Verhalten augenblicklich einstellt. Soll das Kritikgespräch das Gegenüber intrinsisch motivieren, sein Verhalten zu ändern, ist ein Mindestmaß an Einsicht notwendig. Einsicht markiert damit das Etappenziel.

Abgesehen von den Zielen sollte der Kritisierende nicht versäumen, einen Moment über den Kritisierten nachzudenken und Antworten auf Fragen suchen wie z. B.: „Wie sieht er vermutlich die Situation?", „Was möchte er wohl im Gespräch erreichen?", „Wie sieht er sich, mich und unsere Beziehung zueinander?" und natürlich „Wie sensibel ist mein Gesprächspartner?". Haben Sie ähnliche Erfahrungen mit Menschen gesammelt: Es gibt Menschen, die reagieren tödlich beleidigt, wenn Sie Kritik auch nur behutsam andeuten. Und andere Menschen können Sie unter Auslassung aller Höflichkeiten und Abmilderungen in der Wortwahl und Gestik lautstark kritisieren, und diese würden am Ende immer noch unverstellt sagen: „Wir hatten ein nettes Gespräch." Für den Kritisierenden bedeutet dies, dass er den Ton und die Schärfe seiner Aussagen an die Sensibilität seines Gesprächspartners anpassen muss.

Darüber hinaus gilt es, einen Moment seiner Vorbereitungszeit auf die möglichen Argumente und Einwände des Gegenübers zu verwenden. Wenn es Ihnen ähnlich ergeht wie mir, so sind Ihre Erwiderungen auf Argumente und Einwände deutlich galanter und überzeugender, wenn Sie über diese Einwände schon einmal nachgedacht haben, als wenn Sie sich erst spontan mit ihnen auseinandersetzen. Es lohnt sich also, sich vorher wirksame Strategien und Manöver auf wahrscheinliche Einwände und Argumente zurechtzulegen. Dies fällt leicht, wenn Sie Ihren Gesprächspartner näher kennen. Und dies ist in vielen Konstellationen wie z. B. bei den meisten Arbeitsbeziehungen der Fall.

7.2   Die Startposition gestalten: Der Einstieg

Neben der Ankündigung des Kritikgesprächs unter Nennung des Themas gibt es noch ein weiteres wichtiges Instrument, welches es dem Gegenüber erleichtert, die Kritik konstruktiv an sein Ego heranzulassen: Und das ist der positive Einstieg. Es ist mittlerweile ein Gemeinplatz, dass gerade eine positive, wertschätzende Aussage vor einer Kritik das Gegenüber öffnet. Die Idee dahinter ist einfach: Die positive Aussage wirkt als Balsam für das Ego, das nun auch leichter einen Dämpfer durch eine sich anschließende negative Aussage vertragen kann. Zudem empfindet der Hörer die positive Aussage als Entgegenkommen, das nun via Reziprozitätsprinzip bei ihm die Bereitschaft erhöht, diese Vorleistung durch Wohlwollen gegenüber der nachfolgenden Kritik zu entlohnen. Interessant dabei ist die Wechselwirkung: Die positive Aussage vor einer Kritik öffnet das Gegenüber für die kritisches Aussage. Umgekehrt relativiert und mindert die kritische Aussage den positiven und wertschätzenden Gehalt der vorangegangenen Aussage. Aus diesem Umstand lässt sich ableiten: Möchten Sie *motivierend loben*, dann sparen Sie sich den kritischen Punkt und formulieren Sie eine rein positive Aussage. Möchten Sie *kritisieren*, dann beginnen Sie mit einer positiven Aussage. Nur rufen Sie sich ins Bewusstsein, dass die positive Aussage ihren lobenden Charakter durch die anschließende Kritik einbüßt und eine rein öffnende Funktion erfüllt.

Ein Kritikgespräch sollten wir also positiv beginnen. Doch wie stellt man das am besten an? Nach meiner Erfahrung wissen die meisten der Fach- und Führungskräfte, dass sie eine Kritik positiv einleiten sollten. Und doch tun sich viele schwer, eine geeignete positive Einleitung zu finden. Manche wählen, wie in manchen praktischen Ratgebern[90] empfohlen, den Small Talk, z.B.: „Schön Herr Müller, dass wir hier zusammentreffen konnten. Und haben Sie am Wochenende das schöne Wetter mit Ihrer Familie genießen können?" Ich halte Small Talk am Anfang eines Kritikgesprächs für deplatziert. Denn diese Art von Einstieg wirkt auf das Gegenüber leicht unaufrichtig und verunsichernd, gerade dann wenn das Gespräch zuvor als Kritikgespräch angekündigt wurde. Man stelle sich vor, der Staatsanwalt fragte den Angeklagten in der Hauptverhandlung als erstes, ob er lecker zu Mittag gegessen hätte oder sich darüber freuen könne, dass endlich der Sommer Einzug gehalten hat. Wie im Fall des Angeklagten dürfte ein Einstieg mittels Small Talk den Mitarbeiter irritieren und misstrauisch machen.

Doch selbst wenn der Mitarbeiter nicht argwöhnisch wird und positiv in den Small Talk einsteigt, erscheint mir ein solches Manöver unglücklich. Denn wenn die Führungskraft und der Mitarbeiter sich positiv über das Wetter, die Betriebsfeier, den Urlaub, die Kinder oder auch einen lustigen Patzer beim letzten Meeting austauschen, fällt es der Führungskraft dann oft schwer, eine Überleitung in die Kritik zu finden. Ich habe schon von einer Führungskraft gehört: „Es hat sich so ein nettes Gespräch entwickelt, da wollte ich den negativen Punkt nicht mehr ansprechen!" Doch auch wenn die Führungskraft den Bogen zur eigentlichen Kritik zieht ist die Wirkung fragwürdig: Die durch den Small Talk erzeugte positive Atmosphäre verpufft sofort und entpuppt sich nachträglich als bloßes Instrument, was beim Mitarbeiter nicht selten einen schalen Beigeschmack hinterlässt.

---

[90] z.B. von Heyde und von der Linde. *Gesprächstechniken für Führungskräfte. Methoden und Übungen zur erfolgreichen Kommunikation*, S. 21.

Doch wie kann ein alternativer positiver Einstieg aussehen, der ohne diese negativen Begleiterscheinungen auskommt? Die Antwort ist einfach: Er sollte kurz ausfallen. Gelungen finde ich z. B. „Insgesamt bin ich mit unserer Zusammenarbeit sehr zufrieden, gerade deshalb ist es mir wichtig, dass wir heute eine Lösung für XYZ finden." Wichtig ist dabei, dass der positive Einstieg glaubhaft ist. Wenn Sie mit der Zusammenarbeit insgesamt vollkommen unzufrieden sind, ist die Beispielaussage nicht geeignet. In dem Fall rate ich dazu, einen positiven Aspekt aus der Zusammenarbeit herauszugreifen z. B.: „Immer mal wieder denke ich daran, wie wir letztes Mal unter Zeitnot in Windeseile unsere Aktivitäten aufeinander abgestimmt haben, so dass das Projekt noch erfolgreich endete. Gerade deshalb ist es mir wichtig, dass wir heute darüber reden, wie wir unsere Zusammenarbeit im Hinblick auf das Einhalten von Zusagen insgesamt verbessern können." Was aber, wenn Ihnen nichts, aber auch gar nichts, Positives aus der Zusammenarbeit mit Ihrem Mitarbeiter einfällt? In diesem Fall sollten Sie fragen, warum bisherige Kritikgespräche erfolglos blieben und ob an dieser Stelle ein erneutes Kritikgespräch eigentlich noch ein geeignetes Mittel darstellen kann.

Bleiben wir beim Normalfall: Sie haben eine kurze, knappe positive Einleitung mit einer Überleitung in das kritische Thema formuliert, ohne dabei schamrot anzulaufen oder ein bemerkenswertes Nasenwachstum zu provozieren. Was haben Sie erreicht? Ihr Gegenüber hat das Signal empfangen, dass Sie ihn und die Beziehung zu ihm in einer wesentlichen Hinsicht für in Ordnung halten. Dieses Signal an das

Selbstbewusstsein Ihres Gegenübers erlaubt es ihm, sich für das kritische Thema zu öffnen, ohne eine ernstzunehmende Schwächung seines positiven Selbstbildes befürchten zu müssen. Mehr noch: Eventuell ist er sogar motiviert, den kritischen Punkt noch auszuräumen, um eine im Wesentlichen intakte Beziehung zu vervollkommnen. In dieselbe Richtung drängt das Reziprozitätsprinzip: Wäre es für den Gesprächspartner nicht an der Zeit, seinerseits mit Wohlwollen und Offenheit zu reagieren, wo er doch gerade mit Wertschätzung beschenkt wurde? Optimale Startbedingungen. Was nun? Weiter mit der eigentlichen Kritik?

Sicherlich ist es jetzt möglich, mit der eigentlichen Kritik zu beginnen. Doch gerade wenn Ihre Kritik umfassender ist oder etliche Facetten aufweist und daher einiger Erläuterungen bedarf, empfehle ich an dieser Stelle, zunächst einen Überblick über den Gesprächsverlauf zu liefern und einen ersten Grundstein für den partnerschaftlichen Austausch zu legen. Formulierungen wie die folgende sind in meinen Augen sehr fruchtbar: „Ich schlage vor, dass ich zunächst meine Sicht darlege, anschließend bin ich interessiert zu erfahren, wie Sie die Sache wahrnehmen, und abschließend würde ich gerne mit Ihnen eine gemeinsame Lösung finden. Sind Sie damit einverstanden?"

Was leistet eine derartige Vorschau? Zunächst einmal erfährt das Gegenüber, dass es nicht um eine einseitige Schuldzuweisung geht: Er erhält nicht nur ebenfalls die Gelegenheit, seine Sicht kundzutun, sondern es geht vornehmlich um eine gemeinschaftliche Lösung. Dieses Bewusstsein reduziert die Gefahr, sich in der Schuldsuche zu verlieren, und erhöht die Wahrscheinlichkeit, dass das Gegenüber den Kritisierenden ausreden lässt. Da er weiß, dass auch er die Gelegenheit zur ausführlichen Stellungnahme erhält, kann er zuhören und muss seine Konzentration nicht darauf verwenden, Atempausen des Kritikübenden zu nutzen, um seine Einwände dazwischen zu lancieren.

Schließlich dienen die Hinführung „Ich schlage vor ..." und die abschließende geschlossene Frage „Sind Sie damit einverstanden?" als Katalysator für eine partnerschaftliche Gesprächsatmosphäre: Das Gegenüber erfährt, dass er nicht dominiert wird, sondern als gleichwertiger Partner mit einer berücksichtigenswerten Ansicht in diesem Gespräch angesehen wird. Die zugegeben suggestive Frage wird er freilich kaum verneinen. Und doch erlaubt diese Frage dem Gesprächsführer herauszufinden, ob sein Gegenüber gleich zu Beginn eine offen ablehnende oder gar feindliche Haltung einnimmt. In diesem Fall würde der Angesprochene vermutlich zögern, die Frage zu beantworten, oder sogar hier schon Widerstand leisten. Ein „Ja" hingegen auf die Frage legt einen zwar bescheidenen, jedoch gerade in einer kontroversen Auseinandersetzung so wichtigen ersten gemeinsamen Grundstein der Eintracht: Beide sind sich zumindest im Hinblick auf den Ablauf des Gesprächs einig und darüber, dass sie sich und ihre Ansichten wertschätzen.

7.3   In Vorlage gehen: Die eigentliche Kritik

Nach diesen Überlegungen zu einem optimalen Gesprächseinstieg gelangen wir nun zu dem eigentlichen Kern: Der Darlegung der eigenen Sicht, die Formulierung der konkreten Kritik. Heerscharen von Psychologen und Sprachwissenschaftlern haben untersucht, auf welche Weise am besten die kritische Nachricht formuliert werden sollte. Am überzeugendsten und am praktisch tauglichsten halte ich ein Vorgehen in drei Schritten:

1. Subjektive Beobachtung
2. Negative Folgen
3. Eigene Gefühle und das zugrundeliegende Bedürfnis

Zunächst sollte der Kritisierende möglichst wertneutral, sachlich und relativiert aus seiner Perspektive beschreiben, was er konkret wahrgenommen hat. Beispiel: „Mir ist aufgefallen, dass Sie in den Projektmeetings am Dienstag und am Freitag eine Vierteilstunde zu spät erschienen sind." Dabei sollte er Verallgemeinerungen wie „immer" und „jede" genauso vermeiden wie verschärfende oder wertende Ausdrücke z.B. „sogar" oder „völlig unverständlich". Selbst wenn der Kritisierende in dem Beispiel den Eindruck hat, dass sein Gegenüber jeden Tag zu spät gekommen ist, sollte er verallgemeinernde und unspezifische Aussagen vermeiden wie: „Ständig kommen Sie viel zu spät." Die Schilderung der wertneutralen Wahrnehmung dient vornehmlich dazu, den anderen über den eigenen Kenntnisstand zu informieren.

Im zweiten Schritt sollte der Kritisierende aufzeigen, welche negativen Folgen das Verhalten des Kritisierten hat — idealerweise sogar für diesen selbst. Beispiel: „Durch das zu späte Eintreffen ist Unruhe entstanden, Teile des schon Besprochenen wurden wiederholt, was Zeit gekostet hat. Am Ende fehlte uns die Zeit, zwei wichtige Beschlüsse zu fassen. Aus diesem Grund wird sich das Projektende um zwei Wochen verzögern. Dies wird bei der Geschäftsführung ein negatives Licht auf alle Beteiligten einschließlich Ihnen werfen." Das Aufzeigen der negativen Konsequenzen appelliert an die *Vernunft* des Gegenübers und begünstigt, auf der rationalen Ebene einsichtig zu werden.

Im dritten Schritt empfiehlt es sich für den Kritisierenden, die eigenen Gefühle auszudrücken und die dahinter liegenden Bedürfnisse zu offenbaren. Ja, Sie lesen richtig: Die *eigenen* Gefühle, nicht die der Kollegen und nicht die eines anonymen „wir" oder „man". Denn mit dem Ausdrücken der eigenen Gefühle wenden Sie sich direkt an die Emotionen und die Sympathie, also das Mitgefühl des anderen. Beispiel: „Und das ist mir furchtbar peinlich, zumal mich die Geschäftsführung bat, für Termintreue zu sorgen, und ich meinen Vorgesetzten nicht enttäuschen will." Der

Ausdruck der eigenen Gefühle und Bedürfnisse hat zudem einen großen Vorteil, der den anderen zwei Komponenten der Kritik — Beobachtung und das Aufzeigen der Folgen — abgeht: Während man der Beobachtung oder auch den aufgezeigten negativen Konsequenzen widersprechen kann, gelingt dies nicht bei den eigenen Gefühlen. Diese Einsicht kommt in Descartes berühmten Diktum „Cogito, ergo sum" — „Ich denke, also bin ich" — zum Ausdruck: Descartes zeigte überzeugend, dass wir uns mit praktisch jeder Überzeugung über die Welt täuschen können. Eine Ausnahme bildet die Überzeugung darüber, dass ich gegenwärtig das-und-das Gefühl habe.[91] Eine Konsequenz daraus liegt darin, dass wir niemandem, der seine aktuellen Gefühle zum Ausdruck bringt, widersprechen können, ohne dass das skurril klingt. Stellen Sie sich vor, der Kritisierte würde in dem Beispiel entgegnen: „Nein, Sie irren sich. Ihnen ist das gar nicht peinlich!" Zugegeben, das Gegenüber mag immer noch denken, dass die Gefühle übertrieben oder unangemessen seien. Doch selbst in diesem Fall entsteht in ihm der Wunsch, der Kritisierende möge sich nicht schlecht fühlen — vorausgesetzt ihm liegt überhaupt etwas an ihm.

Der Ausdruck von Gefühlen und Bedürfnissen schlägt außerdem eine emotionale Brücke zu unserem Gegenüber. Dabei ist nicht jedes Gefühl gleich gut geeignet. „Ich sorge mich, dass ..." oder „Mir war unangenehm, dass" sind in dieser Hinsicht im Allgemeinen günstiger als „Ich ärgere mich darüber, dass" oder „Ich wundere mich, dass ...". Die ausgedrückten Gefühle lösen normalerweise auch dann Sympathie oder Mitgefühl aus, wenn der Gesprächspartner meint, dass er diese Gefühle in einer ähnlichen Situation nicht selbst empfunden hätte. Und was, wenn der Gesprächspartner die Gefühle des Sprechers tatsächlich nicht respektieren kann oder für unpassend hält? Wenn er beispielsweise Traurigkeit für schwächlich hält? Selbst in diesem Fall kann der Ausdruck von Gefühlen noch vorteilhaft sein. Denn ein ausgedrücktes Gefühl für unangemessen zu halten bedeutet nicht, dass man seine Scheu verliert, es durch seine Worte und Taten weiter zu verletzen. Nur weil Ihr Gesprächspartner Ihre ausgedrückte Sorge oder Angst für unbegründet und als Zeichen Ihrer labilen Persönlichkeitsstruktur wertet, bedeutet dies nicht, dass er sich nicht mühen wird, mit Ihnen einen Weg zu finden, der Ihnen diese Sorge nimmt.

Im Arbeitsalltag wird oft gefordert, Kritik solle sachlich formuliert werden, niemals emotional oder persönlich. Diese Forderung ist missverständlich. Denn natürlich ist Kritik persönlich, sie bezieht sich auf eine Person. Wenn der Kritisierte die Kritik nicht auf sich bezieht, hat sie ihr Ziel verfehlt. Selbstverständlich sollte die Kritik sich nicht auf die Person als Ganzes beziehen, sondern ein konkretes Verhalten fo-

---

[91] Vgl. Descartes *Meditationes de Prima Philosophia. Meditationen über die Grundlagen der Philosophie.*

kussieren. Doch dabei muss stets klar bleiben oder klar gestellt werden, dass dieses Verhalten ein Verhalten der kritisierten Person ist. Andernfalls kann nicht glaubhaft zu einer Veränderung motiviert werden. Eine unpersönliche Kritik ist entweder verlogen oder nutzlos. Auch sollte Kritik, damit sie wirksam ist, emotional sein. Wir haben in diesem Abschnitt gesehen, dass es den Erfolg von Kritik erhöht, wenn der Sprecher seine eigenen Emotionen ausdrückt. Richtig ist, dass Kritik nicht verletzend formuliert werden sollte. Ebenfalls stimmt, dass wir beim Kritisieren den Sachverhalt beschreiben sollten, ohne zu übertreiben — also „sachlich" formulieren sollten. Unmissverständlich lässt sich der Ratschlag aus dem Alltag also besser wie folgt formulieren: Kritik soll immer sachlich, persönlich und emotional erfolgen, ohne dabei das Gegenüber zu verletzen.

Mit den drei Elementen Beobachtung, Konsequenzen und Gefühle gelingt es Ihnen, die Sachlage verknüpft mit einem Appell an die Vernunft einerseits und die Gefühle andererseits darzulegen und damit ein aussichtsreiches Fundament für die Kritik zu legen. Doch all dies nützt wenig, wenn Sie es nicht fertig bringen, den anderen emotional und rational mit ins Boot zu holen.

7.4   Das Gegenüber ins Boot holen: Verständnis und Einsicht erzielen

Wenn nun der Kritisierende diese im letzten Abschnitt beschriebenen drei Elemente — subjektive Beobachtung, negative Folgen und eigenen Gefühle — vorgetragen hat, dann braucht er eigentlich nur noch schweigen, und sein Gegenüber wird unaufgefordert das Wort ergreifen. Möglicherweise fühlt der Sprecher jedoch auch den Drang, den anderen aufzufordern zu sprechen, ihm explizit das Wort zu erteilen. Dies ist völlig in Ordnung. Für diese Aufforderung bieten sich Fragen an. Allerdings sind nicht alle Fragen günstig. Ein ganz bestimmter Fragetyp kann gar fatale Konsequenzen für den weiteren Verlauf des Gesprächs haben. Welche Fragen sind nun geeignet und welche nicht?

Zunächst einmal sind an dieser Stelle *geschlossene* Fragen, also Fragen, die eine Ja- oder Nein-Antwort verlangen, unpassend. Fragen wie „Sehen Sie das genauso?" oder „Können Sie das nachvollziehen?" schaffen im Fall einer bejahenden Antwort keine brauchbare Basis, auf welcher der Kritisierende aufbauen kann. Denn hinter einem „Ja" mag alles Mögliche stecken: Von Zustimmung über den Wunsch, endlich die unangenehme Situation zu verlassen, bis hin zur Angst abzulehnen. Auch ein „Nein" sagt zumindest ohne weitere Erläuterungen nicht viel aus. Aus diesem

Grund verdient eine *offene* Frage den Vorzug. Doch nicht jede offene Frage ist geeignet. Viele neigen zu einer bestimmten Form der offenen Frage, die für den konstruktiven Verlauf des weiteren Kritikgesprächs eher abträglich ist: Die *Warum-Frage*: „Warum kamen Sie denn zu spät?"

Eine Warum-Frage zielt zunächst einmal häufig weder auf die Zukunft, noch auf die Gegenwart, sondern richtet das Augenmerk auf die Vergangenheit. Dies allein reicht sicher noch nicht aus, diese Frage auszuschließen. Allerdings mag die Vergangenheitsorientierung dieser Frageform schon einmal nachdenklich stimmen, wenn man bedenkt, dass die Vergangenheit unveränderlich und eine Lösung für die Zukunft anzustreben ist. Eine Warum-Frage birgt die Aufforderung, Gründe für ein vergangenes Verhalten zu nennen. Und hier gibt es zwei Möglichkeiten — beide wenig zweckdienlich für die Ziele, die der Kritisierende erreichen möchte: Entweder der Kritisierte hat gute Gründe für sein Verhalten. Dann wird er diese natürlich auf diese Frage hin nennen, und der Kritisierende steht vor einer unglücklichen Wahl: Er redet die guten Gründe madig, oder er erkennt die guten Gründe als solche an und insistiert dennoch darauf, der Kritisierte möge sich dessen ungeachtet in Zukunft bitte ändern. Oder aber der Kritisierte hat keine guten Gründe für sein Verhalten.

Dann steht er vor der Wahl, entweder aufrichtig aber schmerzhaft einen Fehler und eine Inkonsistenz einzugestehen, oder aber unaufrichtig und vielleicht weniger schmerzhaft zu täuschen oder zu lügen. In diesen beiden Fällen wäre der Sprecher mit seiner Warum-Frage dafür verantwortlich, dass bei seinem Gesprächspartner negative Gefühle entstehen, die das weitere Gespräch belasten. Vermutlich wird er keinen Fehler einräumen wollen. Stattdessen wird er schlechte Gründe anführen und diese als gute ausgeben. Damit wird der Kritisierende in die Verlegenheit gebracht, dem Kritisierten vor Augen zu führen, dass seine Gründe in Wirklichkeit null und nichtig sind. Doch dies wird ab jetzt noch schwieriger: Denn hat der Gesprächspartner erst einmal Gründe genannt, die sein Verhalten rechtfertigen, die er selbst als gelogen oder wenig überzeugend ansieht, dann kann er im Nachhinein weder einlenken, noch sein Verhalten ändern, ohne inkonsistent zu sein. Es wird ein Konflikt provoziert, der um die angemessene Bewertung der Vergangenheit kreist. Das Ziel einer gemeinsamen Lösung rückt dabei in weite Ferne.

Wenn nun die Warum-Frage strategisch ungünstig ist, welche andere offene Frage könnte man an dieser Stelle besser einsetzen? Aus meiner Sicht ist jede neutrale Frage geeignet wie etwa: „Wie sehen Sie das?" Diese Frage lässt so viel Spielraum, dass das Gegenüber nach wie vor Gründe für sein Verhalten anführen kann. Der Fragende lässt dies zu, ohne ihn dazu zu zwingen. Hat der Gefragte keine rechtfertigenden Gründe, so drängt die Frage ihn nicht zu entscheiden, einen Fehler und eine Inkonsistenz einzugestehen, oder zu täuschen oder zu lügen. Lässt der Sprecher die Frage hingegen offen und verzichtet darauf, Gründe einzufordern, kann der Gefragte das unschöne Dilemma vermeiden und gar keine Gründe nennen. Er könnte z.B. auch problemlos einlenken, z.B. „Das war mir gar nicht bewusst!" In diesem Fall wäre der Kritisierende auf einen Schlag gleich drei Schritte weiter. Aber im Prinzip ist das Gegenüber natürlich völlig frei: Es kann trotzdem Gründe nennen, und es kann trotzdem lügen. Der Unterschied liegt darin: Ohne ein „warum" muss es dies nicht.

Wenn das Kritikgespräch bis zu diesem Punkt nahezu exakt planbar war, bekommt es an dieser Stelle ein schwer kalkulierbares Element. Das Gegenüber hat nun die Möglichkeit, seine Sicht der Dinge kundzutun. Dabei kann es sich auf die Beobachtung, die geschilderten negativen Konsequenzen oder die ausgedrückten Gefühle wohlwollend oder ablehnend beziehen. Es kann aber auch ganz andere Aspekte ansprechen, andere Themenfelder eröffnen oder gar dem psychologisch motivierten Aufbau zum Trotz doch noch zu einem der eingangs angeführten Selbstschutzmechanismen wie etwa Gegenkritik greifen. Was auch immer der Kritisierte ausführt, nun sollte der Kritisierende zu seinem Wort stehen und seinen Gesprächspartner zu Wort kommen und ausreden lassen — so schwer dies mitunter auch fallen mag. Hören Sie aktiv zu, sehen Sie Ihr Gegenüber an, senden Sie Bestätigungslaute wie „ja" oder „verstehe" und versuchen Sie seine Botschaft, und sollte sie Ihnen noch so missfallen, aufrichtig zu verstehen. Idealerweise fassen Sie, bevor Sie auf den Beitrag Ihres Gegenübers eingehen, diesen zusammen, z.B.: „Wenn ich Sie richtig verstehe, räumen Sie ein, mehrere Male zu spät gekommen zu sein, meinen aber, dass dies keinen nennenswerten Einfluss auf die Verzögerung der Beschlüsse und des Projekts hatten, dafür aber möglich machte, wichtige Kundenanliegen zu bearbeiten?" Der Vorteil einer solchen Zusammenfassung liegt zunächst darin, dass die Mühe, die Aussage des Partners zu verstehen und in eigenen Worten wiederzugeben, bereits als Wertschätzung empfunden wird. Des Weiteren ermöglicht die Zusammenfassung dem Gegenüber, etwaige Missverständnisse auszuräumen oder zu scharfe Formulierungen zu relativieren. Schließlich gewinnt der Gesprächsführer mittels seiner Zusammenfassung Zeit, um sich emotional zu fangen und seine Reaktion vorzubereiten.

Sobald Sie auf diese Weise sichergestellt haben, dass Sie den anderen richtig verstanden haben, treten Sie in die nächste Phase ein. Jetzt besteht ihr dringlichstes Anliegen darin zu ermitteln, ob der andere ein gewisses Maß an Problembewusstsein aufweist, und wenn nicht zu versuchen, mindestens einen Funken von Einsicht zu erzeugen. Die Voraussetzung dafür besteht zunächst ganz banal darin zu gewährleisten, dass Ihr Gegenüber Sie überhaupt verstanden hat. Denn wie wollen Sie Einsicht erzeugen, wenn der andere Sie nicht einmal richtig verstanden hat? Manchmal ist dieser zusätzliche Schritt entbehrlich, weil bereits die Replik des anderen deutlich werden ließ, dass der Gesprächspartner Ihre Aussagen verstanden hat. Manchmal aber auch nicht. Und in diesem Fall macht es durchaus Sinn, sich zu vergewissern, ob Ihrem Gegenüber Ihre Position hinreichend klar geworden ist, also ob es überhaupt ein Problem erkennen kann. Dies spüren viele Führungskräfte. Sie stellen oft instinktiv die Frage: „Haben Sie mich verstanden?" Diese geschlossene Frage liefert jedoch oftmals keine erhellenden Erkenntnisse. Ein „Ja" ist wahrscheinlich, doch es garantiert mitnichten, dass der andere Sie wirklich verstanden hat. Vielleicht hat er einen Teil verstanden, meint, Sie verstanden zu haben, täuscht sich darin aber oder traut sich schlicht nicht einzuräumen, dass er Sie nicht verstanden hat.[92]

Man kann in zwei Stoßrichtungen erfolgreich überprüfen, ob der Gesprächspartner einen wirklich verstanden hat: Entweder man bringt ihn dazu, in eigenen Worten wiederzugeben, worin die eigenen Kernaussagen bestehen, oder aber man versucht ihn, dazu zu bringen, etwas zu tun, was das Verständnis der Äußerungen voraussetzt. Ersteres gelingt durch offene Fragen wie „Wie haben Sie meine Position verstanden?", „Was scheinen Ihnen meine Hauptpunkte zu sein?" oder „Wie könnte man meine Aussagen zusammenfassen?". Allerdings gilt es Fingerspitzengefühl bei der Formulierung zu beweisen, wollen Sie vermeiden, oberlehrerhaft zu wirken. Die letztere Strategie, den anderen zu veranlassen, etwas zu tun, was das Verständnis meiner Ausführungen voraussetzt, gelingt z. B. ebenfalls durch offene Fragen wie „Worin sehen Sie den kritischsten Punkt meiner Ausführungen?", „In welchen Hinsichten können Sie meine Ausführungen nachvollziehen?" oder „Welche Fragen stellen sich Ihnen bezüglich meiner Schilderung?".

Nehmen wir an, Ihr Gesprächspartner fasst Ihre zentralen Punkte zusammen. Dann können Sie sicher sein, dass er den Inhalt Ihrer Position verstanden hat. In der Regel können Sie aus der Art und Weise, wie er die Punkte zusammenfasst und kommentiert, zudem noch ableiten, ob er einen Funken von Problembewusstsein, Betroffenheit, Einsicht oder Sympathie für Ihre Position aufbringt. Wenn nicht, sollten Sie jetzt diese Form von Verstehen absichern. Hierfür eignen sich offene Fragen wie „Welche negativen Konsequenzen könnte das und das aus Ihrer Sicht haben?" oder „Wenn Sie die Vorteile und die Nachteile Ihres Verhaltens gegeneinander abwägen, zu welchem Urteil gelangen Sie dann?" Das, was Ihr Gegenüber erwidert, und die Art und Weise, wie er dies tut — zögernd, betroffen, gleichgültig usw. — vermittelt Ihnen in der Regel ein zuverlässiges Bild darüber, ob ein Minimum von Einsicht vorliegt. Ein Minimum von Einsicht ist notwendig, um den anderen zu einer Verhaltensänderung zu motivieren.

---

[92] Vgl. auch das Kapitel „Einvernehmen durch Verstehen"

Achtung! Es ist nicht erforderlich, dass sich Ihre und die Beurteilung Ihres Gegenübers decken. Viele Gespräche laufen genau an diesem Punkt aus dem Ruder. Die Führungskraft, die darauf insistiert, dass der Mitarbeiter mehr als 10 Mal zu spät kam, was der Mitarbeiter vehement bestreitet, oder die Mutter, die von Ihrer Tochter erwartet einzusehen, dass das Konzert ihrer Lieblingsband keine Bedeutung für ihr Leben hat. Die unendliche Suche nach dem Schuldigen oder das hartnäckige Streben danach, Einigkeit über die exakte Schuldverteilung bzw. Bewertung von Handlungen zu erlangen, sind hervorragende Mittel, einen konstruktiven Verlauf des Gesprächs zu vereiteln. Umgekehrt läuft ohne jegliches Problembewusstsein gar nichts: Sehe ich einen Umstand als von mir unbeeinflussbar und schlecht an, bin ich nicht motiviert, etwas an mir zu ändern. Es gilt also, den Mittelweg einzuschlagen: Das Gegenüber sollte erkennen lassen, dass es problematische Züge seines Verhaltens wahrnimmt, ohne dass es sein Verhalten und seine Folgen für genauso negativ oder bedenklich halten muss wie der Gesprächsführer.

Lässt der Gesprächspartner auch nur einen Funken von Problembewusstsein erkennen, etwa indem er einräumt „Stimmt, das ist ungünstig!" oder „An diesen Nachteil habe ich nicht gedacht", kann der Gesprächspartner in die nächste Phase eintreten. In dieser in der Praxis sträflich vernachlässigten Phase geht es darum, aus der Einsicht eine konkrete Handlungsmotivation zu entwickeln und diese wirksam abzusichern, so dass der Gesprächspartner auch wirklich sein Verhalten dauerhaft ändert.

7.5 Bis zum Ziel durchhalten: Motivation und Umsetzung sichern

Wenn Ihr Gesprächspartner einen Funken von Einsicht oder Problembewusstsein zeigt, ist es Ihnen gelungen, ihn in einer entscheidenden Hinsicht mit ins Boot zu holen. Natürlich können Sie als Gesprächsführer an dieser Stelle Ihre Erwartungen oder Wünsche formulieren, etwa „Ich erwarte von Ihnen, dass Sie in Zukunft …" oder weniger verbindlich „Ich wünsche mir von Ihnen, dass…". Zwar ist nach der geleisteten Vorarbeit wahrscheinlich, dass der Kritisierte hier einlenkt und sich kooperativ verhält — andernfalls reichte Ihre Vorarbeit nicht aus, und Sie als Gesprächsführer haben die Signale Ihres Partners inadäquat interpretiert. Doch wollen Sie Ihr Gegenüber maximal motivieren, sein Verhalten zu ändern, ist ein alternatives Vorgehen geschickter.

Geschickt ist ein Vorgehen, bei dem der Angesprochene seine Verhaltensänderung nicht als eine von außen fremdbestimmte Reaktion begreift, sondern als einen von ihm selbstbestimmten Akt. Und auch dies gelingt durch eine offene Frage wie „Was schlagen Sie vor?" Hat der Gesprächsführer bis dahin gute Arbeit geleistet und sich nicht darin getäuscht, dass bei seinem Gesprächspartner zumindest etwas Einsicht vorliegt, wird das Gegenüber eine konstruktive Reaktion zeigen müssen, um konsistent zu sein. Vermutlich wird der Gesprächspartner einen Vorschlag unterbreiten, der eine Verhaltensänderung umreißt, die derjenigen ähnelt, die der Gesprächsführer auch selbst als Erwartung formuliert hätte. Der Vorteil dieses Verfahrens liegt darin, dass der Gesprächspartner die Verhaltensänderung zutreffenderweise als seinen eigenen Vorschlag empfindet, was seinen Autonomiewünschen entgegenkommt, und zudem die Verbindlichkeit und damit die Umsetzungsmotivation erhöht wird. Warum? Wenn mir jemand aufträgt etwas zu tun, dann werde ich erklären, dem Auftrag Folge zu leisten, sofern ich es für richtig und realisierbar halte oder weil es mir klüger erscheint, mich nicht zu widersetzen. Sollte ich beim Versuch, den Auftrag zu erfüllen, auf Schwierigkeiten stoßen und scheitern, dann werde ich geneigt sein, den Fehler beim Auftraggeber zu suchen: „Die Zielvorgabe war zu anspruchsvoll!", „Die Rahmenbedingungen waren nicht realistisch!" oder „Wesentliche Aspekte blieben unbeachtet!". Diese Gedanken und damit auch diese Art von Argumentation treten seltener auf, wenn ich mein von mir selbst benanntes Ziel oder Vorhaben verfehle. Mehr noch: Sobald ich merke, dass ich das von mir formulierte Ziel oder Vorhaben zu verfehlen drohe, steigt meine Motivation, meinen Einsatz zu erhöhen, um doch noch erfolgreich zu sein. Aus diesem Grund setzt ein erfahrener Vertriebsleiter seinen Vertriebsmitarbeiter auch nicht einfach ein Jahresziel „In der kommenden Periode müssen Sie 10% mehr Umsatz erzielen". Eine erfahrene Führungskraft wird stattdessen fragen „Um wieviel % trauen Sie sich in der nächsten Periode zu, den Umsatz zu steigern?". (Freilich bleibt dann trotz guter Vorarbeit oft die Aufgabe bestehen, der Neigung entgegenzuwirken, aus Sicherheitsgründen einen möglichst niedrigen Wert zu nennen, und die Angabe des Mitarbeiters nach oben zu korrigieren.)

Zurück zum Kritikgespräch: Nehmen wir an, der Kritisierte reagiert auf die Frage, was er denn nun vorschlage, wie zu erwarten, indem er erklärt, er werde sein Verhalten in der und der Weise ändern oder abstellen. Viele Gesprächsführer, insbesondere Führungskräfte, die es bis zu dieser Reaktion des Gegenübers geschafft haben, fühlen sich erleichtert und sind stolz auf das Erreichte — so erleichtert und stolz, dass sie flugs den Abschluss des Gesprächs einleiten: „Das freut mich! Schön, dass wir darüber gesprochen haben und uns einig sind." So nachvollziehbar die Erleichterung auch ist, erweist sich dieses Vorgehen oft als fahrlässig und entpuppt sich im Nachhinein als Fehler. Insbesondere dann, wenn der Gesprächsführer aus Dankbarkeit über das Einlenken noch abschließend die kritischen Worte vom Anfang abmildert, indem er das Gespräch mit positiven Aussagen über die grundsätzliche Beziehung oder Zusammenarbeit beendet wie „Herr Müller, schön dass sich die Wogen geglättet haben. Insgesamt ist ja auch unsere Zusammenarbeit schwer in Ordnung!", passiert im Anschluss an das Gespräch häufig — nichts! Und dies liegt nur selten an einer böswilligen Absicht des Gegenübers.

Eine Verhaltensänderung erfordert in der Regel Energie — insbesondere in der Anfangszeit muss unser Gehirn mehr Leistung, und sei es nur in Form von einer erhöhten Aufmerksamkeit, bereitstellen. Doch dieses Mehr an Energie läuft unserem körperlichen Drang zuwider, möglichst effizient zu arbeiten, d. h. mit möglichst wenig Aufwand Erfolge zu erzielen. Und daher siegt oft die Gewohnheit über die Vorsätze zur Verhaltensänderung. Angewendet auf ein Kritikgespräch, in dessen Verlauf ich gelobe, fortan pünktlich an den gemeinsamen Meetings teilzunehmen, ist folgender Verlauf naheliegend: Vor dem ersten Meeting nach unserem Kritikgespräch — meine Erinnerung an das Gespräch ist in mir noch wach — beende ich meine laufenden Tätigkeiten rechtzeitig, lasse 10 Minuten vor dem vereinbarten Termin mein Telefon läuten und erscheine pünktlich. Vor dem zweiten Treffen erhalte ich einen Anruf — der Anlass erscheint mir sehr wichtig, die Erinnerung an unser Kritikgespräch ist etwas verblasst — und ich komme zu spät. Vor dem dritten Meeting denke ich erst gar nicht mehr daran, meine Zeit so zu gestalten, dass ich pünktlich erscheine. Und fortan ist alles wieder beim Alten. Und hier liegt kein böswilliger Vorsatz vor. Vielleicht fällt es mir gar nicht auf — bis mich nach unzähligen Meetings der Kritisierende an unser damaliges Gespräch erinnert und damit mein schlechtes Gewissen mobilisiert. Haben Sie sich und andere anhand dieses Beispiels wiedererkannt?

Die entscheidende Frage lautet: Wie kann der Gesprächsführer schon in dem Kritikgespräch verhindern, dass die Macht der Gewohnheit die gute Absicht des Kritisierten, sein Verhalten zu ändern, durchkreuzt? Und die Antwort lautet: Die Strategie muss darin bestehen, dass der Gesprächsführer in dem Gehirn des Gegenübers Anker setzt, die verhindern, dass die Vereinbarung in Vergessenheit gerät und die Gewohnheit leichtes Spiel hat, den Kritisierten in seine bekannten Verhaltensmuster zurückzuziehen. Doch wie macht man das?

Zunächst sollte der Gesprächsführer dafür sorgen, dass die anvisierte Verhaltensänderung nicht abstrakt bleibt. Denn dann müsste das Gehirn neben der Umsetzung auch noch die Hürde überwinden, sich selbst die Konkretisierung zu überlegen. Der Gesprächsführer kann diese Arbeit bereits im Vorfeld initiieren und damit die Umsetzung erleichtern. Auf jeden Fall nicht, indem der Gesprächsführer das Gespräch einfach positiv beendet und somit dem Gegenüber signalisiert: „Im Wesentlichen ist ja alles in Ordnung — eine aufwändige Änderung ist also gar nicht so wichtig!" Der Gesprächsführer sollte also, nachdem sein Gegenüber beteuert hat, sein Verhalten ändern zu wollen, durchatmen und beharrlich die Umsetzungswahrscheinlichkeit steigern: Zweckdienlich sind hier Fragen nach dem konkreten Vorgehen: „Wie wollen Sie dabei genau vorgehen?", „Was machen Sie zuerst, als zweites …?" usw. Fragen nach möglichen Schwierigkeiten und danach, wie er bestimmte Hürden beseitigt, erhöhen die Chance, dass derartige Vorkommnisse nicht das Aus für die angestrebte Verhaltensänderung bedeuten. Auch Fragen, die sich auf die von Psychologen sogenannten *Meta-Komponenten* — als die geistigen Prozesse, die unsere bewussten Denkprozesse überwachen und im Hintergrund arbeiten — beziehen, können ungemein hilfreich sein. Beispiele sind: „Wie wollen Sie sicherstellen, dass Sie das nicht in der Hektik des Tagesgeschäfts vergessen?" oder „Woran werden Sie rechtzeitig merken, dass ein Problem auftauchen könnte?"

Das wohl wirksamste Instrument, um eine Verhaltensänderung im Anschluss an das Kritikgespräch sicherzustellen, besteht jedoch darin, mit dem Gegenüber einen Kontrolltermin zu vereinbaren. Wieso wirkt ein Kontrolltermin? Bleiben wir bei meinem Beispiel mit dem Zuspätkommen: Vor dem ersten Meeting denke ich sowieso noch an unser Kritikgespräch und komme pünktlich. Vor unserem zweiten Meeting klingelt das Telefon: Da ich weiß, dass wir uns zusammensetzen werden und über meine Verhaltensänderung sprechen werden, werde ich mir nun dreimal überlegen, ob ich noch ans Telefon gehe, und wenn ja, vermutlich auch nach kurzer Zeit das Gespräch abbrechen und verschiebe, wenn mir meine nun aufmerksamen Meta-Komponenten ins Bewusstsein getragen haben, dass die Befriedigung des Anliegens am Telefon und die rechtzeitige Teilnahme am Meeting unvereinbar sind.

Sie mögen nun einwenden: Das klingt ganz plausibel, aber ein Kontrolltermin? Das klingt doch sehr autoritär und gar nicht partnerschaftlich. Da gebe ich Ihnen vollkommen Recht. Eine Aussage wie „Ich möchte kontrollieren, ob Sie das auch umsetzen. Kommen Sie bitte Freitag um 15 Uhr in mein Büro!" wirkt in der Tat abschreckend und bevormundend. Das liegt zunächst einmal an dem Wort „Kontrolle", das, wie der Sprachwissenschaftler sagen würde, *negativ konnotiert* ist, d.h. typischerweise negative Assoziationen auslöst. Zudem wirkt ein Deklarativsatz mit anschließendem Imperativ bestimmend. Kein Wunder wenn sich der Angesprochene eingeengt fühlt und mit Widerstand reagiert. Eine Frage wie „Können wir uns am Freitag um 15 Uhr in meinem Büro treffen, um darüber zu sprechen, wie gut Ihnen die Umsetzung gelungen ist?", die dem Gesprächspartner die Entscheidung überlässt und negativ besetzte Ausdrücke wie „Kontrolle" umgeht, wirkt schon partnerschaftlicher. Doch lässt eine geschlossene Frage auch eine für den Sprecher unvorteilhafte Antwort zu, nämlich „nein". Besser wäre eine offene Frage, die das Entscheidende bereits voraussetzt, nämlich dass es zu einem Treffen kommt: „Wann wollen wir uns zusammensetzten und besprechen, wie gut Ihnen die Umsetzung gelungen ist?" Eine anschließende Alternativfrage ermöglicht, dass das Treffen spätestens Freitag um 15 Uhr stattfindet: „Passt Ihnen Donnerstag 17 Uhr besser oder Freitag 15 Uhr?"[93]

Vor dem Hintergrund des vereinbarten Kontrolltermins kann der Gesprächsführer besten Gewissens den Gesprächsabschluss einläuten, indem er gegebenenfalls die wesentlichen Vereinbarungen zusammenfasst oder zusammenfassen lässt. Anschließend bedankt er sich für das freundliche, oder wenn es etwas schärfer herging, für das ausgesprochen offene Gespräch, und schließt mit ein paar aufmunternden Worten wie „Ich bin zuversichtlich, dass wir auch in dieser Hinsicht bald fruchtbarer zusammenarbeiten und wünsche Ihnen bei der Umsetzung viel Erfolg!"

7.6   Das Kapitel kompakt

Kritik kann demotivieren. Und Kritik kann motivieren. Leider nicht immer in der vom Kritisierenden gewünschten Weise. Denn oft motivieren wir unser Gegenüber durch Kritik, sich zu rechtfertigen, Widerstand zu leisten oder mit Gegenkritik den auf ihm lastenden Rechtfertigungsdruck umzudrehen. Kritik ist heikel, weil sie eine ohnehin als unglücklich empfundene Situation noch schlimmer machen kann. Gründe dafür sind in unseren Emotionen zu suchen, die ein Abwehr- oder Gegenwehrverhalten begünstigten. Wir trachten nach einem positiven Selbstbild, wir möchten, dass unser vergangenes Verhalten mit unseren Einstellungen konsistent ist, und wir streben danach, frei von Handlungszwängen anderer agieren zu können. Diese drei Faktoren stellen den Kritisierenden vor die Herausforderungen, seine Kritik auf eine Weise vorzubringen, die sein Selbstbild schützt, dem Gegenüber erlaubt eine konsistente Einstellung zu entwickeln und die das Gegenüber ohne direkten Zwang dazu bringt, von sich aus sein Verhalten ändern zu wollen. Neben einem wertschätzenden Einstieg und einer partnerschaftlichen Gesprächsführung führt der Kritisierende die Einsicht beim Gegenüber dadurch herbei, dass er die negativen Folgen des Verhaltens aufzeigt und diesbezüglich seine eigenen Gefühle ausdrückt.

Und in der Einsicht, im Problembewusstsein, liegt der notwendige Dreh- und Angelpunkt dafür, dass sich beim Gesprächspartner die Motivation herausbildet, sich zu ändern. Geschickte Fragen sorgen dafür, dass aus einer Willensbekundung eine

---

93   Vgl. das Kapitel 5 „Macht durch Freiheit"

belastbare Vereinbarung wird, an die sich der Kritisierte auch im Anschluss an das Gespräch erinnert. Eine verbindliche Vereinbarung kann ein wirksames Gegengewicht bilden, wenn die auf Effizienz drängenden Gewohnheiten den Kritisierten in alte Bahnen zurückzuwerfen drohen.

Wer sein Gegenüber zu der Einsicht führt, dass sein Verhalten ungünstig war, und ihn dazu bringt, sein Verhalten in Zukunft dauerhaft so zu ändern, dass es den Vorstellungen des Sprechers entspricht, der spielt in der Königsklasse der kommunikativen Motivation: Motivation durch Kritik ist Trumpf.

Das Kapitel in einem Satz

Motivieren durch Kritik

Lassen Sie Ihre Mitarbeiter das Problem verstehen, Ihre Gefühle nachempfinden und wünschen, das zu tun, was sie von sich aus nicht getan haben.

Sicherung und Praxistransfer

Wissen		Handeln	
Relevanz	*Was fand ich interessant?*	Ziel	*Was nehme ich mir vor?*
Speicher	*Was möchte ich mir merken?*	Umsetzung	*Wie werde ich dazu vorgehen?*
Vertiefung	*Welchen Fragen möchte ich nachgehen?*	Kontrolle	*Wann möchte ich meinen Erfolg prüfen?*

8   Gerechtigkeit durch Ungleichheit

Wie Sie für Gerechtigkeit sorgen, indem Sie Ihre Gegenüber ungleich behandeln

„Du kannst zwar weiter springen, dafür darf ich länger aufbleiben", wirft ein Kind seinem Spielkameraden zu. „Ich habe die schwerere Krankheit und musste häufiger zum Arzt", raunzt eine Seniorin ihrem wehklagenden Begleiter auf seinem Spaziergang in einer städtischen Grünanlage zu. Ganz gleich in welchem Alter: Wo immer Menschen zusammenkommen, vergleichen sie sich miteinander. Und diese Vergleiche können nicht nur die unterschiedlichsten Hinsichten betreffen, sie können sich auch sehr unterschiedlich auf die emotionale Verfassung auswirken. So kann derselbe Umstand, nämlich kränker zu sein als eine Vergleichsperson, sowohl negative Gefühle — ich bin unterlegen, schwach und vom Pech verfolgt — als auch positive Gefühle — ich bin überlegen, stark und tapfer — hervorrufen. Und so unterschiedlich sich ein Vergleich auf die Gemütslage auswirken kann, so unterschiedlich kann ein Vergleich sich auf die Motivation auswirken. Der Vergleich mit anderen kann einen Menschen anspornen, sein Engagement zu erhöhen, etwa mit dem Ziel, der Vergleichsperson nachzueifern oder sie in einem mehr oder weniger sichtbaren Wettbewerb zu übertreffen. Derselbe Vergleich kann jedoch auch umgekehrt, den Willen dieses Menschen, seine Energie einzusetzen, schwächen und damit Resignation und Rückzug begünstigen.

In diesem Kapitel möchte ich eine Ursache von Motivations- und Leistungsschwächen beleuchten, die m.E. nicht nur relativ unbekannt ist oder unterschätzt wird, sondern die zudem besonders gefährlich ist, weil sie praktisch unsichtbar ist: Das Gerechtigkeitsempfinden. Die These diese Kapitels lautet, dass das Gerechtigkeitsempfinden der Mitarbeiter massiven Einfluss auf ihre Arbeitsmotivation und Leistung hat — und zwar im negativen Bereich wesentlich stärker als im positiven Bereich.

8.1 Gerechtigkeit oder Gerechtigkeitsempfinden

Ob etwas gerecht ist, spielt keine Rolle

Worin Gerechtigkeit besteht, das ist eine Frage, die nicht bloß in der Philosophie kontroverse Debatten heraufbeschwört. Glücklicherweise ist es unter dem Gesichtspunkt der Arbeitsmotivation nicht entscheidend, worin Gerechtigkeit besteht und in wie weit diese in einem Unternehmen realisiert ist. Denn nicht die real existierende Gerechtigkeit — worin auch immer sich diese manifestiert — sondern die Gerechtigkeitsempfindung oder -wahrnehmung der Mitarbeiter hat auf ihre Motivation Einfluss. Ob sich dieser Umstand als Segen oder gar als Fluch entpuppt, hängt davon ab, in welcher Richtung die subjektive Gerechtigkeitsempfindung oder -wahrnehmung von der Realität abweicht. In jedem Fall liegt in dem Umstand, dass die subjektive Einschätzung und nicht die objektiven Gegebenheiten für die Arbeitsmotivation und Leistungsbereitschaft ausschlaggebend ist, eine Chance für die Führung. Auch bei konstanten Rahmenbedingungen kann sie positiven Einfluss auf die mit der Gerechtigkeitsempfindung verknüpfte Arbeitsmotivation der Mitarbeiter nehmen. Freilich entsteht die Gerechtigkeitsempfindung nicht im luftleeren Raum. Die Realität am Arbeitsplatz prägt sie ebenso wie die psychische Verfassung des einzelnen Mitarbeiters, welche sich maßgeblich in einem langen Sozialisationsprozess herausgebildet hat.

Um den Zusammenhang zwischen Gerechtigkeitsempfindung und Motivation und Leistung näher erläutern zu können, ist es zweckmäßig zunächst zu beleuchten, wie eine Gerechtigkeitsempfindung bzw. -wahrnehmung oder ein Gerechtigkeitsurteil entsteht. Die sogenannte Equity-Theorie[94] (Theorie zum Gleichheitsprinzip der Gerechtigkeit) liefert ein Modell dafür, wie sich Gerechtigkeitsempfindungen am Arbeitsplatz bilden und auf welche Weise sich die Gerechtigkeitsempfindung eines Menschen auf sein Verhalten am Arbeitsplatz auswirkt. Die Equity-Theorie geht von der Annahme aus, dass sich Mitarbeiter permanent mit anderen Menschen in ihrer Arbeitsumgebung vergleichen, und zwar in den zwei Hinsichten „Input" und „Output". Als Input gilt dabei alles das, was ein Mitarbeiter meint, an Werten oder Beiträgen in das Unternehmen einzubringen. Dazu könnten z.B. abgesehen von dem Energieeinsatz auch die Kompetenz, der Bildungsgrad, die Flexibilität, die Erfahrung und andere Faktoren zählen. Jeder Mitarbeiter prüft gemäß der Equity-Theorie, in wie weit der Input, welchen er selber leistet, von dem Input abweicht, den andere, wie seine Kollegen, Vorgesetzen oder Mitarbeiter, einbringen.

---

[94] Die Equity-Theorie wurde von Adams entwickelt: „Towards an Understanding of Inequity" und „Inequity and Social Exchange"

Nur weil ein Mitarbeiter die Meinung erwirbt, dass sein eigener Input größer sei als der eines Kollegen, bedeutet dies noch nicht, dass er dies als ungerecht empfindet. Denn für die Gerechtigkeitsempfindung bzw. das Gerechtigkeitsurteil wird noch eine weitere Dimension berücksichtigt, nämlich die des Outputs. Zum Output, das was der Mitarbeiter für seinen Einsatz aus dem Unternehmen herausbekommt, werden für gewöhnlich monetäre Elemente gezählt, wie die fixe und variable Vergütung. Aber auch Anerkennung, Lob, das Ausmaß an Eigenverantwortung und der Zugang zu Prestigeindikatoren wie einem wohlklingenden Titel auf der Visitenkarte oder dem Parkplatz nahe der Eingangstür werten den Output auf.

Folgt man der Equity-Theorie, so stellt jeder Mitarbeiter für sich und für jeden anderen seiner Arbeitskontakte eine Bilanz zwischen Input und Output auf und vergleicht die jeweiligen Salden miteinander. Nur wenn er die Salden als in etwa gleich groß ansieht, stellt sich der Equity-Theorie zufolge eine Gerechtigkeitsempfindung ein. Angenommen ein Mitarbeiter vergleicht sich mit seinem Vorgesetzten und erwirbt die Meinung, der Output seines Vorgesetzten überträfe den seinigen um ein Vielfaches: Sein Chef würde deutlich mehr verdienen, habe mehr Verantwortung und genieße mehr Anerkennung. Auch unter diesen Umständen wäre eine Gerechtigkeitsempfindung möglich. Dazu müsste der fragliche Mitarbeiter zu der Ansicht gelangen, dass auch der Input seines Vorgesetzten den eigenen Input im gleichen Maße übersteigt: Sein Chef müsse mehr arbeiten, ist stärkeren emotionalen Belastungen ausgesetzt, bringt Know-how und Kompetenz in einem deutlich größeren Umfang ein usw.

Eine Gerechtigkeitsempfindung stellt sich also ein, sofern der Mitarbeiter die Input-Output-Salden innerhalb seines Arbeitsumfeldes mit dem eigenen Input-Output-Saldo für ungefähr gleich groß hält. So weit so gut. Welche Wirkung hat nun eine solche Gerechtigkeitsempfindung auf die Arbeitsmotivation und die Arbeitsleistung? Die Antwort mag vielleicht überraschen und auf den ersten Blick enttäuschen: Keine. Zumindest die Enttäuschung jedoch relativiert sich, wenn man bedenkt, welche Konsequenzen sich ergeben, wird eine negative Input-Output-Bilanz diagnostiziert und mit einer Ungerechtigkeitsempfindung quittiert.

8.2 Ungerechtigkeitsempfinden und Leistungsreduktion

Wer Ungerechtigkeit empfindet, kämpft — oder schwänzt

Ungerechtigkeitsempfindungen stellen eine ernste Bedrohung für den unternehmerischen Erfolg dar. Ein Axiom der Equity-Theorie lautet nämlich, dass Individuen, die eine Ungerechtigkeit empfinden, dazu tendieren, diese Ungerechtigkeit zu bekämpfen und Gerechtigkeit herzustellen. Und für diese Annahme gibt es gute Gründe. Denn Menschen folgen, wie wir an anderen Stellen schon gesehen haben, dem *Prinzip der Reziprozität*: Gegenseitigkeit kommt in grundlegenden Normen menschlicher Kultur zum Ausdruck. In menschlichen Gesellschaften drängen Normen auf symbiotische Beziehungen und erschweren Wirt-Schmarotzer-Verhältnisse. In allen menschlichen Gesellschaften empfinden Menschen, denen etwas gegeben wurde, den moralischen Druck, etwas zurückzugeben. Gebende können daher zuversichtlich sein, dass ihre Vorleistung nicht vergeblich war. Wir wissen alle, dass sich diese Zuversicht bei manchen menschlichen Zeitgenossen im Nachhinein als unbegründet entpuppt. Doch immerhin können wir uns in der gebenden Rolle damit trösten, dass der andere geächtet wird. Oft reicht uns dies nicht, und wir empfinden auch keine Genugtuung, wenn wir fortan die Kooperation einstellen. Dann denken wir immer noch an das Ungleichgewicht in der Leistungsverteilung. Wenn wir dieses durch Handlung wieder herzustellen versuchen, die den anderen schädigen, handelt es sich auch um einen Fall von negativer Reziprozität. Rache, Vergeltung, Sanktionen für unfaires Verhalten sind Formen, bei denen Schlechtes mit Schlechtem beantwortet wird.

Vor diesem Hintergrund der Reziprozität wirkt das Axiom der Equity-Theorie plausibel: Der Mensch möchte bei gleichem Output nicht mehr leisten als andere. Er leidet unter einem Ungerechtigkeitsgefühl und strebt danach, dieses Gefühl loszuwerden, indem er Gerechtigkeit wieder herstellt. Dieser Drang, etwas an den als ungerecht empfundenen Verhältnissen zu ändern, wird zudem durch das uns ebenfalls schon behandelte *Konsistenzprinzip* verstärkt: Wenn Sie meinen, dass Sie im Verhältnis mehr Input leisten als Sie im Vergleich zu anderen als Output erhalten, dass also keine wirkliche faire Verteilung vorliegt, wären Sie inkonsistent, wenn Sie so weiter machen würden wie bisher. Sie würden unter einer kognitiven Dissonanz leiden, die nach Auflösung schreit.

Welche Optionen hat nun ein Mitarbeiter, der das Gefühl hat, eine ungünstigere Input-Output-Bilanz aufzuweisen als sein Kollege, Gerechtigkeit wieder herzustellen? Grundsätzlich sind vier Wege denkbar:

1. Der Mitarbeiter könnte versuchen, den Input seines Kollegen zu erhöhen. Er könnte mit seinem Kollegen ein Gespräch führen, in welchem er auf eine neue Verteilung der Arbeit drängen und seinen Kollegen zur Mehrarbeit — vielleicht mit einen Appell an das moralische Empfinden — stimulieren könnte. Die Schwierigkeiten liegen auf der Hand: Die Konfliktsituation wird als unangenehm empfunden, der Kollege könnte sich weigern und das Klima durch den Vorstoß belastet werden. Auch der Versuch, den Input des Kollegen mittels Drucks seitens der Führungskraft zu erhöhen, birgt Risiken. Den Vorgesetzten mag das Anliegen des Mitarbeiters, von dem Kollegen Mehrleistung zu erzwingen, befremden oder gar abstoßen.

2. Der Mitarbeiter könnte theoretisch auf die Idee kommen, den Output seines Kollegen zu reduzieren. Er könnte in einem Gespräch mit seinem Kollegen darauf drängen, dass er bei der nächsten Beförderung oder Gehaltserhöhung freiwillig verzichtet, oder von der Führungskraft fordern, dass sie den Kollegen im Hinblick auf Beförderung oder Gehaltserhöhung ignoriert oder gar noch schlechter einstuft. Beide Strategien sind in der Regel wenig erfolgreich, provozieren Konflikte, Widerstand und lassen den Mitarbeiter in einem ungünstigen Licht erscheinen.

3. Alternativ könnte der Mitarbeiter danach trachten, den eigenen Output zu vergrößern. Dazu mag er beispielsweise seinen Vorgesetzten mit Forderungen nach mehr Gehalt, Zusatzleistungen, Privilegien oder mehr Verantwortung konfrontieren. Wenn auch dieses Vorgehen auf den Vorgesetzten vermutlich weniger abstoßend und befremdlich wirken wird, so muss der Mitarbeiter jedoch mit Widerstand und Ablehnung rechnen. Freilich könnte der Mitarbeiter auch versuchen, seinen Output widerspruchsfrei zu maximieren. Dazu setzt er Ressourcen des Unternehmens nicht oder nicht vordinglich für die Belange des Unternehmens, sondern für seine ein: Die Dienstreise zu unwichtigen Kunden mit der Möglichkeit private Besuche anzuschließen, die Nutzung des Internets für private Besorgungen oder der Diebstahl von Toilettenpapier. Wenngleich derartige Maßnahmen zunächst keinen Widerspruch hervorrufen, sind die Konsequenzen für den Mitarbeiter fatal, werden sie erst einmal bemerkt.

4. Schließlich könnte der Mitarbeiter seinen eigenen Input reduzieren. Seine Berufserfahrung und sein Bildungsgrad bieten zwar kaum Ansatzpunkte, doch dafür lässt sich der eigene Arbeitseinsatz relativ präzise steuern. Zunächst kann der Mitarbeiter gefahrlos dort Leistungen reduzieren, wo keine negativen Sanktionen drohen. Dies ist bei sogenannten *rollenexternen* Leistungen, also Leistungen, die über die Basisanforderungen und die vom Stellenprofil charakterisierten Leistungen hinausgehen, der Fall. Fraglicher Mitarbeiter weigert sich, die Geburtstagskasse zu führen, er entzieht sich der Weihnachtsfestvorbereitung usw. Und auch bei den *rolleninternen* Kernleistungen kann langfristig Energie eingespart werden. Denn wenn der Mitarbeiter auf einem niedrigen

Niveau konstante Leistungen erbringt, erregt er in der Regel kaum Argwohn. Anders verhielte es sich gewiss bei einem deutlichen Leistungsabfall. Und außerdem weisen selbst die radikalsten Kontrollsysteme dunkle Flecken auf, die für eine Verbesserung der eigenen Bilanz genutzt werden können.

Welche der vier Handlungsoptionen liegt für den Mitarbeiter am nächsten? Auch wenn in der Praxis alle vier Optionen auftreten, so ist doch die vierte am verbreitetsten. Dies hat im Wesentlichen zwei Gründe: Erstens hat der Mitarbeiter auf seinen eigenen Input direkten Einfluss, zweitens belastet er weder die Beziehung zu seinen Kollegen, noch zu seinem Vorgesetzten. Bei den drei anderen Alternativen liegt die angestrebte Modifikation nicht allein in seiner Macht, was, abgesehen von den unsicheren Erfolgschancen, bedingt, dass das soziale Binnenklima strapaziert wird und eventuell auch ein ernster Konflikt resultiert.

Hält man sich vor Augen, dass das eben skizzierte Handlungsmuster auf einem rein subjektiven Gerechtigkeitseindruck basiert, wird deutlich, dass an dieser Stelle ein Teufelskreislauf einsetzen kann: Mitarbeiter A ist der Meinung, dass gegenüber seinem Kollegen B eine Ungerechtigkeit vorliegt, weil er im Verhältnis zum Output einen höheren Input leiste als B. A folgt aus den oben beschriebenen Gründen der vierten Strategie und reduziert seinen eigenen Input, um die Gerechtigkeit wieder herzustellen. Und in der Tat mag sich bei A ein Gerechtigkeitsgefühl einstellen, wenn er hin und wieder eher nach Hause geht, etwas langsamer arbeitet und seine Zeit für das private Surfen im Internet ausdehnt.

Der Teufelskreis setzt ein, wenn B den Zustand, bei dem A Gerechtigkeit empfindet, seinerseits als zu seinen Ungunsten ungerecht empfindet. Und dies ist sehr wahrscheinlich, weil wir Menschen dazu neigen, unsere Leistungen und Erfolge grundsätzlich höher und unsere Schwächen und Fehler grundsätzlich niedriger einzuschätzen als die von anderen. Im Vergleich mit unseren Mitmenschen unterliegen wir für gewöhnlich der sogenannten Überlegenheitsillusion: Wir überschätzen unsere Stärken und unterschätzen unsere Schwächen. Klar sind wir überdurchschnittlich intelligent, attraktiv und leistungsfähig. Denn wir neigen zu einer *selbstwertdienlichen Beurteilung* (Self-Serving Bias). Das fühlt sich nicht nur gut an, ein positives Selbstbild ist für unser Leben unerlässlich. Zudem kann die Selbstüberschätzung uns zu überaus großen Leistungen führen und zu einer selbsterfüllenden Prophezeiung werden. Die selbstwertdienliche Verzerrung ist z.B. durch folgende Phänomene nachgewiesen worden: Erfolge schreiben wir uns, Misserfolge den Umständen (oder anderen) zu. Auch fälschen wir unsere Erinnerungen unbewusst so, dass wir in einem besseren Licht erscheinen. Prüfungsergebnisse werden im Rückblick beispielsweise oft zu gut angegeben. Und auch unseren Beitrag zu einer gemeinsamen Arbeit schätzen wir als zu hoch ein.

Führen Sie doch einmal folgendes Experiment durch: Bitten Sie die Mitglieder einer Arbeitsgruppe anonym ihren Beitrag zu einem Gruppenergebnis in Prozent zu schätzen. Wie hoch wird die Summe sein? Keine Ahnung. Aber vermutlich deutlich über 100%.

Normalerweise richtet diese Tendenz keinen Schaden an, sie sorgt lediglich dafür, dass wir uns besser fühlen. Doch im Hinblick auf Ungerechtigkeitsgefühle und die daraus entstehende Veränderungsmotivation kann diese Tendenz fatal sein. Denn was macht *B*, der selbstverständlich den Zustand, bei dem *A* Gerechtigkeit empfindet, seinerseits als zu seinen Ungunsten ungerecht empfindet? Wenn *B* nun mit *A* sprechen würde, wäre ein Konflikt wahrscheinlich. Denn beide halten als Opfer ihrer selbstwertdienlichen Beurteilung natürlich ihren eigenen Beitrag für größer als den des Anderen. Daher wird *B* vermutlich wie *A* die vierte Strategie wählen und seinen Input reduzieren. Und nun braucht es nicht viel Phantasie, sich *A*'s Reaktion vorzustellen, der seinen Einsatz noch weiter reduziert, usw. bis einem schwindelig wird. Es entsteht ein unausgesprochener Wettkampf der Unproduktivität, wobei sich beide aus ihrer Binnenperspektive nicht als treibende Kraft, sondern als denjenigen ansehen, der auf die Leistungsreduktion des anderen anpassend reagiert.

8.3 Commitment oder Kommt-nicht-mehr

Führungsfehler vergraulen alle Mitarbeiter — vor allem die besten

Nun fühlen sich bei weitem nicht alle wohl, wenn sie ihren Leistungseinsatz drosseln, um nicht unter einem Ungerechtigkeitsgefühl zu leiden. Eine grundsätzliche Leistungsbereitschaft zusammen mit der Möglichkeit, Leistungen zu erzielen und aus diesem Prozess oder den Ergebnissen Befriedigung zu ziehen, stellen für einige Mitarbeiter einen Wert da, den sie verlieren würden. Doch auch diese Mitarbeiter wollen sich nicht ungerecht behandelt fühlen und unter der kognitiven Dissonanz leiden, mehr zu tun als das, was sie im Gegenzug durch ihre Arbeit erhalten. Welche Handlungsoption bleibt aber dann noch übrig, wenn Veränderung ebenso unmöglich ist wie sich gefühlsmäßig mit der Situation zu arrangieren? Dem berühmten Idiom „Change it, love it or leave it" zufolge lässt die Weiche nur noch eine Stellung zu: Verlassen.

Gerade die leistungsstarken und hochgradig intrinsisch motivierten Mitarbeiter werden unter diesen Bedingungen eine höhere Bereitschaft entwickeln, den Arbeitgeber oder das Team zu verlassen. Die Aussicht, in einem anderen Umfeld ihre Kräfte so einsetzen zu können, dass sie entsprechend geschätzt und vergolten werden, kann für leistungsstarke Mitarbeiter durchaus verlockend sein. Unter Ungerechtigkeitsgefühlen leiden Mitarbeiter unabhängig von ihrer tatsächlichen Leistungsfähigkeit. Daher steigt bei allen auch die Bereitschaft, die aktuelle Beschäftigung gegen eine andere einzutauschen. Ganz besonders allerdings bei den leistungsstarken Mitarbeitern. Ungerechtigkeitsgefühle oder allgemeine negative Bewertungen der Arbeitssituation oder des Führungsverhaltens wirken sich viel negativer auf Mitarbeiter aus, die für ein Unternehmen besonders wertvoll sind, also seltene Spezialisten, Talente, Leistungsträger.

Betrachten wir dazu zunächst die Identifikation von Mitarbeitern mit ihrem Unternehmen, in der Psychologie „organisationales Commitment" genannt. In wissenschaftlichen Untersuchung zeigte sich: Je höher das Commitment, desto höher sind die Motivation und die Leistung und desto geringer sind die Wechselbereitschaft und die tatsächlich Fluktuation.[95]

---

[95] A. Cooper-Hakim und C. Viswesvaran „The Construct of Work Commitment: Testing an Integrative Framework" und J. E. Mathieu, D. M. Zajac „A Review and Meta-Analysis of the Antecedents, Correlates, and Consequences of Organizational Commitment"

Allerdings ist es sehr fruchtbar, das Commitment etwas genauer zu betrachten. Bei der Stärke, mit der sich Mitarbeiter mit ihrem Unternehmen verbunden fühlen, lassen sich drei Ebenen unterscheiden:[96]

1. Affektive Ebene
2. Normative Ebene
3. Kalkulatorische Ebene

Das *affektive Commitment* gibt an, in welchem Grade sich ein Mitarbeiter emotional mit dem Unternehmen verbunden fühlt. Auf der affektiven Ebene will der Mitarbeiter in dem Unternehmen arbeiten, weil er es mag.

Das *normative Commitment* gibt an, inwieweit sich der Mitarbeiter dem Unternehmen gegenüber moralisch verbunden und verpflichtetet fühlt. Auf der normativen Ebene ist der Mitarbeiter der Ansicht, dass er in dem Unternehmen bleiben sollte, weil es moralisch gut ist. Er hält die Unternehmenswerte und die gelebte Ethik für mindestens akzeptabel. Eventuelle fühlt er sich auch moralisch verpflichtet, in dem Unternehmen zu bleiben. Sei es, weil es in ihn investiert hat, sei es, weil sein Fortgang für das Unternehmen oder das, wofür es sich einsetzt, einen großen Schaden verursachen würde, oder sei es, weil er sich schuldig fühlen würde, mit der Familientradition zu brechen.

Das *kalkulatorische* oder *Kontinuitätscommitment* zeigt schließlich an, in welchem Grade sich der Mitarbeiter an das Unternehmen gebunden fühlt, weil er keine oder nur schlechtere Alternativen sieht, weil er die bereits erfolgten Investitionen z.B. in Freundschafts- und Machtbeziehungen nicht aufgeben möchte oder weil ihm der Aufwand für eine neue Ausrichtung zu hoch erscheint. Die kalkulatorische Bindung stützt sich rein auf rational egoistische Nutzeneinschätzungen.

Die drei Arten von Commitment sind in jedem Menschen unterschiedlich stark ausgeprägt und wirken sich unterschiedlich auf die Motivation aus. Während das Kontinuitätscommitment lediglich die Motivation stärkt, genau so viel zu tun, dass der Arbeitsplatz erhalten bleibt, geht mit den anderen beiden Commitments in der Regel eine höhere Motivation des Mitarbeiters einher, mehr als das erforderliche Minimum zu leisten. Mit anderen Worten: Für ein Unternehmen ist ein Commitment günstig, bei dem der affektive und normative Anteil hoch ist, weil damit eine höhere Leistungsmotivation gegeben ist.

---

[96] Vgl. R. van Dick *Commitment und Identifikation mit Organisationen*

Gerechtigkeit durch Ungleichheit

Was passiert nun bei negativen Gefühlen wie dem der Ungerechtigkeit? Offenkundig schmilzt das affektive Commitment: Mitarbeiter, die ihren Input-Output-Saldo im Vergleich zu anderen für unfair halten, fühlen sich auch emotional weniger dem Unternehmen verbunden. Der Wille, in diesem Unternehmen zu arbeiten, weil sie es mögen, schwindet.

Auch das normative Commitment nimmt ab. Ungerechtigkeitsgefühle schwächen die moralische Bindung von Mitarbeitern an ihr Unternehmen. Fühlt ein Mitarbeiter, dass das Gegenseitigkeitsprinzip zu seinen Ungunsten verletzt wird, sinkt bei ihm die Bereitschaft, bei dem Unternehmen zu bleiben. Wird die Ungerechtigkeit als extrem und vorsätzlich erlebt, entwickelt der Mitarbeiter wahrscheinlich auch die Motivation, das Unternehmen aktiv zu verlassen.

Welche Folgen ergeben sich hieraus konkret für die Führungskraft und das Unternehmen?

1. Das Engagement und die Leistungsbereitschaft der Mitarbeiter sinkt: Da das affektive und normative Commitment gering ausfällt, wird sich das Engagement der Mitarbeiter verändern. Die Leistungsbereitschaft nimmt überall dort ab, wo sie nicht erkennbar zur Arbeitsplatzsicherheit beiträgt.
2. Die Wechselbereitschaft insbesondere der Leistungsträger steigt: Wenn affektives und normatives Commitment abnehmen, steigt die Wechselbereitschaft, wenn diese nicht durch ein starkes Kontinuitätscommitment gebremst wird. Dies ist bei Leistungsträgern aber nicht der Fall. Die Leistungsstarken, die Talente oder hochgradige Spezialisten können leicht lukrative Jobalternativen finden und werden daher auch eher fluktuieren. Da die Wechselbarrieren bei leistungsstarken Mitarbeitern naturgemäß geringer sind, steigt ihre Wechselbereitschaft stärker. Ungerechtigkeitsgefühle verstärken also genau die Fluktuation von denen, um die Führungskräfte und Unternehmen im sogenannten *war for talents* gerade angesichts des demographischen Wandels sehnlichst ringen.

Ungerechtigkeitsgefühle oder allgemeine negative Bewertung der Führung oder des Unternehmens führen also neben einem generellen Abfall der Leistungsmotivation auch zu einer Verschiebung in der Mitarbeiterbindung und damit zu der Gefahr, gerade die Mitarbeiter zu verlieren, die für das Unternehmen besonders wertvoll sind.

8.4 Ungerechtigkeitsempfinden und Leistungssteigerung

Welche Unfairness zu Leistung motiviert

Wenn ein Mitarbeiter sein Input-Output-Verhältnis gegenüber einer Vergleichsperson als ungünstig beurteilt, wird er gemäß der Equity-Theorie ein Ungerechtigkeitsgefühl haben, das er, wenn er das Unternehmen nicht verlässt, aller Wahrscheinlichkeit nach mit einer Leistungsreduktion zu überwinden sucht. Beurteilt ein Mitarbeiter sein Input-Output-Verhältnis als mit seinen Vergleichspersonen äquivalent, empfindet er dies als fair. Gemäß der Equity-Theorie verändert sich sein Leistungsverhalten dann nicht. Bisher scheint es, als habe die Gerechtigkeitswahrnehmung bestenfalls keinen negativen Einfluss auf Motivation und Leistungsbereitschaft. Doch kann sie sich nicht unter bestimmten Umständen auch positiv auf die Motivation und die Leistung auswirken? Sie kann. Denn ein Ungerechtigkeitsempfinden kann ja grundsätzlich zwei Gründe haben, von denen wir bisher erst den einen — die eigene Input-Output-Bilanz wirkt im Vergleich zu der anderer negativ — betrachtet haben. Sollte sich aber das Gefühl einstellen, dass das eigene Input-Output-Verhältnis günstiger ist als das der Kollegen oder Vorgesetzten, so führt die daraus resultierende Ungerechtigkeitsempfindung — folgt man der Equity-Theorie — ebenfalls zu dem Bedürfnis, Gerechtigkeit zu realisieren.

Grundsätzlich stehen hierfür wiederum vier Optionen bereit, die spiegelverkehrt mit den oben genannten korrespondieren. Auch wenn es deutlich leichter ist, sich bei Kollegen oder Vorgesetzten für eine Verbesserung ihres Outputs oder für eine Reduktion des eigenen Outputs einzusetzen, ist es aus psychologischen Gründen wiederum wahrscheinlicher, dass das Individuum das Bedürfnis verspürt, den eigenen Input anzupassen. Dies bedeutet in diesem Fall, dass der Mitarbeiter sich bemühen wird, seinen Input zu vergrößern, z.B. dadurch, dass er zusätzliche Aufgaben übernimmt oder länger arbeitet. Kurz: Die Arbeitsmotivation und Leistungsbereitschaft von Menschen kann zunehmen, wenn sie den Eindruck gewinnen, dass ihr Ertrag im Verhältnis zu ihrem Aufwand im Vergleich geringer ausfällt als bei einer relevanten Vergleichsperson.

Die Equity-Theorie erlaubt eine psychologische Erklärung von Verhaltensmustern, welche für die Führung von Mitarbeitern wesentliche Rückschlüsse zulässt. Eine Schwierigkeit besteht darin, dass das zentrale Axiom dieser Theorie falsch zu sein scheint: Nicht alle Menschen streben nach paritätischen Input-Output-Bilanzen und empfinden Differenzen zwischen den Salden als ungerecht. De parasitäre

Schmarotzer, der ohne Skrupel den eigenen Vorteil in Form eines höheren Input-Output-Saldos gegenüber seinen Kollegen anstrebt, ist in der Realität ebenso anzutreffen wie Menschen, die sich besser fühlen, wenn sie in dem Bewusstsein handeln können, dass sie auf jeden Fall mehr Input im Vergleich zum Output erbringen als ihre Mitmenschen. Einigen von diesen wird im Alltag ein „Helfersyndrom" attestiert. Auch wenn die Equity-Theorie in ihrer Reinform auf tönernen Füßen steht, lassen sich aus den auf der Grundlage der Equity-Theorie charakterisierten Zusammenhängen bedenkenswerte praktische Konsequenzen für die Führung von Mitarbeitern ziehen.

8.5 Gerechtigkeit in der Führung

Was die Führung konkret tun kann

Welche Konsequenzen ergeben sich für die Mitarbeiterführung? Zunächst sollte die Führung sich bewusst machen, dass von den vier denkbaren Reaktionen auf eine empfundene Ungerechtigkeit diejenige, die am häufigsten gewählt wird, extremen Schaden anrichtet und vor allem kaum sichtbar zu Tage tritt. In den drei anderen Fällen wird das Problem in Form von Gesprächen deutlich, und die artikulierten Konflikte bieten die Chance, eine Lösung zu finden, welche die Interessen und Wahrnehmungen der Beteiligten mit den Unternehmensinteressen harmonisiert. Die konfliktvermeidende vierte Strategie jedoch, bei welcher der Mitarbeiter seinen Input reduziert, bleibt häufig im Verborgenen — schließlich ist der Strategie des Mitarbeiters nur dann Erfolg beschert, wenn seine Leistungsreduktion nicht noch negativ sanktioniert wird. Und letzteres erreicht der Mitarbeiter genau dann am sichersten, wenn er seine Leistung dort zurücknimmt, wo es der Führung, aber auch den Kollegen am wenigsten auffällt.

Für die Führung resultiert hieraus die Herausforderung, Gerechtigkeitsgefühle sichtbar zu machen und auf eine äußerlich kaum merkliche Leistungszurückhaltung aufmerksam zu werden. Exzellente Erfolge erzielen hierbei Mitarbeiterbefragungen, welche mit geschickten Fragestellungen zu diagnostizieren helfen, bei wie vielen Mitarbeitern, an welchen Stellen und in welchem Ausmaß Ungerechtigkeitsgefühle vorliegen, und die gleichzeitig Rückschlüsse darüber erlauben, welche Strategien die betroffenen Mitarbeiter ergriffen haben, um der empfundenen Ungerechtigkeit entgegen zu wirken. Auch im direkten Gespräch bietet es sich für die Führung an, durch Fragen abzuschätzen, wie ein Mitarbeiter seine Input-Output-Bilanz einschätzt. Ob ein Mitarbeiter sich ungerecht behandelt fühlt, wird so deutlich. Und erst dadurch ergibt sich die Chance, dass Problem zu beheben. Die Führungskraft kann sich zusammen mit dem Mitarbeiter darüber austauschen, welche Faktoren für die Bewertung von Input und Output für sie jeweils relevant sind. Der Abgleich der Selbst- und Fremdwahrnehmung kann dazu führen, dass sich die Führungskraft der Einschätzung des Mitarbeiters anschließt. Sieht sie seine Input-Output-Bilanz ebenfalls als unfair an, steht sie in der Pflicht, diese zu verbessern. In der Praxis sind nahliegende Optionen oft versperrt: Die Führungskraft kann keine Gehaltserhöhung gewähren, welche für den extrem hohen Input des Mitarbeiters oder angesichts der historisch gewachsenen höheren Bezahlung eines Kollegen, der deutlich weniger einbringt, angemessen wäre. Umgekehrt kann die Führungskraft den Input des Mitarbeiters z. B. nicht derart reduzieren, dass sie ihm wie gewünscht, Freitag grundsätzlich frei gibt. Hier ist die Kreativität der Führungskraft gefragt: Verantwortung erweitern, prestigeträchtige Projekte übertragen, ungewöhnliche Weiterbildungsmaßnahmen anbieten, eine attraktive Karriereplanung ermöglichen, eine flexiblere Arbeitszeitgestaltung oder die stärkere Ausrichtung der Arbeitsinhalten an den individuellen Interessen sind ein paar mögliche Ansatzpunkte. Auch wenn es der Führungskraft letztendlich nicht vollständig gelingt, die Input-Output-Bilanz des Mitarbeiters ins Gleichgewicht mit der anderer bringen kann, ist der Mitarbeiter in der Folge solcher Erörterungen weit zufrieden — und wenn auch nur zufrieden mit seiner Führungskraft. Was hierfür besonders zählt ist die Anerkennung der Ungerechtigkeit und das aufrichtige Ringen um Ausgleich. Wenn dieser dann nicht von Erfolg gekrönt ist, leidet zumindest nicht die positive Beziehung zwischen Mitarbeiter und Führungskraft.

Was aber wenn die Führungskraft die Ungerechtigkeitswahrnehmung ihres Mitarbeiters nicht teilen kann, auch wenn sie sich auch noch so sehr müht, seine Gründe wohlwollend zu bewerten? Dieser Fall ist gar nicht unwahrscheinlich. Grund dafür ist unser schon mehrfach angesprochene Hang zu selbstwertdienlichen Beurteilungen: Wir überschätzen unsere Leistung gerne, weil ein positives Selbstbild Balsam für unsere Seele ist. Die Führungskraft sollte dann aufrichtig ihre Wahrnehmung offenlegen und ggf. begründen, warum sie diese und nicht andere Kriterien für die Bewertung von Input heranzieht. Hält ein Mitarbeiter etwa aufgrund seines Dienstalters seinen Input für größer als den anderer Kollegen, könnte die Führungskraft erwidern. „Ich sehe jetzt, warum Sie Ihren Input für höher einschätzen, das Dienstalter für mich ist jedoch an sich kein Grund, warum der Input höher zu bewerten ist. Das Maß liegt für mich in den Wert, den eine Eigenschaft für das Erreichen der Unternehmensziele hat. Das Dienstalter kann die Fähigkeit, unternehmensrelevante Prozesse eigenständig zu steuern, verbessern. Und dies ist für mich in Bezug auf den Input relevant. Doch in dieser Hinsicht schätze ich Sie in etwa gleichauf mit Ihren Kollegen. Wie sehen Sie das?" Eine solche Reflexion von Bewertungen verringert häufig die Ungerechtigkeitsempfindung deutlich oder löst sie gar auf. Und wenn nicht? Selbst dann ist es auch für den Mitarbeiter vorteilhaft. Er kann sich trösten: Es ist die subjektive Wahrnehmung meines Chefs. Bloß gut, dass ich jetzt weiß nach welchen Kriterien er wertet. Diese sehe ich nicht als korrekt an, so dass ich mich jetzt nach einem Umfeld suchen kann, wo mein Einsatz höher geschätzt wird." In jedem Fall bietet das Gespräch mit dem Mitarbeiter die Chance, das Problem zu beheben, sei es weil das Bild von Input-Output-Bilanzen korrigiert wird, oder sei es, weil die Führungskraft die Einschätzung des Mitarbeiters teilt und Maßnahmen ergreift, welche seine Input-Output-Bilanz verbessern.

Für die Führung ist es also elementar, Gerechtigkeitsgefühle sichtbar zu machen, und auf etwaige Ungerechtigkeitsgefühle adäquat zu reagieren. Am besten ist es, negative Ungerechtigkeitsgefühle gar nicht erst entstehen zu lassen. Und hier lautet für Sie als Führungskraft die Leitlinie: Um Fairness herzustellen, müssen Sie Mitarbeiter ungleich behandeln. Und dies gilt sowohl materiell als auch immateriell.

Günstig ist eine transparente Gehaltsstruktur. Bei dieser ist für jeden ersichtlich, dass die Höhe der Vergütung einhergeht mit den für die Unternehmensziele erbrachten Leistungen. Dagegen sind Gehaltssteigerungen nach Dauer der Betriebszugehörigkeit ebenso abträglich wie der Einfluss von Sympathien oder Familienzugehörigkeiten bei der Beförderung oder Besetzung von attraktiven Positionen. Ein leistungsorientiertes Anreizsystem, das die unternehmensrelevanten Parameter entsprechend ihrer Bedeutung gewichtet und honoriert, kann zu einem Gerechtigkeitsgefühl unter den Mitarbeitern beitragen. Doch nicht nur monetäre und andere materielle Zuwendungen beeinflussen, wie hoch ein Mitarbeiter seinen Output, seinen Ertrag, einschätzt, und somit sein Gerechtigkeitsempfinden. Ebenso wirken nicht-materielle Formen der Zuwendung: Freiheiten, Vollmachten, Privilegien, prestigeträchtige Titel, Projekte, etc. In allen monetären und nicht-monetären Hinsichten sorgt die Führung dafür, dass die Mitarbeiter Gerechtigkeit empfinden, wenn deutlich wird: Wer mehr leistet, der erhält mehr, wer weniger leistet, erhält weniger. Die Verteilung mit der berühmten Gießkanne, die alle gleich behandelt — vom hochmotivierten Leistungsträger bis zum freizeitorientierten Mindestleister — ist unfair. Fairness bedeutet Ungleichbehandlung.

Will die Führung das Gerechtigkeitsempfinden bei ihren Mitarbeitern fördern, sollte sie nicht bloß an die Vergleiche unter den Mitarbeitern denken. Denn die Mitarbeiter vergleichen sich auch mit den Führungskräften im Hinblick auf Input und Output. Daher sollten alle Führungskräfte, das sie meist mit einem höheren Output bedacht sind, auch sehr großen Wert darauf legen, dass sie erstens deutlich mehr Leistung erbringen als die jeweils untergeordneten Ebenen und dass dies zweitens von diesen auch entsprechend wahrgenommen wird. Auch wenn Sie mit Sicherheit mehr Input bringen als Ihre Mitarbeiter, ist es alles andere als selbstverständlich, dass Ihre Mitarbeiter dies auch vollumfänglich erkennen. Immer wieder kommt es in Unternehmen zu wenig rühmlichen Spekulationen darüber, wie der vielfach abwesende Vorgesetzte seine Arbeitszeit füllt. Sie sollten Ihre Mitarbeiter also ruhig öfters auch dann über ihre Aktivitäten informieren, wenn diese keine unmittelbare Relevanz für deren Arbeit hat. Klar sollten Sie dabei darauf achten, nicht in die Rechtfertigungsfalle zu geraten. Indem Sie Ihren Input transparent machen, sorgen Sie nicht nur für orientierende und positive Sinnempfindungen, die wir im Kapitel „Sinn durch Orientierung" behandelt haben. Sie beugen zudem einem Ungerechtigkeitsempfinden vor, das sich einer eingeschränkten Wahrnehmung verdankt.

Ungerechtigkeitsgefühle und damit Demotivation und Fluktuation zu vermeiden zeichnet erfolgreiche Führung aus. Führend zu führen geht noch einen Schritt weiter. Denn Führungskräfte können darüber hinaus, Mitarbeiter durch positiv wirkende Ungerechtigkeitsgefühle, anspornen sich stärker einzusetzen. Dazu muss eine Führungskraft ihren Mitarbeitern mehr geben, als diese erwartet haben oder glauben zu verdienen.

Zwischen 1924 und 1932 führten Roethlisberger und Dickson in der Hawthorne-Fabrik der *Western Electric Company* in Chicago die berühmten *Hawthorne-Experimente* durch. In diesen sollte ermittelt werden, wie sich die Arbeitsleistung der Arbeiter steigern lässt. Es zeigte sich, dass auch unabhängig von den Veränderungen der Arbeitsumgebung sich die Arbeitsleistung schon dadurch verbessert, dass die Arbeiter Beachtung und Interesse der Beobachter spürten. Vieles von dem, was Führungskräfte als Input durch ihre Führungsarbeit leisten, ist Output beim Mitarbeiter: Die Zeit, die der Vorgesetzte seinem Mitarbeiter schenkt. Die Freundlichkeit, mit der er seinem Mitarbeiter entgegentritt. Das Interesse, welcher er seinen Aktivitäten und seinen Beiträgen entgegenbringt. Die Wertschätzung, mit welcher er auf die Bedürfnisse des Mitarbeiters eingeht. Praktisch alle Aktivitäten, die zur direkten Führung zählen, können im Sinne der Equity-Theorie für den Mitarbeiter als Ertrag wirken. Ganz gleich zu welcher Zeit und in welcher Branche wird ein Mitarbeiter, der ein höheres Maß an Zuwendung und Anerkennung erfährt, auch eine höhere Einsatzbereitschaft entwickeln. Das Bedürfnis nach Fairness nährt zusammen mit dem Reziprozitätsprinzip beim Mitarbeiter das Bedürfnis, seinerseits seinen Input zu erhöhen. Er wird sich mehr anstrengen, Ideen entwickeln und versuchen, diese konstruktiv einzubringen. Seine Bereitschaft, zum Wohle des Unternehmens Unannehmlichkeiten zu akzeptieren, wird steigen. Und er wird sich loyal verhalten, auch wenn er nicht mit allen unternehmerischen Entscheidungen und -aktivitäten konform geht.

Um die Einsatzbereitschaft der Mitarbeiter zu steigern, kann die Führungskraft zudem die eigene Input-Output-Bilanz radikalisieren: Input rauf, Output runter. Einen hohen eigenen Einsatz für das Unternehmen zu erbringen, klingt verständlich. Allerdings gibt es in der Praxis manchmal Missverständnisse darüber, worin dieser liegen kann. Nur weil der Chef stets als letztes das Büro verlässt und auch am Wochenende E-Mails versendet, heißt dies nicht, dass er im Hinblick auf seinen Input positiv abschneidet. Zum einen ist der Zeitaufwand ohne Betrachtung der Ergebnisse uninteressant. Zum anderen kann ein hoher Zeitaufwand in der üblichen Freizeit auf eine Schwäche hindeuten, sich selbst zu organisieren. Es kommt also darauf an, dass die Führungskraft möglichst hohen Input *hinsichtlich der Unternehmensziele* bringt.

Was die Output-Seite betrifft, so könnte sich eine Führungskraft an einem Führungsverhalten orientieren, das bewusst oder unbewusst Spitzenmanager wie der IKEA-Chef Ingvar Kamprad praktizieren: Eine solche Führung übt sich demonstrativ in extremer Bescheidenheit, sie verzichtet auf Statussymbole jeglicher Art, trägt keinerlei Insignien von Macht, tritt auch gegenüber einfachen Mitarbeitern stets höflich und bescheiden auf und ist sich „nicht zu fein, richtig anzupacken". Der angestrebte psychologische Wirkungsmechanismus lässt sich vor dem Hintergrund der Equity-Theorie wie folgt charakterisieren: Mitarbeiter und Kollegen stellen fest, dass bei der besagten Führungskraft einem durch die selbstgewählte Bescheidenheit extrem geringen Output ein beachtlicher Input gegenüber steht. Zu diesem Input zählt neben der Arbeitsbelastung z.B. auch die belastend große Verantwortung. Die Input-Output-Bilanz scheint gegenüber der eigenen negativer. Folglich werden sich Kollegen und Mitarbeiter anstrengen, ihre Bilanz der ihres Vorgesetzten anzugleichen und Gerechtigkeit wieder herzustellen. Der einfachste Weg, dieses zu erreichen, besteht darin, den eigenen Input zu steigern und zugleich auf eine Maximierung des Outputs, z.B. in Form einer Gehaltserhöhung, freiwillig zu verzichten. Als Führungskraft kann man also die Leistungsmotivation und den Arbeitseinsatz seiner Mitarbeiter auch maximieren, ohne deren Output z.B. in Form von Incentives, also Anreizen, zu erhöhen: Sie muss dafür als Vorbild wahrgenommen werden, welche einerseits viel an Wissen, Zeit und Leistung in das Unternehmen einbringt, und sich dabei andererseits extrem bescheiden gibt.

8.6   Das Kapitel kompakt

Gerechtigkeitsempfindungen können treiben oder bremsen. Dabei verdanken sich Gefühle von Gerechtigkeit oder Ungerechtigkeit weniger objektiven Umständen wie der Höhe des eigenen Gehalts. Entscheidender sind die subjektive Bewertung — wie wichtig einem das Gehalt ist — und vor allem der Vergleich mit relevanten Personen — wie viel der Kollege, Chef oder Mitarbeiter verdient. Nun gründet sich unsere Gerechtigkeitsempfindung nicht bloß auf einer Einschätzung darüber, was wir im Vergleich zu unseren Referenzpersonen erhalten. Wir berücksichtigen gemäß der Equity Theorie zudem, was wir bzw. unsere Vergleichspersonen einbringen. Freilich ist dies wiederum subjektiv bewertet und gewichtet. Und erscheint uns unser Input-Output-Verhältnis im Vergleich zu unserer Referenzperson ungünstiger zu sein, so finden wir das unfair. Ungerechtigkeitsgefühle belasten, und so streben wir danach, diese zu beseitigen. Wollen wir Konflikte vermeiden, so können wir unseren Arbeitseinsatz unbemerkt vermindern oder unsere Position ändern, indem wir uns z. B. auf eine neue Position bewerben.

Für die Führung bergen Ungerechtigkeitsgefühle von Mitarbeitern ernste Gefahren. Wenn der Mitarbeiter Leistungen zurückhält, tut er dies unauffällig. Und seine erhöhte Bereitschaft, den Arbeitgeber oder die Abteilung zu wechseln, offenbart sich der Führungskraft oft erst in Form des Kündigungsschreibens auf dem Schreibtisch. Daher ist es wichtig, Signale ernst zu nehmen, die auf eine Unzufriedenheit deuten. Dazu zählt die Forderung nach einer Gehaltserhöhung ebenso wie die Beschwerde über die mangelnde Leistung von Kollegen. Weise ist es zudem, proaktiv durch Befragungen oder im Mitarbeitergespräch zu erfragen, inwieweit sich Mitarbeiter gerecht oder ungerecht behandelt fühlen. So wichtig die subjektive Einschätzung für die Gerechtigkeitsempfindung ist, so steht doch zumindest eins fest: Gerechtigkeitsgefühle ergeben sich nicht dadurch, dass alle Mitarbeiter gleich behandelt werden: Wer mehr in das Unternehmen einbringt, muss auch mehr erhalten. Gerechtigkeit ergibt sich hier nur durch Ungleichheit.

Eine Führungskraft nicht bloß negative Ungerechtigkeitsgefühle und damit Demotivation und Fluktuation vermeiden. Sie kann die Einsatzbereitschaft ihrer Mitarbeiter erhöhen, wenn sie eine andere Art von Ungerechtigkeitsgefühl schafft: Indem sie ihren Mitarbeitern durch ihre Zuwendung in der Führung wie Zeit, Aufmerksamkeit, Anerkennung, usw. mehr entgegenbringt, als diese erwarten, wächst bei diesen das Bedürfnis, sich selbst stark einzubringen. Dieser Effekt wird noch verstärkt, wenn die Führungskraft bei sich penibel darauf achtet, dass ihr Input sehr hoch und ihr Output bescheiden ausfällt.

Das Kapitel in einem Satz

Gerechtigkeit durch Ungleichheit
Seien Sie fair: Behandeln Sie Ihre Mitarbeiter ungleich; und seien Sie unfair: Schenken Sie allen Mitarbeitern mehr als sie verdienen.

Sicherung und Praxistransfer

Wissen		Handeln	
Relevanz	*Was fand ich interessant?*	Ziel	*Was nehme ich mir vor?*
Speicher	*Was möchte ich mir merken?*	Umsetzung	*Wie werde ich dazu vorgehen?*
Vertiefung	*Welchen Fragen möchte ich nachgehen?*	Kontrolle	*Wann möchte ich meinen Erfolg prüfen?*

9   Veränderung durch Unzufriedenheit

Wie Sie zu Veränderungen motivieren, indem Sie Zufriedenheit auflösen

„Never change a running system". Dieser Spruch stammt aus der IT und gründet sich bestimmt auf leidvolle Erfahrungen. Es ist allerdings nicht ganz gewiss auf welche. Am wahrscheinlichsten ist es, dass diese Aussage ursprünglich verwendet wurde, um zu empfehlen, Änderung an einem System nicht während der Geschäftszeit vorzunehmen. Doch wurde und wird diese Redewendung auf viel mehr Zusammenhänge in und außerhalb der IT-Landschaft angewandt. Und in der Tat bringt sie ein Unbehagen zum Ausdruck, das Veränderungen im Allgemeinen anhaftet. Jeder, der schon einmal ein Update seines Betriebssystems vorgenommen hat und anschließend feststellen musste, dass bestimmte Programme oder Teile von Programmen nicht mehr wie gewohnt funktionierten, kennt den Gedanken der Reue: „Warum nur habe ich dieses Update bloß durchführen wollen? Vorher lief doch alles!"

Doch auch wenn es uns angesichts des Schadens nicht mehr bedeutend erscheint: Wir hatten für dieses Update Gründe, Gründe, die vielleicht angesichts der negativen Konsequenzen belanglos erscheinen, Gründe, die uns aber zu dieser Veränderung motivierten. Und wenn wir nicht nur in diesem Fall, sondern grundsätzlich kein Update vornehmen würden, dann hätten wir vielleicht nicht jetzt, jedoch bestimmt irgendwann massive Probleme. An diesem Beispiel zeigt sich die Januskköpfigkeit von Veränderungen: Veränderungen sind mit Aufwand verbunden und bergen Risiken. Oft sind sie jedoch nötig, um Verbesserungen zu erzielen oder ungewollte Verschlechterungen oder Risiken zu vermeiden.

In diesem Kapitel werden wir die schillernde Psychologie der Veränderung beleuchten. Sie erfahren, wie Sie die Ambivalenzen der Veränderung konstruktiv für Ihr Handeln nutzen können und welche überraschenden Konsequenzen sich ergeben, wenn Sie andere zu Veränderungen motivieren möchten.

9.1 Zufriedenheit als Feind von Motivation und Veränderung

Wie uns Zufriedenheit lähmt

Der Herr: „Des Menschen Tätigkeit kann allzu leicht erschlaffen, Er liebt sich bald die unbedingte Ruh; Drum geb' ich gern ihm den Gesellen zu, Der reizt und wirkt, und muss als Teufel schaffen."

Johann Wolfgang von Goethe

Auch wenn Menschen verschieden sind, so entscheiden sich doch die meisten von uns, vor die Wahl gestellt, einen bequemen oder einen unbequemen Weg einzuschlagen, für den bequemen. Insbesondere wenn ein vorherrschender Zustand von uns als akzeptabel eingestuft wird und eine Veränderung dieses Zustands Energie erfordern würde, ziehen wir es häufig bewusst oder unbewusst vor, in diesem Zustand zu verharren. In der Forschung wird dieses Phänomen *Default-Effekt* oder *Status Quo Bias* genannt.[97] Wir wählen die Standardeinstellung; und wenn es keine solche gibt, so dient uns die Vergangenheit als Standard. Diesen neigen wir beizubehalten, wenn wir zufrieden sind. Denn wir sind bequem und scheuen Verluste. Als *Verlustaversion* wird das Phänomen genannt, dass uns Verluste in etwa doppelt so unglücklich machen, wie uns entsprechende Gewinne glücklich machen. 1.000 Euro zu verlieren schmerzt deutlich stärker als es uns freut, 1.000 Euro zu gewinnen. Sind wir unzufrieden, so können wir durch eine Veränderung nicht viel verlieren. Sind wir dagegen zufrieden, droht uns mit einer Veränderung ein schmerzvoller Verlust. Die Zufriedenheit mit dem Status Quo hält also die Veränderungsmotivation gering. Machen Sie etwa Urlaub in einer Oase, verspüren Sie vermutlich wenig Motivation, eine weitläufige Schneise in den umgebenden dichten Urwald zu schlagen. Oder näher an der Arbeitswelt: Erfüllt die bisherige, gewohnte Software im Wesentlichen die aktuellen Anforderungen, wird es die Führungskraft schwer haben, sich und ihre Mitarbeiter zu motivieren, sich mit einer neuen, leistungsfähigeren Software auseinanderzusetzen.

Wenn dieser dominante psychologische Mechanismus unser Verhalten bestimmt, dann würde es unter konstanten Rahmenbedingungen zu keinen nennenswerten Veränderungen, Verbesserungen oder Verschlechterungen kommen: Der Mensch wäre ein *Seiender* und kein *Werdender*, um eine Denkfigur Goethes zu bemühen.

---

[97] Vgl. Kahnemann *Schnelles und langsames Denken*, Thaler und Sunstein *Nudge*

Um Stagnation zu vermeiden und um die Weiterentwicklung des Menschen anzuregen, setzt Gott in Goethes Faust daher den Teufel ein. Dieser soll vom Menschen als negativ empfundene Situationen herbeiführen. Was soll der Teufel Gutes bringen? Er sorgt für die Motivation des Menschen, sich weiterzuentwickeln. Der Teufel Mephistopheles wirkt gleichsam als Katalysator für Veränderungsprozesse. Diese Passage aus Goethes Faust hat mich, seitdem ich sie als Schüler das erste Mal las, nicht mehr losgelassen. In ihr schien mir ein fundamentales Dilemma des Menschen deutlich zu werden: Zufriedenheit und Glück verleiten den Menschen zum Müßiggang, echte Weiterentwicklung und Leistung scheinen dagegen Unzufriedenheit vorauszusetzen. Die Vorstellung eines Menschen, der danach strebt, sich seinen Anlagen und Rahmenbedingungen gemäß optimal zu entfalten, und dabei mit sich zufriedenen ist, entpuppt sich als Chimäre oder Oxymoron — als bloße Einbildung oder einen Widerspruch in sich. Entweder ist ein Mensch motiviert oder er ist zufrieden, beides zugleich scheint nicht möglich zu sein.

Als belastend oder schlecht empfundene Rahmenbedingungen fördern die Motivation, etwas zu verändern. Damit erhöhen sie die Chance auf eine Verbesserung der Situation. Denken Sie an die Urwaldsituation zurück: Es mag für Sie nicht nur in puncto Wohlgefühl einen Unterschied ausmachen, ob Sie im Rahmen Ihres Urlaubs vom Urwald umgeben sind oder als Folge eines Flugzeugabsturzes in der Wildnis. Auch Ihre Motivation, anstrengenden Aktivitäten nachzugehen, wird vermutlich abweichen: Ist nach Ihrem Flugzeugabsturz der Kontakt zur Außenwelt abgerissen und gehen Ihre Wasservorräte zur Neige, werden Sie und die übrigen Überlebenden vermutlich eine wachsende Motivation entwickeln, sich schweißtreibend eine Schneise durch das Dickicht zu schlagen, wenn Sie hoffen können, auf diese Weise auf eine Wasserquelle zu stoßen. Ähnliches gilt für unseren beruflichen Fall: Rückt das Datum näher, an dem Auflagen für die Gestaltung von Prozessen Pflicht werden, die nicht mehr durch die bisherige Software erfüllt werden können, wird es der Führungskraft zunehmend leichter fallen, sich und ihre Mitarbeiter zu motivieren, die Mühen aufzuwenden, sich mit der moderneren Software vertraut zu machen.

Zufriedenheit lähmt — Unzufriedenheit treibt. Wollen Sie als Führungskraft Mitarbeiter motivieren, eine Veränderung zu tragen und aktiv mitzugestalten, tun sie gut daran, aktuelle und zukünftige Schwierigkeiten des Status Quo bewusst zu machen. Je gravierender die Mitarbeiter die Defizite der aktuellen Situation einschätzen und je weniger geeignet sie den aktuellen Stand für die Herausforderungen der Zukunft halten, desto größer wird ihre Bereitschaft sein, sich auf einen Veränderungsprozess einzulassen. Deswegen: Schaffen Sie Betroffenheit, und zeigen Sie negative Konsequenzen einer Untätigkeit für die Ziele der Mitarbeiter und des Unternehmens in aller Deutlichkeit auf. Freilich erfordert zu Beginn praktisch jede Veränderung zusätzliche Anstrengungen. Deswegen ist es schwierig, die Initialzündung zu geben und gerade in der Anfangszeit der Versuchung zu widerstehen, die bisherigen Bemühungen einzustellen. Glücklicherweise wird uns, nachdem die Anfangshürde der Initialmotivation für Veränderungen genommen wurde, aus einer unerwarteten Richtung Hilfe zu teil: Nämlich durch die Gewohnheit.

9.2   Die Gewohnheit als Freund der Effizienz

Wie uns die Gewohnheit Energie schenkt

> *„Die Gewohnheit zu denken, erzeugt die Leichtigkeit, sie macht uns fähig, alles*
> *schärfer und schneller anzuschauen. Unsere Organe wie unsere Gliedmaßen*
> *erlangen durch Übung mehr Beweglichkeit, Kraft und Geschmeidigkeit."*

> *Joseph Joubert*

Ein Grund dafür, warum es so schwer ist, sich und andere zu Veränderungen zu motivieren, liegt darin begründet, dass Veränderungen zu Beginn fast immer einen deutlichen Mehraufwand verlangen. Dies betrifft die mit Veränderungen verbundenen geistigen und körperlichen Prozesse gleichermaßen. Ein ungewohnter Bewegungsablauf oder eine ungewohnte Gedankenfolge verlangen zunächst zusätzliche Anstrengungen. Hinzu kommen noch zusätzliche Reibungen, die sich in der Umwelt aufgrund der neuartigen Prozesse ergeben. Mit der Dauer und Intensität, mit der die neuen Prozesse betrieben werden, kurz mit der Übung, sinkt jedoch der zusätzliche Aufwand. Das Gehirn spart Energie ein, indem es als komplex empfundenen Tätigkeiten vereinfacht — z.B. fasst es mehrere Teilschritte zu Einheiten zusammen und vermindert seine Aktivität. Gewohnheiten entstehen durch die Wiederholung von drei Elementen: Einem Auslösereiz, einem Verhalten oder Routine sowie einer folgenden Belohnung.[98] Ist eine Gewohnheit erst einmal entstanden, vermindert sich die Energie, welche unser Gehirn während des Ablaufens des Verhaltens aufwendet. Wenn Sie Ihre Gefühle hinsichtlich der Aufgabe, ein Auto durch den Verkehr zu manövrieren, welche Sie während Ihrer ersten Fahrstunde empfanden, mit Ihren heutigen Gefühlen beim Autofahren vergleichen, werden Sie wissen, was gemeint ist.

Übertragen auf die Urwaldsituation, in die Sie durch einen Flugzeugabsturz geraten sind: Die ersten Schläge mit der Machete sind mühsam. Unbeholfen setzen Sie das ungewohnte Werkzeug ein. Mit der Zeit werden Sie geschickter. Möglicherweise werden Ihre Bemühungen belohnt und Sie gelangen zu einer Wasserstelle. Der Hinweg ist extrem mühsam, der Rückweg durch die Schneise fällt Ihnen schon leichter. Können Sie Ihren Ausgangspunkt nicht aufgeben, so wird sich in den nächsten Tagen der Weg zur Wasserstelle durch das Hin- und Herlaufen verbreitern, die Machete werden Sie kaum noch benötigen. Und schließlich schreiten Sie auf einem bequemen Pfad, den Sie ohne Machete gehen können.

Ähnliches gilt für die berufliche Situation: Hat die Führungskraft ihre Mitarbeiter dazu gebracht, sich mit der neuen Software auseinanderzusetzen, sind die ersten Schritte mühsam. Die optische Aufbereitung der Maske ist verschieden, die gewohnten Prozesse müssen auf eine andere Art ausgeführt werden, bestimmte vertraute Befehle finden die Mitarbeiter erst nach umständlichem Suchen. Doch halten die Mitarbeiter durch, so reduziert sich für die Menüführung im Laufe der Zeit der Aufwand, die Abläufe gehen schneller und leichter von der Hand, und möglicherweise ist irgendwann sogar der Zeitpunkt erreicht, bei dem die Mitarbeiter feststellen, dass der Aufwand unter dem Strich mit der neuen Software geringer ist als mit der alten.

Mit der Gewohnheit steigt die Effizienz. Aufwand, Vorbehalte und Ängste reduzieren sich oder lösen sich auf, wenn man ein neues Unterfangen startet und eine Weile dabei bleibt. Hierin liegt eine meiner Meinung nach wenig beachtete Chance für die Führung. Wenn Sie als Führungskraft zu Veränderungen motivieren wollen,

---

[98] Vgl. Duhigg *The Power of Habit*

sollten Sie dafür sorgen, dass die Mitarbeiter vor allem eines tun: Anfangen. Doch wie bringen Sie Ihre Mitarbeiter dazu, wenn sich dieser Effekt erst nach dem Beginnen anbahnt, der Widerstand sich jedoch bereits im Vorfeld formiert und somit den Start zu vereiteln droht? Sie vereinbaren mit Ihren Mitarbeitern im Rahmen einer Pilotphase, alles zu beobachten und zu dokumentieren, was schlecht funktioniert, und alles, was gut funktioniert. Auf diese Weise erhält der Frust ein Ventil. Es entstehen zwei Listen, wobei diese sich asynchron füllen werden: Zu Beginn wird die Negativ-Liste schnell wachsen und wenig in der Positiv-Liste eingetragen werden. In einem Review-Termin werden diese Listen diskutiert und besprochen, inwieweit aus diesen Listen Maßnahmen für den Veränderungsprozess abgeleitet werden können. Im Laufe der Pilotphase werden weniger negative Einträge gemacht und dagegen mehr positive Einträge vorgenommen. Zudem verschwinden einige negative Bemerkungen, sei es, weil Lösungen für Probleme gefunden wurden, oder sei es, weil die Gewohnheit den anfangs belastenden Mehraufwand kompensieren kann.

Die sich langsam aufbauende Gewohnheit leistet also einen Beitrag zur Effizienzsteigerung und baut somit eventuelle Vorbehalte und Motivationshürden ab. So weit so gut. Doch die Gewohnheit spielt in dem Veränderungsprozess eine ambivalente Rolle. Neben dem konstruktiven Potenzial, welches in dem abnehmenden Aufwand liegt, verkörpert die Gewohnheit nach einiger Zeit durchaus auch eine destruktive Kraft. Denn die Gewohnheit wirkt einer anderen Form von positiver Motivation mindernd entgegen: Der Motivation, etwas zu erneuern und zu verbessern.

9.3 Die Gewohnheit als Feind der Innovation

Warum uns die Gewohnheit Fesseln anlegt

> „Die Fesseln der Gewohnheit sind meist so fein, dass man sie gar nicht spürt. Doch wenn man sie dann spürt, sind sie schon so stark, dass sie sich nicht mehr zerreißen lassen."
>
> Samuel Johnson

Die Gewohnheit belohnt uns damit, dass dieselben Aktivitäten immer weniger Energie beanspruchen. Und sie macht abhängig. Neurobiologisch lässt sich zeigen, warum einmal entstandene Gewohnheiten so mächtig sind. Haben wir uns erst einmal daran gewöhnt, dass auf das einem Hinweisreiz folgende Verhalten eine Belohnung folgt, nimmt unser Gehirn die Belohnung vorweg. Bildgebende Verfahren zeigen, dass exakt die neuronale Aktivität, die anfangs sichtbar wird, wenn die Belohnung erfolgt, nach einigen Wiederholungen bereits viel früher auftritt.[99] Bleibt die tatsächliche Belohnung dann aus, entstehen negative Gefühle und ein neurologisch sichtbares starkes Verlangen entsteht. Die Gewohnheit sorgt für Effizienz und hat die Tendenz, sich durch Ausübung weiter zu verstärken. Doch diese wunderbare Eigenschaft der Gewohnheit hat eine Schattenseite. Denn in dem Grad, in welchem unser Aufwand aufgrund der Gewohnheit abnimmt, sinkt gleichfalls die Motivation, andere Wege auszuprobieren. Unsere Offenheit für Alternativen leidet und damit auch die Chance, einen noch besseren Weg zu finden. Schnell sind wir wieder in der Ausgangssituation: Wir verharren im aktuellen Zustand und pflegen die Aktivitäten, die sich bewährt haben, ohne bereit zu sein, sich für alternative, neue Wege zu öffnen. Zumindest dann nicht, wenn dies, wie so häufig, mit einem zusätzlichen Energieaufwand verbunden ist.

Kommen wir auf unsere Urwaldsituation zurück. Ihre zunächst mühsam geschlagene Schneise ist jetzt breit und ermöglicht Ihnen bequemen Zugang zu Trinkwasser. Eine weitere Schneise zu schlagen wird Ihnen unnötig erscheinen, auch wenn es woanders nicht nur Wasser, sondern zusätzlich auch frische Früchte gibt.

Entsprechendes lässt sich auch in unserem beruflichen Fall feststellen. Je häufiger die Mitarbeiter eine neue Abfolge von Schritten zur Abwicklung eines Vorgangs in der neuen Software durchführen, desto leichter fällt es ihnen und desto stärker wird die Gewohnheit. In dem gleichen Maße sinkt jedoch die Bereitschaft, andere alternative Wege auszuprobieren. Die Gewohnheit steigert die Effizienz und reduziert dabei zugleich den Antrieb, nach fruchtbaren Innovationen zu suchen. Dies führt nicht selten zu einem von Führungskräften mit Verwunderung bemerkten Umstand: Die Mitarbeiter mit der negativsten Haltung gegenüber einem veränderten Verfahren sind häufig dieselben, die eben dieses Verfahren am vehementesten verteidigen und loben, haben sie es erst einmal eine gewisse Zeit praktiziert. Irrte Voltaire, als er das Beste als Feind des Guten charakterisierte? Ist das Gute nicht vielmehr umgekehrt der größte Feind des Besten?

---

[99] Vgl. Duhigg *The Power of Habit*

9.4 Das Gute als Feind des Besseren

Warum Schlechtes manchmal besser ist als Gutes

„Der Bessere ist der Feind des Guten."

Voltaire

Voltaire griff ein italienisches Sprichwort auf, das den Besseren als Feind des Guten beschreibt. Und augenscheinlich besitzt dieser Aphorismus ein hohes Maß an Plausibilität. Man denke etwa an einen typischen Bewerbungsprozess in einem Unternehmen: Nach vielen mäßigen Bewerbern vermag ein guter Bewerber sowohl die Führungskraft als auch den Personalreferenten zu überzeugen. Der Personalreferent und die Führungskraft sind sich einig, dass es sich bei dem Bewerber um einen geeigneten Kandidaten für die ausgeschriebene Position handelt und dass er die Stelle bekommen solle, nachdem noch der allerletzte Kandidat der Auswahl einer näheren Prüfung unterzogen worden ist. Wenn sich letzterer nun doch als „besser" entpuppt, dann geht der (bloß) gute Kandidat leer aus. Der Bessere war der Feind des Guten. Entsprechendes findet sich oft bei technischen Innovationen: Die CD hat die Schallplatte verdrängt und wird nur ihrerseits durch MP3-Dateien und Online-Musik ins Abseits manövriert. Wiederum zeigt sich, dass das Bessere zum Feind des Guten wird.

So nachvollziehbar Fälle wie diese auch sind, scheint es oft und gerade im Fall von Motivation und Veränderungen genau anders herum zu sein. Denn die Motivation, etwas zu verändern oder zu verbessern, ist gering, wenn bereits ein funktionierender oder für gut befundener Weg regelmäßig genutzt wird. Wenn dagegen ein nicht funktionierender oder schlecht bewerteter Zustand vorliegt, fällt die Motivation, etwas zu verändern oder zu verbessern, stärker aus. Und dies gilt im Prinzip auch für das oben traktierte Beispiel: Sollte unter den für eine Position getesteten Bewerbern kein Kandidat sein, der von den beurteilenden Personalmanagern und Führungskräften als „gut" oder „geeignet" eingestuft wird, wird nach aller Wahrscheinlichkeit nach der Mehraufwand in Kauf genommen werden, den Rekrutierungsprozess zu ändern und zu intensivieren. Nicht so, wenn mindestens ein Kandidat einen wenigstens befriedigenden Eindruck hinterlassen kann. Möglicherweise wird jedoch gerade dadurch die Chance vergeben, den besten Kandidaten ausfindig zu machen. Diesen hätten die Führungskraft und die Personalabteilung vielleicht gefunden, hätten sich die Bewerber aus der ersten Auswahl als schwach entpuppt.

Das gleiche wie für die Auswahl von Mitarbeitern gilt für die Wahl von Trainingsanbietern und natürlich auch für die von uns bereits traktierten Beispiele. Denken

Sie an unsere Urwaldsituation. Wir haben gemeinsam mit großer Anstrengung eine Schneise in den Urwald geschlagen, die uns letztendlich an eine Trinkwasserquelle führte. Durch das Hin- und Herlaufen verwandelte sich die Schneise zu einem Trampelpfad und schließlich zu einem bequemen Weg. Angenommen Ihnen fällt auf, dass unser Weg keine gerade Linie bildet, sondern Serpentinen aufweist. Nehmen wir weiter an, Sie regen an, wir sollten eine neue Schneise schlagen, die unser Lager auf kürzester Linie mit der Wasserstelle verbindet. Welche Reaktion wäre wahrscheinlich? — „Wir haben doch schon einen Weg, der uns sicher dorthin führt!", „Jetzt wieder die Strapazen!", „Und wer weiß, ob wir beim geraden Weg nicht unerwartet auf Hindernisse stoßen wie z. B. Felsen?" — In jedem Fall scheinen Sie größere Schwierigkeiten zu haben, uns zu der körperlich schweißtreibenden Arbeit zu motivieren, als zu dem Zeitpunkt, als noch gar kein Weg zu einer Wasserquelle existierte.

Analoges lässt sich für den Fall der neuen Software feststellen. Angenommen die Mitarbeiter haben durch Ausprobieren einen Weg gefunden, der es ihnen endlich erlaubt, eine wichtige Aktion auszuführen. Die Wiederholung reduziert den Aufwand, und dennoch kann es neben diesem Weg einen anderen, vielleicht im Endeffekt wesentlich effizienteren oder in anderer Hinsicht besseren Weg geben. Die Motivation, dem Hinweis auf einen besseren Weg nachzugehen und die Energie aufzubringen, sich ein neues Vorgehen anzueignen, wird schwächer sein als wenn der gleiche Hinweis zu einem Zeitpunkt aufgetaucht wäre, zu dem noch gar kein Weg zur Lösung des Problems vorlag.

Insofern gilt in Umkehrung von Voltaires Diktum: Das Gute ist der größte Feind des Besseren. Grund dafür ist: Einem sicheren Mehraufwand in der Gegenwart steht ein unsicherer Mehrertrag in der Zukunft gegenüber. Und hier schlägt ein Phänomen zu Buche, das uns bereits unter dem Schlagwort *Hyperbolic Discounting* begegnet ist:[100] Die Gegenwart wird von uns deutlich stärker gewichtet als die Zukunft. Und so kann für uns ein kleiner Aufwand in der Gegenwart negativer erscheinen als ein großer Nutzen in der Zukunft. Verstärkt wird dieser Effekt durch unsere *Verlustaversion*: Wenn wir jetzt mehr Energie investieren und der angestrebte Mehrnutzen in der Zukunft ausbleibt oder womöglich noch durch unvorhergesehene negative Nebeneffekte übertroffen wird, dann haben wir verloren: Unser Einsatz war umsonst, und vielleicht fallen wir sogar unter das Niveau des Status Quo, welches wir ohne Anstrengung hätten halten können. Das größte psychologische Hindernis bei Veränderungen liegt in der abverlangten Vorleistung: Einem unvermeidlichen Mehraufwand in der Gegenwart für die ungewisse Chance auf einen Nutzen in der Zukunft mit ungewissen Risiken.

---

[100] Siehe Kapitel 2.4 und 7.5

Ängste und Vorbehalte gegenüber Veränderungen sind deshalb zumindest in einem gewissen Grade berechtigt. Wer als Führungskraft auf Ängste und Bedenken von Mitarbeitern gegenüber einer geplanten Veränderung abwertend oder herunterspielend reagiert, büßt daher leicht Vertrauen ein. Und Vertrauen ist nicht nur grundsätzlich in der Führung, sondern gerade in Veränderungsprozessen ein unschätzbares Gut, das nicht leichtfertig verspielt werden sollte. Neben einem respektvollen und wertschätzenden Umgang mit Ängsten sollten Sie möglichst aufrichtig, früh und umfassend über anstehende Veränderungen informieren, wenn Sie das Ihnen entgegengebrachte Vertrauen nicht schmälern wollen.

Ängste und Vorbehalte gegenüber Veränderungen können unterschiedliche Wurzeln haben: Neben der schon angesprochenen Furcht vor Mehraufwand und dem Argwohn gegenüber unbeabsichtigten Nebenfolgen gesellt sich oft die Angst vor einer Blamage, den neuen Anforderungen nicht gewachsen zu sein. Noch bevor Wiederholungserlebnisse und die Gewohnheit durch die Praxis diese Ängste abbauen können, empfiehlt sich gleich zu Beginn ausdrücklich an den Vorerfahrungen anzuknüpfen und die Parallelen zu bereits Bekanntem herauszustellen. Wollen Sie beispielsweise in Ihrem Team eine neue Software einführen, wäre es günstig, wenn Sie zunächst rekapitulieren, wie bestimmte Prozesse mit dem bisherigen System abgewickelt werden, bevor Sie in Analogie dazu das neue System präsentieren. Vertrautes sorgt für Vertrauen und Zutrauen.

9.5   Das Andere als Freund des Besseren

Wie wir das Potenzial von Veränderungen nutzen

> *„Ich weiß nicht, ob es besser wird, wenn es anders wird. Aber es muss anders werden, wenn es besser werden soll."*
>
> *Georg Christoph Lichtenberg*

Klar ist, dass kaum eine Veränderung garantiert, dass es besser wird. Schlimmer noch: Durch Veränderungen kann es zuweilen schlechter werden als vorher. Mit der besten Absicht kann ein Resultat herbeigeführt werden, das schlechter ist als der ursprüngliche Zustand. Mit dem Aderlass wollten Ärzte im Mittelalter Kranken helfen. Tatsächlich haben sie durch diesen Eingriff viele ihrer ohnehin geschwächten Patienten dahin gerafft. Durch die Errichtung von Bewässerungsbrunnen in wasserarmen Regionen sank häufig der Grundwasserspiegel, so dass am Ende nicht nur die Brunnen versiegten, sondern die Dürre schlimmer war als vorher. Ein

Unternehmer führt ein leistungsorientiertes Vergütungssystem ein, um die Leistung seiner Mitarbeiter zu steigern und Gerechtigkeit herzustellen. In der Folge entbrennt eine Diskussion um die Gerechtigkeit der Bemessungsgrundlage und die Mitarbeiterleistung sinkt. Die Liste ließe sich endlos fortsetzen…

Doch ebenso klar wie der Umstand, dass Veränderungen mit Risiken verbunden sind, die eine Situation insgesamt sogar verschlechtern können, ist, folgt man Lichtenberg, dass es ohne Veränderungen keine Besserung geben kann. Oder etwa nicht? Wenngleich dies für die meisten Fälle gilt, so scheint es einige Ausnahmen zu geben. Anderenfalls wäre die Problemlösestrategie von einem unserer Kanzler, die des Aussitzens, niemals erfolgreich gewesen. Manche von uns als belastend empfundene Situationen bessern sich, auch ohne dass wir uns oder etwas ändern müssen. In diesen Fällen haben sich dann jedoch zumindest die Rahmenbedingungen geändert. Neben den Problemen, die sich auch durch passives Abwarten auflösen oder verbessern, gibt es jedoch eine ganze Menge anderer, die unter Anwendung dieser Strategie nicht nur nicht kleiner, sondern größer werden.

Veränderungen können einen Zustand verschlechtern, bieten aber die aussichtsreichste Chance auf eine Verbesserung. Wie könnte angesichts dieses Umstands eine günstige Strategie für den Umgang mit Veränderungen aussehen? Die Vermeidungsstrategien rauben uns die Chance auf Verbesserung und Weiterentwicklung. Die offensiven Veränderungsstrategien verursachen nicht nur einen hohen Aufwand, sondern bergen in der Regel auch hohe Risiken. Als Daumenregel bietet sich demnach ein Kompromiss an. Vielleicht hilft hier wieder der gute alte Pareto. In dessen Geiste könnte man z. B. empfehlen: Bleibe zu 80% beim Gewohnten und Bewährten und sorge dafür, dass du 20% nutzt, um zu verändern, zu experimentieren und zu erneuern. So eröffnest du dir die Chance, substanzielle Verbesserungen herbeizuführen, ohne dass du existenzielle Nachteile erleidest, wenn diese Versuche scheitern.

Doch wie können Sie andere motivieren, den Risiken und der Verlustchance zum Trotz sich für die Chance auf eine Verbesserung zu öffnen? Der berechtigte Hinweis darauf, dass sich selten etwas bessert, wenn man es nicht ändert, mag überzeugen, wenn der Status Quo als unbefriedigend oder gefährdet empfunden wird. Wird der gegenwärtige Zustand jedoch als zufriedenstellend erlebt, mag der Hinweis dagegen genauso gut ein Achselzucken ernten.

Eine ganz entscheidende Rolle dabei spielt die Konkretisierung. Die Gegenwart ist für uns plastisch, die zukünftigen Vorteile und Risiken bleiben oft vage. Daraus ergibt sich, dass es für einen selbst und für seine Mitarbeiter sinnvoll ist, das angestrebte Ziel und den vermuteten Nutzen so klar wie möglich zu visualisieren. Je genauer Sie dazu anregen, über das Zielszenario zu sprechen und sich vorzustellen, wie es sein wird, wenn das Ziel erreicht ist, desto konkreter wird es und desto größer wird die Bereitschaft, sich auf die Reise zu begeben. Nicht ohne Grund heißt es in einem viel zitierten Aphorismus von Antoine de Saint-Exupéry in seinem Buch „Die Stadt in der Wüste": „Wenn Du ein Schiff bauen willst, dann trommle nicht Männer zusammen um Holz zu beschaffen, Aufgaben zu vergeben und die Arbeit einzuteilen, sondern lehre die Männer die Sehnsucht nach dem weiten, endlosen Meer." Erst wenn das Ziel akzeptiert wird und idealerweise attraktiv erscheint, verstärkt ein spezifischer Umsetzungsplan wirksam den Konkretisierungseffekt. Ein solcher Plan hat zudem den Vorteil, dass ein entferntes und unsicheres Endziel in Form von nahen und erreichbaren Teilzielen konkrete Gestalt annimmt. Schließlich bietet der Plan die Möglichkeit, Verbindlichkeit zu schaffen, indem alle Beteiligten ein Commitment zu Teilaktivitäten und dem gesamten Vorhaben abgeben. Unser Bedürfnis nach Konsistenz hält uns, wie wir in vorangegangenen Kapiteln gesehen haben, davon ab, unserem Commitment zuwider zu handeln.

Die intensive Reflexion des Zielzustandes ist der erste Schritt einer Investition in Form von Energie. Die Ausarbeitung eines Planes oder die intensive Auseinandersetzung mit diesem erhöht diese Investition. Dies ist für die Umsetzung von unschätzbarem Wert. Denn eine Gefahr von Veränderungsvorhaben liegt darin, dass sie wie Silvestervorsätze nicht an der Einsicht oder an der Zielattraktivität scheitern, sondern an der unbemerkten Auflösung.

Denn eine unverbindliche Zustimmung zu einem positiv empfundenen Ziel hat viele positive Effekte, ohne im Moment der Zustimmung Aufwand z.B. in Form von Energie oder Disziplin abzuverlangen. Wenn ich mir oder der Gruppe gegenüber zu einem positiven Ziel meine Zustimmung signalisiere, sorge ich für Konsistenz und vermeide eine kognitive Dissonanz: Ich muss mir nicht vorwerfen, entgegen meiner Überzeugung gehandelt zu haben, und kann dennoch zunächst passiv bleiben. Das positive Gefühl aus der Konsistenz kann ich also augenblicklich genießen, dagegen liegt die eigentliche Leistungserbringung in der Zukunft. Aufgrund von *Hyperbolic Discounting* zählt die Gegenwart jedoch mehr als die Zukunft, so dass es mir leicht fällt, allen als sinnvoll empfundenen Veränderungen zuzustimmen. Wenn wir jetzt satt und bequem in unserem Sessel liegen, können wir zukünftigen Veränderungen relativ leicht unsere Zustimmung geben: „Ja, ich sollte in Zukunft abnehmen, Sport treiben, mehr Zeit für soziale Beziehungen investieren und den Keller aufräumen." Wird nun die Zukunft zur Gegenwart stehe ich vor der Wahl: Entweder ich zahle jetzt, wie vereinbart, den hohen Preis. Dies fällt mir schwer, weil ich zumindest emotional die Belohnung in Form von positiven Gefühlen der Konsistenz bereits empfangen habe. Oder aber ich leide an einer kognitiven Dissonanz, aus der mir lediglich diverse Verdrängungs- und Vergessensmechanismen helfen können.

Auch um dieser Form von Selbstbetrug den Boden zu entziehen, ist eine ressourcenintensive Auseinandersetzung mit dem Ziel und dem Nutzen sowie der konkretisierenden Planung vorteilhaft. Denn mit wachsendem Aufwand für die Veränderung greift die Verlustaversion. Eine Abkehr von der Veränderung würde bedeuten, dass die einmal aufgewendeten Ressourcen verloren wären. Insofern wächst die Bereitschaft, auch noch weitere Investitionen in Form von Zeit und Energie zu tätigen, um den Veränderungsprozess zu der anvisierten Verbesserung voranzutreiben.

Freilich birgt es auch Gefahren, wenn Sie mental und sprachlich das Vorgehen und den Nutzen fokussieren. Die vielleicht größte liegt dann in dem Umstand, dass mögliche Hindernisse und Risiken nicht bloß aktiv ausgeblendet, sondern gar nicht erst wahrgenommen werden. Weil wir als Menschen fürchten, dass unsere Investition vergeblich war, neigen wir dazu, bestätigt zu sehen, was wir glauben. Diese Tendenz, neue Informationen so zu interpretieren, dass sie mit unseren bestehenden Theorien, Weltanschauungen und Überzeugungen kompatibel sind, wird in der Forschung *Confirmation Bias* genannt. Und so nehmen wir selektiv das wahr, was uns bestätigt. Informationen, die im Widerspruch zu unseren bisherigen stehen, sogenannte *disconfirming evidence*, filtern wir heraus. Anstatt nach Verifikation unserer Theorien und Überzeugungen zu suchen, sollten wir vor diesem Hintergrund versuchen, sie durch die Suche nach in Frage stellenden Hinweisen zu falsifizieren.

Daraus ergibt sich eine zweigeteilte Strategie für die Führung in Veränderungsprozessen: Fokussieren wir den anvisierten Nutzen und die bestätigenden Hinweise für den Erfolg unseres Veränderungsvorhabens, um uns und andere zu dieser Veränderung zu motivieren. Fokussieren wir jedoch zudem mögliche Hindernisse und Hinweise auf mögliche Schwierigkeiten, um rechtzeitig einen schweren Nachteil oder ein hohes Risiko für den Erfolg zu erkennen. Damit sich die jeweiligen Effekte nicht gegenseitig aufheben, sollten wir penibel darauf achten, nicht beides miteinander zu vermischen. Je nach dem, worum es uns gerade geht, sollten wir nur jeweils das eine tun.

Halten Ihre Mitarbeiter den angestrebten Nutzen der Veränderung für attraktiv und realistisch, haben Sie bereits viel gewonnen. Doch wenn Ihre Mitarbeiter sich mit dem Ziel identifizieren sollen, und die Veränderung nicht bloß ertragen, sondern mittragen, ist das nicht genug. Ob ein Mitarbeiter eine Veränderung als *sein* Projekt, das er zum Erfolg führen *will*, betrachtet, hängt ganz entscheidend davon ob, wie viel von ihm in das Projekt einfließt. Dazu zählt auf jeden Fall die von ihm investierte Energie, weil auf diese Weise auch die Verlustaversion greift. Würde der Veränderungsprozess scheitern, wäre die bisherige Investition in Form von Ideen, Zeit und Energie verloren. Neben dem Verlust droht noch eine *kognitive Dissonanz*, denn es wäre inkonsistent, ein Projekt schlecht zu finden oder scheitern zu lassen, für das man sich schon engagiert hat. Vielleicht noch entscheidender ist die Möglichkeit, den Veränderungsprozess mitgestalten zu können. In dem Grade, in dem die Mitarbeiter den Veränderungsprozess selbst formen können, entfällt nicht nur die Reaktanz als Widerstand gegenüber verloren gehender Freiheit, sondern sie betrachten die Veränderung als etwas Eigenes. Nicht jeder Veränderungsprozess lässt großen Gestaltungsspielraum. Um so wichtig ist es für die Führung, die wenigen Freiräume zu nutzen und Möglichkeiten zu schaffen, wie die Mitarbeiter die Veränderung durch einen eigenen Beitrag prägen können.

9.6 Das Kapitel kompakt

Ausgehend von Zitaten haben wir uns in den vorangegangenen Abschnitten mit der Psychologie von Veränderungen im Hinblick auf die Motivation von anderen und einem selbst auseinandergesetzt. Die dabei gewonnenen vielschichtigen Perspektiven können sich insbesondere für die Führung von Mitarbeitern als fruchtbar erweisen. Im Folgenden liste ich zu den drei Kernbereichen „Zufriedenheit", „Gewohnheit" und „Veränderung" die aus meiner Sicht wichtigsten Einsichten auf. Es ist sicher für jede Führungskraft lohnend, über jeden einzelnen Satz nachzusinnen und über Konsequenzen für das eigene Handeln zu reflektieren:

Zufriedenheit

- Zufriedenheit fühlt sich gut an, nur schafft sie keine Motivation.
- Unzufriedenheit fühlt sich nicht gut an, sorgt aber für Motivation.

Gewohnheiten

- Gewohnheiten sollte man zulassen, denn sie erhöhen die Effizienz und reduzieren den Energieaufwand.
- Gewohnheiten sollte man aber auch im Zaum halten, denn sie drängen auf Stagnation, Inflexibilität und behindern Innovationen.

Veränderungen

- Veränderungen gehen zunächst mit Mehraufwand einher und bergen das Risiko, dass eine Verschlechterung eintritt.
- Nur durch Veränderungen sind Verbesserungen möglich: Ohne Veränderung kann es sogar zur Verschlechterung kommen, etwa weil ein Fehler nicht behoben wird, dessen Wirkung bisher nicht gesehen wurde oder weil sich die Rahmenbedingungen so ändern, dass eine ehemals vorteilhafte Handlung schädlich wird.

Was ergibt sich nun als praktische Konsequenz für Ihr Führungshandeln, wenn Sie zu Veränderungen motivieren wollen?

1. Sorgen Sie bei sich und Ihren Mitarbeitern für Betroffenheit und zeigen Sie negative Konsequenzen einer Untätigkeit für die Ziele von Mitarbeitern und Unternehmen in aller Deutlichkeit auf.
2. Sorgen Sie dafür, dass Sie und die Mitarbeiter vor allem eines tun: Anfangen. Dann spielen die Gewohnheit — Wiederholungserlebnisse reduzieren Aufwand und Ängste — und die Verlustaversion — bei einer Abkehr wären alle bisherigen Mühen verloren — für und nicht gegen Sie.
3. Sorgen Sie für Vertrauen. Informieren Sie möglichst aufrichtig, früh und umfassend über anstehende Veränderungen. Und gehen Sie wertschätzend und respektvoll mit Ängsten um.
4. Knüpfen Sie an Ihre und die Vorerfahrungen Ihrer Mitarbeiter an. Zeigen Sie gerade am Anfang Parallelen und Gemeinsamkeiten mit Bekanntem auf. Das sorgt für Sicherheit und verringert den Verstehensaufwand.
5. Fokussieren Sie den angepeilten Nutzen und die bestätigenden Hinweise für den Erfolg Ihres Veränderungsvorhabens, um sich und andere zu dieser Veränderung zu motivieren.

6. Fokussieren Sie zudem mögliche Hindernisse und Hinweise auf mögliche Schwierigkeiten, um rechtzeitig einen schweren Nachteil oder ein hohes Risiko für den Erfolg zu erkennen.

7. Sorgen Sie bei Ihnen und bei Ihren Mitarbeitern für ein Commitment zu der Veränderung. Und sichern Sie dieses durch eine verbindliche Planung ab.

8. Sorgen Sie für eine Identifikation mit dem Veränderungsvorhaben. Machen Sie das Veränderungsvorhaben zu Ihrem und zu dem Projekt Ihrer Mitarbeiter. Geben Sie dazu Freiraum zur Mitgestaltung.

Diese Liste ist nicht vollständig. Doch wenn Sie diese Maximen berücksichtigen, müssen sie nicht zurückschrecken, auch wenn es entgegen dem berüchtigten Spruch heißt: „Change a running system!"

Das Kapitel in einem Satz

Veränderung durch Unzufriedenheit

Stiften Sie Unzufriedenheit mit dem Status Quo; und sorgen Sie dafür, dass Ihre Mitarbeiter einfach anfangen.

Sicherung und Praxistransfer

Wissen		Handeln	
Relevanz	*Was fand ich interessant?*	Ziel	*Was nehme ich mir vor?*
Speicher	*Was möchte ich mir merken?*	Umsetzung	*Wie werde ich dazu vorgehen?*
Vertiefung	*Welchen Fragen möchte ich nachgehen?*	Kontrolle	*Wann möchte ich meinen Erfolg prüfen?*

Schlusswort: Von den Fäden zum Seil

Menschen zu führen und seine Sache dabei gut zu machen, ist anspruchsvoll. Menschen erfolgreich führen zu können ist eine komplexe Fähigkeit, die von praktischen Erfahrungen und theoretischem Wissen aus sehr vielen Bereichen profitiert. Unterschiedliche wissenschaftliche Disziplinen sind für die Kommunikation und die Führung relevant. Die Psychologie, Soziologie, Philosophie und Linguistik liefern Erkenntnisse, die für sich allein oder kombiniert erhellende Perspektiven eröffnen, um Mitarbeiter erfolgreich zu führen. In diesem Buch haben wir wissenschaftliche Erkenntnisse und Forschungsergebnisse auf die Herausforderungen der Praxis von Führung bezogen und diskutiert. Heraus kamen 9 Prinzipien, anhand derer in diesem Buch herausgearbeitet wurde, wie Sie Ihre Führung wirksamer gestalten können:

1. Sinn durch Orientierung
   Orientieren Sie das Handeln von Ihnen und Ihren Mitarbeitern an dem, was wichtig ist; und sorgen Sie dafür, dass Ihre Mitarbeiter das, was sie tun und wofür sie sich einsetzen, als wichtig ansehen.
2. Autorität durch Integrität
   Handeln Sie konsequent im Einklang mit Ihren inneren Werten und geäußerten Worten; und fördern Sie Kritik an dem eigenen Kurs.
3. Vertrauen durch Zutrauen
   Räumen Sie Ihren Mitarbeitern viele Freiheiten ein, signalisieren Sie hohe Erwartungen an ihre Leistung und demonstrieren Sie im Rahmen von Kontrollen echtes Interesse an den Ergebnissen.
4. Einvernehmen durch Verstehen
   Bemühen Sie sich, Ihr Gegenüber und seine Äußerungen in mehreren Hinsichten zu verstehen; und erleichtern Sie es ihm bereits dadurch, wohlwollend auf Ihre Position und Wünsche zu reagieren.
5. Macht durch Freiheit
   Räumen Sie Ihren Mitarbeitern mittels Fragen die Freiheit ein zu tun, was Sie wünschen.
6. Überzeugen durch Akzeptanz
   Schützen Sie die Bereitschaft Ihres Gegenübers, mit Ihnen zu kooperieren; und begrenzen Sie seine Interessen nicht, ohne Wertschätzung auszudrücken.
7. Motivieren durch Kritik
   Lassen Sie Ihre Mitarbeiter das Problem verstehen, Ihre Gefühle nachempfinden und wünschen, das zu tun, was sie von sich aus nicht getan haben.

8. Gerechtigkeit durch Ungleichheit
   Seien Sie fair: Behandeln Sie Ihre Mitarbeiter ungleich; und seien Sie unfair: Schenken Sie allen Mitarbeitern mehr als sie verdienen.
9. Veränderungen durch Unzufriedenheit
   Stiften Sie Unzufriedenheit mit dem Status Quo; und sorgen Sie dafür, dass Ihre Mitarbeiter einfach anfangen.

Damit kein Missverständnis aufkommt: Man kann auch ohne bewusste Kenntnis der in diesem Buch vorgestellten Prinzipien erfolgreich führen. Viele Führungskräfte machen auch unbewusst vieles richtig. Allerdings machen noch mehr Führungskräfte unbewusst vieles falsch. Und in diesem Umstand liegt sowohl eine ungeheure Dramatik als auch eine große Chance. Die Dramatik besteht darin, dass gute Absichten von Führungskräften zu negativen Resultaten führen: Demotivation, Fluktuation von Leistungsträgern, Konflikte im Team, irreführende Missverständnisse, reibungs- und energieintensive Kommunikationsprozesse und Ergebnisse, die schwächer sind als sie sein könnten — etwas was für das eigene Wohlbefinden zum Glück nicht immer auffällt. Die Chance besteht darin, dass ein offenes Bewusstsein und die Bereitschaft zu lernen schon mit wenig Aufwand von Einschränkungen befreit und zusätzliche Möglichkeiten eröffnet.

Ihre Auseinandersetzung mit den in diesem Buch vorgestellten Prinzipien hat dazu einen Beitrag geleistet. Freilich ist eine erschöpfende und universell akzeptierte Liste von Patentrezepten für erfolgreiche Führung nicht möglich. Dennoch bin ich fest davon überzeugt: Berücksichtigen Sie die Prinzipien dieses Buches, wird Ihre Führungsarbeit erfolgreicher und Sie werden führend führen.

Ihre Einsicht und ihr Wille sind zwar ein elementarer erster Schritt, aber die Früchte eines erfolgreichen Lernprozesses sind mehr als einen Schritt weit entfernt zu ernten. Daher möchte ich Ihnen nochmal empfehlen: Überlegen Sie für sich, was Sie aus diesem Buch in Ihren aktiven Wissensspeicher mit aufnehmen wollen. Und planen Sie mit Termin, was Sie wann und in welchen Schritten in Ihrem Führungsalltag umsetzen möchten. Ich wünsche Ihnen dabei viel Erfolg!

Sicherung und Praxistransfer

Wissen		Handeln	
Relevanz	*Was fand ich interessant?*	Ziel	*Was nehme ich mir vor?*
Speicher	*Was möchte ich mir merken?*	Umsetzung	*Wie werde ich dazu vorgehen?*
Vertiefung	*Welchen Fragen möchte ich nachgehen?*	Kontrolle	*Wann möchte ich meinen Erfolg prüfen?*

Literatur

Adams, John Stacy (1963): „Towards an Understanding of Inequity", *Journal of Abnormal and Social Psychology*, Vol. 67, 422–436.

Adams, John Stacy (1965): „Inequity and Social Exchange", *Advances in Experimental Social Psychology*, Vol. 2, New York, 267–299.

Amodio, D. M. und C. J. Showers (2005): „‚Similarity Breeds Liking' Revisted: The Moderation Role of Commitment.", *The Journal of Social and Personal Relationships*, 22, 817–836.

Anderson, Norman H. und Alfred A. Barrios (1961): „Primacy Effects in Personality Impression Formation", *The Journal of Abnormal an Social Psychology*, 63, 346–350.

Atkinson, R. C. und R. M. Shiffrin (1968): „Human Memory: A Proposed System and Its Control Processes". In: Spence, K. W. und Spence, J. T. (1968): *The Psychology of Learning and Motivation. Vol 2.*, New York: Academic Press, 89–195.

Austin, John Langshaw. (21975): *How to Do Things with Words*. Oxford: Clarendon Press.

Avolio, Bruce. J. und Bernard M. Bass (32004): *Multifactor Leadership Questionnaire. Manual*. Lincoln.

Baddely, Alan D. und G. Hitch (1993): „The Recency Effect: Implicit Learning with Explict Retrieval?", *Memory & Cognition*, 21,146–155.

Bandura, Albert (1997): *Self-Efficacy: The Excercise of Control*. New York: Freeman.

Bass, Bernard M. und Bruce Avolio (1994): *Improving Organizational Effectiveness Through Transformational Leadership*. Thousand Oaks, CA: Sage Publications.

Böll, Heinrich: „Anekdote zur Senkung der Arbeitsmoral". In: Schubert, J. (Hrsg.): *Heinrich Böll. Erzählungen*. Köln: Kiepenheuer & Witsch, 447–450.

Bourne, Lyle E. und Bruce R. Ekstrand (32001): *Einführung in die Psychologie*. Frankfurt a.M.: Verlag Dietmar Klotz.

Literatur

Brehm, Jack W. (1966): *Theory of Psychological Reactance*. New York: Academic Press.

Brehm, Jack W. et al. (1966): „The Attractiveness of an Eliminated Choice Alternative", *Journal of Experimental Social Psychology*, 2, 301–313.

Burns, James MacGregor (1978): *Leadership*. New York: Harper and Row.

Cialdini, Robert. B. (2009): *Yes! Andere überzeugen – 50 wissenschaftlich gesicherte Geheimrezepte*. Bern: Verlag Hans Huber.

Cialdini, Robert. B. (2013): *Die Psychologie des Überzeugens. Wie Sie sich selbst und Ihren Mitmenschen auf die Schliche kommen*. Bern: Verlag Hans Huber.

Cialdini, Robert. B., J. E. Vincent, S. K. Lewis, J. Catalan, D. Wheller, B. L. Darby (1975): „Reciprocal Concessions Procedure for Inducing Compliance: The Door-in-the-Face Technique", *Journal of Personality and Social Psychology*, 31, 206–215.

Cooper-Hakim, A. und C. Viswesvaran (2005): „The Construct of Work Commitment: Testing an Integrative Framework", *Psychological Bulletin*, 131, 241–259.

Covey, Stephen R. (232011): *Die 7 Wege zur Effektivität: Prinzipien für persönlichen und beruflichen Erfolg*. Offenbach: Gabal.

Curtis, R. C. und K. Miller (1986): „Believing Another Likes or Dislikes You: Behaviors Making the Beliefs Come True", „, *Journal of Personality and Social Psychology*, 51, 284–290.

De Saussure, Ferdinand (1967): *Grundfragen der allgemeinen Sprachwissenschaft*. Berlin: De Gruyter.

De Winstanley, Patricia A. und Elizabeth L. Bjork (2004): „Processing Strategies and the Generation Effect: Implications for Making a Better Reader", *Memory & Cognition*, 32, 945–955.

Descartes, René (1992): *Meditationes de Prima Philosophia. Meditationen über die Grundlagen der Philosophie*. Hamburg: Meiner Verlag.

Dobelli, Ralf (2011): *Die Kunst des klugen Denkens*. München: Carl Hanser Verlag.

Dobelli, Ralf (2012): *Die Kunst des klugen Handelns*. München: Carl Hanser Verlag.

Dolinsky, Dariusz (2011): „A Rock or a Hard Place: The Foot-in-the-Face Technique for Inducing Compliance Without Pressure", *Journal of Applied Social Psychology*, 41, 1514–1537.

Donellan, Keith (1966): „Reference and Definite Descriptions", *Philosophical Review* 75, 281–304.

Drucker, Peter F. (2002): *Was ist Management: Das Beste aus 50 Jahren*. Berlin: Econ.

Duhigg, Charles (2013): *The Power of Habit. Why We Do What We Do and How to Change*. London: Random House Books.

Dutton, Kevin (2010): *Gehirnflüsterer. Die Fähigkeit, andere zu beeinflussen*. München: Deutscher Taschenbuch Verlag.

Ebbinghaus, Hermann (1885): *Über das Gedächtnis: Untersuchungen zur experimentellen Psychologie*. Leipzig: Duncker & Humblot.

Ebster, Claus und Birgit Neumayr (2008): „Applying the Door-in-the-Face Compliance Technique to Retailing", *The International Review of Retail, Distribution and Consumer Research*, 18, 121–128.

Festinger, Leon (1957): *A Theory of Cognitive Dissonance*. Stanford: Stanford University Press.

Freedman, Jonathan L. und Scott C. Fraser (1966): „Compliance Without Pressure: The Foot-in-the-Door Technique", *Journal of Personality and Social Psychology*, 4, 195–202.

Gagné, M., M. Muraven und H. Rosman (2008): „Helpful Self-Control: Autonomy Support, Vitality, and Depletion", *Journal of Experimental and Social Psychology* 44, no. 3, 573–85.

Galinsky, Adam D., J. C. Magee, M. E. Inesi und D. H. Gruenfeld (2006): „Power and Perspectives Not Taken", *Psychological Science* 17, no. 12, 1068–1074.

Grice, Herbert P. (1975): „Logic and Conversation". wieder abgedruckt in: *Studies in the Way of Words*. Cambridge, Massachusetts, London: Harvard University Press, 22–40.

Literatur

Grice, Herbert P. (1991): *Studies in the Way of Words*. Cambridge, Massachusetts, London: Harvard University Press.

Haidt, Jonathan (2006): *The Happiness Hypotheses. Putting Ancient Wisdom and Philosophy to the Test of Modern Science*. London: Arrow Books.

Heider, Fritz (1958): *The Psychology of Interpersonal Relations*. New York: John Wiley & Sons.

Herrmann, Theo (1994): *Allgemeine Sprachpsychologie*. Weinheim: Beltz, Psychologie-Verlag Union.

Jecker, Jon und David Landy (1966): „Liking a Person as a Function of Doing Him a Favor", *Journal of Personality and Social Psychology*, 4, 195–202.

Jones, E. E. (1964): *Ingratiation: A Social Psychological Analysis*. New York: Appleton-Century-Croft.

Kahnemann, Daniel (32012): *Schnelles Denken, langsames Denken*. München: Siedler.

Kahnemann, Daniel, J. L. Knetsch und R. H. Thaler (1990): „Experimental Test of Endowment Effect and the Coase-Theorem", *Journal of Political Economy*, 98, 1325–1348.

Karau, Stephen J. und Kipling D. Williams (1993): „Social Loafing: A Meta-Analytic Review and Theoretical Integration", *Journal of Personality and Social Psychology*. 65(4), 681–706.

Künne, Wolfgang (22007): *Abstrakte Gegenstände. Semantik und Ontologie*. Frankfurt a.M.: Vittorio Klostermann.

Langer, E., A. Blank und B. Chanowitz (1978): „The Mindlessness of Ostensibly Thoughtful Action: The Role of ‚Placebic' Information in Interpersonal Interaction", *Journal of Personality and Social Psychology*. 36, 635–642.

Latané, Bibb, Kipling D. Williams und Stephen Harkins (1979): „Many Hands Make Light the Work: The Causes and Consequences of Social Loafing.", in: *Journal of Personality and Social Psychology*, 37 (6), 822–832.

Law, Stephen (2011): *Believing Bullshit. How Not to Get Sucked into an Intellectual Black Hole*. New York: Prometheus Books.

Lutz, J., A. Briggs und K. Cain (2003): „An Examination oft he Value of the Generation Effect for Learning New Material", *The Journal of General Psychology*, 130, 171–188.

Malik, Fredmund (132001): *Führen, Leisten, Leben. Wirksames Management für eine neue Zeit*. München: Heyne.

Margalit, Avishai (2002): *The Ethics of Memory*. Cambridge, MA: Harvard University Press.

Maslow, Abraham (1954): *Motivation and Personality*, New York: Harper.

Mathieu, J. E. und D. M. Zajac (1990): „A Review and Meta-Analysis of the Antecedents, Correlates, and Consequences of Organizational Commitment", *Psychological Bulletin*, 108, 171–194.

Milgram, Stanley (1974): *Obedience to Authority – An Experimental View*. New York: Harper & Row.

Naftulin, D. H., J. E. Ware Jr. und F. A. Donnelly (1973): „The Doctor Fox Lecture: A Paradigm of Educational Seduction.", *Journal of Medical Education*, 48, 630–635.

Nagel, Thomas (2008): *Was bedeutet das alles? Eine ganz kurze Einführung in die Philosophie*. Stuttgart: Reclam.

Pennebaker, Jamie (1997): *Opening Up: The Healing Power of Expressing Emotions*. (Rev. Ed.). New York: Guilford.

Pink, Daniel H. (2009): *Drive. The Surprising Truth about what Motivatiates us*. New York: Penguin Group.

Popper, Raimund (112005): *Logik der Forschung*. Tübingen: Mohr Siebeck.

Radtke, Burkhard (2001): *Metapher und Wahrheit*. Berlin: Logos.

Radtke, Burkhard (2009): *Wahrheit in der Moral. Ein Plädoyer für einen moderaten Moralischen Realismus*. Paderborn: Mentis.

Raghubir, Priya (2004): „Free Gift with Purchase: Promoting or Discounting the Brand?", *Journal of Consumer Psychology*, 14, 181–186.

Literatur

Regan, Dennis (1971): „Effects of a Favour and Liking on Compliance", *Journal of Experimental Social Psychology*, 7, 627–639.

Rodin, Judith. „Aging and Health: Effects of the Sense of Control", *Science 233*, 1.271–1.276.

Rodin, Judith. und Ellen J. Langer. „The Effects of Choice and Enhanced Personal Responsibility for the Aged: A Field Experiment in an Institutional Setting." *Journal of Personality and Social Psychology* 34, 191–198.

Rogers, T. B., N. A. Kuiper und W. S. Kirker (1977): „Self-Reference and the Encoding of Personal Information", *Journal of Personality and Social Psychology*, 35, 677–678.

Rosenberg, Marshall B. (102012): *Gewaltfreie Kommunikation. Eine Sprache des Lebens*. Paderborn: Junfermann Verlag.

Rosenthal, Robert und Leonore Jacobson (1966): „Teachers' Expectancies: Determinants Of Pupils' IQ Gains." *Psychological Reports*. Band 19, 115–118

Rosenthal, Robert und Leonore Jacobson (1968): *Pygmalion in the Classroom: Teacher Expectation and Pupils' Intellectual Development*. New York: Holt, Rinehart & Winston.

Russell, Bertrand (1905): „On Denoting", *Mind*, 14, 479–493

Russell, Bertrand (1956): „Descriptions and Incomplete Symbols", *Logic and Knowledge*. London: George Allen & Unwin, 241–254.

Russell, Bertrand (1959): „Mr. Strawson on Referring", *My Philosophical Development*. London: George Allen & Unwin, 238–245.

Searle, J. R. (1969): *Speech Acts*. Cambridge: Cambridge University Press.

Seligman, Martin E. P. (1975): *Helplessness. On Depression, Development and Death*. San Francisco: Freeman and Company.

Shannon, Claude. E. und Warren Weaver (1976): *Mathematische Grundlagen der Informationstheorie*. München: Oldenbourg.

Shermann, D. K. und H. S. Kim (2002): „Affective Preseverance: The Resistance of Affect to Cognitive Invalidation", *Personality and Social Psychology Bulletin*, 28, 224–237.

Simon, Walter (52009): *GABALs großer Methodenkoffer. Grundlagen der Kommunikation*. Offenbach: Gabal.

Simonsohn, U. (2011): „Spurious? Name Similarity Effects (Implicit Egotism) in Marriage, Job, and Moving Decisions", *Journal of Personality and Social Psychology*, 101, 1–24.

Slovic, P., M. L. Finucane, E. Peters und D. G. MacGregor (2002): „The Affect Heuristic." In: Gilovich, T., D. Griffin und D. Kahneman (Hg.): *Heuristics and Biases: The Psychology of Intuitive Judgment*. New York: Cambridge University Press, 397–420.

Sperber, Dan und Deirdre Wilson (2004): „Relevance Theory". In: Horn, L. R. und G. Ward. *The Handbook of Pragmatics*. Oxford: Blackwell, 607–632. (http://www.dan.sperber.fr/?p=93)

Sperber, Dan und Deirdre Wilson (21996): *Relevance. Comunication & Cognition*. Oxford: Blackwell.

Sprenger, Reinhard K. (192010): *Mythos Motivation. Wege aus einer Sackgasse*. Frankfurt a.M.: Campus.

Sprenger, Reinhard K. (2012): *Radikal führen*. Frankfurt a.M.: Campus.

Stein, Holger (2008): *Wer fragt, der führt. Erfolgreiche und zielorientiere Führung durch Fragetechniken*. Berlin: Cornelsen Verlag Scriptor.

Stroebe,W., K. Jonas und M. Hewstone (Hg.) (2003): *Sozialpsychologie. Eine Einführung*. Berlin: Springer.

Thaler, Richhard. H. und Cass R. Sunstein. (2009): *Nudge. Wie man kluge Entscheidungen anstößt*. Berlin: Econ.

van Dick, R. (2004): *Commitment und Identifikation mit Organisationen*. Hogrefe: Göttingen.

Strawson, Peter (1950): „On Referring" *Mind*, wieder abgedruckt in: *Logico-Linguistic Papers*. London: Methuen, 1971, 1–27.

Literatur

von Heyde, Anke und Boris von der Linde (2003): *Gesprächstechniken für Führungs-kräfte. Methoden und Übungen zur erfolgreichen Kommunikation*. München: Haufe.

Watzlawick, Paul, Janet H. Beavin und Don D. Jackson (2000): *Menschliche Kommu-nikation. Formen, Störungen, Paradoxien*. Bern: Huber.

Weber, Max (1976): *Wirtschaft und Gesellschaft. Grundriss der verstehenden Soziolo-gie*, Bd. I. Tübingen: Mohr Siebeck.

Williams, Bernard (1973): „Deciding to Believe", *Problems of the Self*. Cambridge: Cambridge University Press, 135–151.

Winkelmann, P. und J. T. Cacioppo (2001): „Mind at Ease Puts a Smile on the Face: Psychophsysiological Evidence that Processing Facilitation Increases Positive Af-fect", *Journal of Personality and Social Psychology*, 81, 989–1000.

Wortman, C. B. und Jack W. Brehm (1975): „Response to Uncontrollable Outcomes: An Integration of Reactance Theory and the Learned Helplessness Model." In: Ber-kowitz, L. *Advances in Experimental Social Psychology*, hg., Vol. 8. New York: Acade-mic Press.

Zimbardo, Philip G. und John Boyd (2010): *The Time Paradox. Using the New Psycho-logy of Time to Your Advantage*. London, Sydney, Auckland, Johannesburg: Rider.

Zimbardo, Philip G. und Richard J. Gerrig ([7]1999): *Psychologie. Bearbeitet und herausgegeben von Siegfried Hoppe-Graff und Irma Engel*. Berlin, Heidelberg, New York: Springer.

Stichwortverzeichnis

ca. 224 Seiten
Buch: € 19,95 [D]
eBook: € 16,99 [D]

Projektmanagement für Einsteiger

Ein fiktives Beispielprojekt, das sich als roter Faden durch das gesamte Buch zieht, macht jeden Abschnitt anschaulich und erleichtert den erfolgreichen Transfer in die Praxis. Vorausschauende Planung wird dabei ebenso erklärt, wie die effiziente Organisation und der erfolgreiche Projektabschluss.

Jetzt bestellen!
www.haufe.de/fachbuch (Bestellung versandkostenfrei),
0800/50 50 445 (Anruf kostenlos) oder in Ihrer Buchhandlung

HAUFE.

Andreas Edmüller / Heinz Jiranek

Konfliktmanagement

Konflikte vorbeugen, sie erkennen und lösen

4. Auflage

Konfliktmanagement

4. A.

Edmüller
Jiranek

Toptitel zum
Sonderpreis

HAUFE.

ca. 224 Seiten
Buch: € 19,95 [D]
eBook: € 16,99 [D]

Praktische Strategien gegen Konflikte

Dieses Buch hilft Ihnen, Konfliktsituationen zu erkennen und zu entschärfen. Die Autoren erklären ihre
Entstehung und welche Phasen sie durchlaufen. Das Buch liefert Ihnen viele praktische Verhaltensbeispiele
für verschiedene Konfliktsituationen. Und: Praktische Tipps zum Thema Mobbing.

Jetzt bestellen!
www.haufe.de/fachbuch (Bestellung versandkostenfrei),
0800/50 50 445 (Anruf kostenlos) oder in Ihrer Buchhandlung

HAUFE.